有机棉生产与加工技术

王 华 主 编

袁有禄 董合林 副主编

东华大学出版社·上海

图书在版编目（CIP）数据

有机棉生产与加工技术 / 王华主编；袁有禄，董合
林副主编 . ——上海：东华大学出版社，2024. 7.
    ISBN 978-7-5669-2389-9
    I. S562；TS113
    中国国家版本馆 CIP 数据核字第 2024ZZ6875 号

责任编辑： 竺海娟
封面设计： 魏依东

有机棉生产与加工技术

王　华　主编
袁有禄　董合林　副主编

出　　版：东华大学出版社（上海市延安西路 1882 号　邮政编码：200051）
本社网址：dhupress.dhu.edu.cn
天猫旗舰店：http://dhdx.tmall.com
营销中心：021-62193056　62373056　62379558
印　　刷：常熟大宏印刷有限公司
开　　本：787 mm×1092 mm　1/16
印　　张：15
字　　数：390 千字
版　　次：2024 年 7 月第 1 版
印　　次：2024 年 7 月第 1 次印刷
书　　号：ISBN 978-7-5669-2389-9
定　　价：128.00 元

摘 要

　　本书是一本涵盖有机棉全产业链的综合性书籍。书中介绍了有机棉的背景和市场需求，强调了有机棉作为可持续纺织品的重要性。详细讲解了有机棉的种植技术。囊括了土地选择、有机肥料和生物农药的应用、灌溉管理、病虫害防治和采摘技术等内容。在有机棉育种方面，介绍了适应有机农业环境的棉花品种选育的原则和方法。总结了有机棉的遗传改良、耐病虫害性状筛选和适应性优化等关键技术，同时，强调了有机棉种植过程中的环境保护、资源节约和生态平衡的重要性，旨在为培育适应有机棉生产要求的高产优质品种提供理论和技术指导。

　　在有机棉认证方面，本书介绍了有机棉产品的认证标准和程序。解释了有机认证的要求，强调了有机认证对于验证有机棉产品的可信度和市场竞争力的重要性。在纺织染加工方面，本书着重介绍了有机棉纤维的纺纱、织造、染整工艺以及产品开发。详细探讨了有机棉纤维的前处理、纺纱、织造工艺的优化、环保染料和助剂的种类，以及有机棉织物的后和整理工艺。

　　本书旨在提供对有机棉生产和加工技术的全面理解，为有机棉从种植到纺织染加工的全过程提供指导和参考。对有机棉产业从业者、研究者以及对可持续纺织行业感兴趣的人士都具有实用价值。

序

　　在当今日益关注可持续发展和环境友好型产业的时代背景下，有机棉作为一种可持续的纺织原料备受关注，不仅仅是因为其"天然"特征，更重要的是棉花为碳汇植物，使用有机棉有利于促进碳汇目标的实现。本书旨在系统介绍有机棉的生产与加工技术，从全球有机棉产业现状到育种、种植、认证、纺纱、织造、染色等多个环节进行深入探讨，以期为有机棉产业的发展提供理论指导和实践参考。通过本书的学习，读者将对有机棉产业有一个全面深入的了解，为相关从业者提供技术支撑，助推有机棉生产，促进双碳目标实现，为人类社会可持续发展作出贡献。

　　本书主编为东华大学纺织学院王华教授，他拥有丰富的产业经验和深厚的学术底蕴。王华教授是国家农业农村部新疆棉花全产业链技术指导专家、国际欧亚科学院中国科学中心中国棉花战略研究组成员，兼任南哈萨克斯坦国立大学的博士生导师，同时也是"教育部高校银龄教师支援西部计划"塔里木大学的教授。王华教授长期从事棉纺织、印染、毛纺织生产和国际贸易工作，积累了丰富的产业经验。他对有机棉产业的发展趋势和技术创新有着深入的见解。在他的组织下，本书汇集了国内外专家学者的力量，凝聚了纺织行业的智慧，致力于为读者呈现一部关于有机棉生产与加工技术的权威著作。

　　读者通过本书的学习，能够深入了解有机棉产业的发展现状和趋势，掌握有机棉育种、种植、认证、纺纱、织造、染色等关键技术，为相关从业者提供技术指导，推动有机棉产业可持续发展。相信本书将成为有机棉产业领域的一部重要著作，为推动纺织行业向环保、低碳、可持续方向迈进贡献一份力量。

棉花生物育种与综合利用全国重点实验室 主任
国家棉花产业技术体系首席科学家
国家棉花产业联盟 理事长

目 录

绪论 / 001

1 有机棉花研究的目的与意义 / 001

2 有机棉研究的范畴与进展 / 004

3 有机棉花研究的方法 / 006

4 全球有机棉花种子资源与产业发展趋势 / 010

第1章 世界有机棉产业 / 014

1.1 亚洲有机棉产业 / 014

1.2 美国与土耳其有机棉产业 / 016

1.3 非洲有机棉产业 / 017

1.4 中亚五国有机棉产业 / 020

1.5 全球品牌服装使用有机棉花 / 022

第2章 有机棉种植技术 / 025

2.1 种植有机棉的意义 / 025

2.2 有机农业标准与有机认证机构 / 026

2.3 有机农业相关术语和定义 / 027

2.4 有机棉的概念 / 029

2.5 有机棉生产基本要求 / 030

2.6 有机棉种植技术 / 035

第3章 有机棉国际认证与标准 / 040

3.1 有机棉定义及认证的意义 / 040

3.2 有机棉国际认证标准机构与标签 / 043

3.3 企业申请 GOTS 认证的流程与步骤 / 047

3.4 国际有机棉认证标准与中国有机农业产品标准 / 053

第4章 有机棉纺织染技术 / 056

4.1 纺织服装智能制造技术 / 056

4.2 有机棉纺织染技术 / 059

4.3 有机棉染整技术 / 061

4.4 有机棉数码印花技术 / 067

4.5 有机棉产品开发 / 070

4.6 有机棉非织造布生产技术 / 074

第 5 章 有机棉天然植物染料染色工艺 / 082

5.1 天然植物染料的定义、分类与色谱 / 083

5.2 天然植物染料的制备 / 097

5.3 天然植物染料的染色 / 103

第 6 章 有机棉的育种技术 / 114

6.1 有机棉育种的背景介绍 / 116

6.2 有机棉育种目标性状的遗传与基因定位 / 123

6.3 种质资源研究与利用 / 139

6.4 棉花育种途径与方法 / 148

6.5 有机棉 试验技术 / 167

6.6 有机棉发展展望 / 174

第 7 章 智能织造全自动穿经技术 / 179

7.1 全自动穿经机的发展历史 / 179

7.2 全自动穿经机的工作原理 / 180

7.3 全自动穿经机的国内外制造商 / 181

7.4 全自动穿经 / 183

7.5 世界上主要全自动穿经机类型的技术比较 / 185

7.6 全自动穿经机展望 / 191

第 8 章 有机棉花智能初加工控制系统 / 194

8.1 概述 / 194

8.2 棉花加工生产线关键工艺及参数指标 / 194

8.3 生产工艺及关键装备智能调控技术 / 202

后 记 / 233

绪 论

　　棉花是世界上许多国家的主要经济作物，棉花生产和加工是重要的收入来源。因此，棉花产量不断增加。自 20 世纪 30 年代以来，提高质量的手段主要包括加大化学投入、灌溉以及使用高产品种。虽然棉花生产的方式的改进使农民受益，但也带来了一些环境和社会成本。使用有机肥料和农艺操作不能满足高强度耕作的需求，导致土壤肥力降低、棉花产量下降。

　　有机棉的种植已成为纺织可持续生产的新的解决方案。由于全世界癌症风险的快速增长，纺织品消费者更加关注不含任何化学残留物的原材料。有机棉种植不使用大量有毒农药或合成肥料，因此不会像传统棉花那样造成大量的化学污染。在有机棉生产中，还可以种植天然彩色棉和灰白色有机棉。

❶ 有机棉花研究的目的与意义

1.1 有机棉的定义

　　不使用任何合成化合物（即农药，如植物生长调节剂、脱叶剂等）和化肥种植的棉花被视为"有机"棉花（国家有机计划，2005；Kuepper 和 Gegner，2004；Pick 和 Givens，2004；Guerena 和 Sullivan，2003；Myers 和 Stolton，1999；Chaudhry，1998 和 2003；国际棉花咨询委员会（ICAC），1996；Le Guillou 和 Scharpé，2000；Marquardt，2003）。但是，被视为"天然"的化学物质以及天然肥料可用于有机棉的生产（不同认证组织对可使用的化学品有着类似的清单（如，欧盟官方公报，2006）。苏云金芽孢杆菌（Bt）是一种天然存在的土壤细菌，可产生昆虫毒素，可用作有机农业中的天然杀虫剂（Zarb 等，2005）。科学家可使用该毒素产生抗虫转基因棉花的基因，但是不能将含有 Bt 基因的转基因棉花用于生产有机棉。这是因为该技术是合成的，不是天然的。

　　使用有机耕作技术生产棉花，旨在保持土壤肥力，采用能够增强自然系统生态平衡的材料和方法，并将耕作系统的各个部分整合成一个生态整体。根据 Le Guillou 和 Scharpé（2000）的说法，有机农业起源于英国，其基础是阿尔伯特·霍华德（Albert

Howard）在 1940 年出版的《An Agricultural Testament》农业遗嘱中提出的理论。有机农业包括两种类型，即生物动力农业和生物农业，前者由德国的 Rudolf Steiner 在 20 世纪 20 年代提出，后者由瑞士的 Hans-Peter Rusch 和 Hans Müller 提出。认证有机农业的特征有以下几个原则：生物多样性、一体化、可持续性、天然植物养分和天然虫害管理(Kuepper 和 Gegner，2004)。美国国家有机标准委员会采用以下定义来界定"有机"农业 (国家有机计划，2002): 有机农业是一种生态生产管理系统，可以促进和增强生物多样性、生态循环和土壤生物活性。它基于对农耕投入物的最少使用以及恢复、维持和加强生态和谐的管理做法。"有机"是一个标签术语。要以"有机棉"形式出售的棉花，必须经独立机构认证，以证明其是否达到或超过了有机农业的生产标准。为生产"有机棉纺织品"，应根据有机纤维加工标准/准则来生产经认证的有机棉。法规之所以重要，是因为它们使有机生产和收获后处理/加工的标准趋于规范化，这将促进国内和国际贸易的发展。从传统棉花生产到有机棉生产需要三年的过渡期才能获得认证。这三年期间生产的棉花被描述为"过渡的"或"待认证的"。一些制造商使用"绿色""清洁""天然"的标签可能会引起混淆（Myers 和 Stolton，1999）。

1.2 有机棉研究的目的

有机棉研究的目的是实现以下几个关键目标：

促进可持续农业：有机棉研究旨在推动农业可持续发展，采用生态友好的种植方法，降低对土壤、水资源和生态系统的不良影响。

保护环境与生态系统：有机棉研究致力于降低农业化学物质的使用，减少农业活动对环境的污染和破坏。目的是评估有机棉种植对土壤质量、水资源管理和生物多样性保护的影响，并提供可持续的农业管理措施。

提高农产品品质：有机棉花研究追求优质的有机棉纤维，包括纤维长度、强度、颜色和纯度等方面的提高。目的是通过改进种植技术、育种方法和采摘/加工流程，提高有机棉的品质和纤维特性。

促进农民福利增长：有机棉花研究关注农民的经济和社会福利。研究目的是提高有机棉生产的农民收入，改善他们的生计条件，并推动农民社区的可持续发展。

推动市场发展：有机棉花研究的目的之一是推动有机棉市场的发展和增长，为有机棉供应链的建设和市场准入提供依据，并帮助消费者认识有机棉的优势和可持续性。研究还有助于建立技术标准和检测认证体系，确保有机棉产品的质量和可信度。

健康与安全：有机棉研究关注纺织品的健康与安全性。有机棉在种植过程中不使用化学农药和转基因技术，减少了化学残留物和对人体健康的潜在风险。研究有助于确保有机棉纤维的品质和纯度，提供更安全的纺织品选择。

可持续发展：有机棉研究与可持续发展目标密切相关。有机棉生产减少了对化学农药和化肥的依赖，降低了能源消耗和温室气体排放。研究有助于推动纺织业的可持续化，促进资源的有效利用和减少环境影响，推动可持续供应链的建设。

总之，全球有机棉花研究的目的是推动农业可持续、加强环境保护、提高农产品品质、改善农民福利，以及促进有机棉市场的发展和推广。这些目标的实现将对农业生产、环境保护和经济发展产生积极的影响。

1.3　有机棉生产与碳排放、碳中和的关系

有机棉生产与碳排放和碳中和之间存在一定的关系，主要是：

减少使用化学农药和化肥：有机棉生产避免使用合成农药和化肥，采用自然施肥和有机农业管理方法。传统棉生产过程中使用的化学农药和化肥会排放大量的二氧化碳，而有机棉生产可减少这些排放，对环境的影响更小。

保护土壤和生态系统：有机棉生产注重土壤的保护和改善。实施有机施肥、轮作种植和有机病虫害管理等措施，有助于增加土壤有机质含量、提高土壤固碳能力，并保护农田的生态系统。相比之下，传统棉花生产可能导致土壤侵蚀、贫瘠化以及碳排放超标。

促进碳中和及增强气候变化适应性：有机棉生产有助于实现碳中和，即通过吸收和储存大量的二氧化碳来抵消碳排放。有机农业的做法可以增加土壤有机质和碳储量，从而降低大气中的碳浓度，对抗气候变化。此外，有机棉生产还有助于提高农田的适应性，减少对水资源的需求，以及降低对化石燃料能源的依赖。

综上所述，有机棉生产在碳排放和碳中和方面具有较好的表现。它减少了化学农药和化肥的使用，保护了土壤和生态系统，促进了碳中和。因此，选择有机棉产品有助于减少碳足迹，推动可持续发展和环境保护。

1.4　有机棉的认证

有机棉认证是对符合有机农业标准的棉花生产过程进行审核和认证的过程。以下是一些常见的有机棉认证标准和认证机构：

GOTS（Global Organic Textile Standard）：GOTS是全球范围内最为广泛认可的有机纺织品认证标准之一。它涵盖了有机棉的种植、加工、制造和标识等环节，要求生产过程中使用有机农产品，并且禁止使用有害化学物质。

USDA有机认证：由美国农业部（USDA）管理的有机认证体系，涵盖了棉花的有机种植和处理要求。认证标准包括土壤管理、农药和化肥使用限制及禁止使用转基因技术等。

OCS（Organic Content Standard）：OCS认证主要关注纺织品中的有机纤维含量。它要求纺织品中的有机棉含量达到一定比例，并确保纺织品的其他成分符合环保要求。

Soil Association有机认证：Soil Association是英国最重要的有机认证机构之一，其有机棉认证要求包括有机种植、农药和化肥使用限制、禁止使用转基因技术等。

以上只是一些常见的有机棉认证标准和认证机构，不同国家和地区可能还有其他的

认证标准和机构。对于有机棉生产者和纺织企业来说，选择合适的有机棉认证标准和认证机构是确保产品可信度和市场竞争力的重要步骤。

❷ 有机棉研究的范畴与进展

2.1 有机棉研究的范畴及路径

世界各地进行了许多与有机棉花相关的研究，旨在改进有机棉的种植技术，提高产量和品质，并解决有机棉生产中的挑战和问题。有机棉花相关的研究如下：

有机棉种植技术研究：这方面的研究侧重于有机棉的土壤管理、施肥技术、病虫害防治和灌溉方法等。目的是找到可持续的农业实践，确保有机棉的生长环境符合有机标准，并提高产量和质量。

有机棉品质研究：研究人员致力于评估有机棉的纤维品质，包括纤维长度、强度、细度和颜色等特性。他们研究不同的栽培条件和管理措施对纤维品质的影响，以确保有机棉的质量达到市场需求。

有机棉纤维加工研究：这方面的研究关注有机棉的纤维加工技术，包括纤维处理、纺纱、织造和染色等过程。研究人员寻求更环保和高效的纤维加工方法，以减少对化学物质和能源的依赖，同时确保纤维质量。

可持续有机棉生产研究：研究人员探索如何在有机棉种植中实现更加可持续的生产方式。这包括探讨有机棉与其他作物的轮作、水资源管理、碳排放控制和生态系统保护等内容。

有机棉市场价格研究：研究人员对有机棉市场进行调查和分析，以了解消费者对有机棉的需求、认知和态度。他们研究有机棉的市场发展趋势、销售渠道和价格形成机制，以支持有机棉产业的可持续增长。

这些研究工作有助于推动有机棉产业的发展，并促进可持续纺织行业的建设。通过不断的研究和创新，有机棉的种植和加工技术将得到改进，有机棉产品在市场上的地位也将得到提升。

社会经济影响研究：这方面的研究关注有机棉生产对社会经济的影响，包括农民收入、就业机会、社区发展等方面的研究。研究人员评估有机棉生产对农民生计和农村可持续发展的贡献。

农艺与遗传改良：研究有机棉的种植技术和农艺措施，以提高有机棉的适应性、抗病虫害能力和产量。这包括有机农药和有机肥料的使用、适宜的种植密度和灌溉管理等方面的研究。同时，通过遗传改良方法培育适应有机生产环境的有机棉品种，提高其农业性能和纤维品质。

农业生态系统研究：研究有机棉种植对农业生态系统的影响，包括土壤质量、水资源利用、生物多样性保护等方面。研究人员探索有机棉种植与生态系统的相互作用，评估农业生态系统中各个组成部分的生态效益，并寻求可持续的农业管理方法。

有机认证与标准研究：研究有机棉的认证体系和标准制定，确保有机棉产品的质量和可信度。研究人员关注不同国家和地区的有机认证要求、检测方法和合规性评估，为有机棉的供应链管理提供指导。

市场需求与消费者研究：研究有机棉市场的需求和消费者偏好，了解消费者对有机棉产品的认知、态度和购买行为。研究有助于了解市场趋势、消费者需求和品牌建设，为有机棉的市场推广提供依据。

农民社区和可持续发展研究：研究有机棉生产对农民社区的影响，包括农民收入、就业机会、社区发展等方面。

这些研究领域的目标是推动有机棉产业的可持续发展，促进农业生态化、纺织可持续化和消费者健康。通过深入研究和创新，可以不断改进有机棉的生产和加工技术，提高产量、质量。

2.2 有机棉花研究的科技进展

有机棉花研究在科技进展方面取得了一些重要进展，主要涉及以下几个方面：

遗传改良：通过遗传改良技术，研究人员致力于培育具有抗病虫害、适应性强、产量高且品质优良的有机棉花品种。通过遗传改良，可以提高有机棉花的抗逆性和耐病虫害能力，减少对农药的依赖。

生物防治技术：有机棉花研究还关注利用生物防治技术来控制病虫害。这包括利用益生菌、昆虫天敌和天然植物提取物等来控制害虫和病原体的生长和繁殖，减少对化学农药的使用。

水资源管理：在有机棉花研究中，科技进展还包括水资源管理的改进。通过引入节水灌溉技术、土壤保水措施和水资源循环利用等措施，提高水资源利用效率，减少水资源的浪费。

精准农业技术：精准农业技术在有机棉花研究中得到应用，包括卫星导航系统（如全球定位系统 GPS、北斗系统）、遥感技术和无人机等。这些技术可以提供农田环境和植物生长的精确信息，帮助农民优化种植管理，减少资源浪费。

可持续生产系统：研究人员还在探索构建可持续的有机棉花生产系统。这包括使用有机肥料、改良土壤，以及农作物轮作和间套种植等方式，以实现土壤健康、生态平衡和资源可持续利用。

这些科技进展旨在提高有机棉花的生产效益、降低环境影响，并促进可持续农业发展。通过科技的支持和创新，有机棉花生产能够更好地适应现代农业的需求，为农民提供更好的生计和消费者提供更可持续的纺织品选择。

❸ 有机棉花研究的方法

全球有机棉花研究使用的方法和技术多种多样，其中包括以下几种常见的方法：

3.1 田间试验法

田间试验是世界上开展有机棉花研究的常用方法之一。它是在实际农田环境中对有机棉花的种植进行系统性观察和试验，以评估不同因素对有机棉花生长、产量和品质的影响，并研究改善有机棉花生产的技术和方法。通过在实际田间环境中进行试验和观察，评估有机棉种植技术和农艺措施对产量、病虫害防控、土壤质量等的影响。这包括比较不同有机农药和有机肥料的效果以及不同灌溉和施肥策略的效果等。

在田间试验中，研究人员通常会选择一定数量的实际农田作为试验区域，进行有机棉花的种植和管理。试验区域可能涵盖不同的土壤类型、气候条件和农业实践，以代表不同的种植环境。研究人员会对不同的因素进行干预和处理，如施用不同的有机肥料、调整灌溉方式、采用不同的间作作物等。同时，会对试验区域进行定期的观察和测量，记录有机棉的生长情况、发育阶段、病虫害情况、产量和品质等数据。

田间试验的目的是通过对比和分析不同处理组的数据，评估不同因素对有机棉花生产的影响，并寻找最佳的种植和管理方法。研究人员可以利用统计分析等方法，对试验数据进行处理和解读，得出有关有机棉花生产的结论和建议。

田间试验具有实践性和实证性的特点，可以提供真实的种植环境和数据，对有机棉花生产的可行性和效果进行验证。它为有机棉花研究提供了实际的参考和依据，能够为农民和农业从业者提供可行的种植技术和管理指南，推动有机棉花产业的可持续发展。

3.2 实验室分析法

利用实验室设备和方法对有机棉纤维进行分析和评估，包括纤维长度、强度、细度、颜色、纯度等指标。实验室分析可以帮助研究人员了解有机棉纤维的品质特性，并与传统棉花进行比较。

实验室分析是世界上开展有机棉花研究的重要方法之一。通过在实验室中对有机棉花样品进行分析和测试，可以获取关于其物理性质、化学成分、纤维特性和品质指标等方面的详细信息。以下是一些常见的实验室分析方法：

纤维特性分析：包括测定有机棉花的纤维长度、纤维线密度、纤维强度、纤维弹性和纤维成分等。这些分析可以通过光学显微镜、纤维测试仪和化学分析仪器等进行。

化学成分分析：通过化学方法，分析有机棉花样品中的各种化学成分，如纤维素含量、水分含量、灰分含量、脂肪含量和蛋白质含量等。常用的分析技术包括元素分析、红外光谱分析、高效液相色谱和气相色谱等。

品质指标分析：针对有机棉花的品质特征，进行各种物理和化学指标的测定，例如纤维长度均匀度、断裂强度、弹性恢复率、吸湿性、染色性能和手感等。这些分析可以通过相应的仪器和测试方法进行。

污染物检测：对有机棉花样品进行污染物检测，如重金属含量、农药残留和有害物质含量等。这种分析可以通过质谱仪、气相色谱质谱仪和液相色谱质谱仪等设备进行。

实验室分析在有机棉花研究中的作用是提供科学、客观的数据支持，评估有机棉花的质量、性能和适用性。这些数据可以为有机棉花的种植、加工和应用提供科学依据，有助于改进有机棉花的质量控制和标准制定，推动有机棉花产业的发展和市场认可。同时，实验室分析还可以揭示有机棉花与传统棉花或其他纤维材料的差异，从而为消费者提供准确的产品信息和选择指导。

3.3 遗传改良法

遗传改良是世界上开展有机棉花研究的重要方法之一。研究人员通过研究有机棉的遗传特性和基因组信息，选择具有抗病虫害、适应性和高产性的遗传资源，进一步改良有机棉的农业性能。

以下是一些常见的有机棉花遗传改良方法：

选择育种：通过从大量有机棉花种质资源中筛选和选择具有优良性状的个体或品系，进行交配和后代选择，逐步提高有机棉花的产量、纤维品质和抗性等特性。这需要对有机棉花的遗传多样性进行评估和利用，以提高有机棉花的适应性和抗逆性。

杂交育种：通过人工授粉和杂交组合，将具有不同有益基因的有机棉花品种进行杂交，以产生具有优良性状的后代。杂交育种可以改良有机棉花的产量、纤维长度、纤维强度等性状，并增强其抗病虫害能力。

基因编辑技术：近年来，基因编辑技术如 CRISPR-Cas9 已经被应用于有机棉花的研究和改良。这种技术可以精确地修改有机棉花的基因组，以删除或插入特定基因，以改变其性状或提高其抗性。基因编辑技术具有高效、精准和可定制化的特点，为有机棉花的遗传改良提供了新的可能性。

分子标记辅助选择：基于分子标记技术和分子遗传学方法，研究人员可以鉴定和利用与目标性状相关的分子标记，从而在有机棉花育种中进行辅助选择。这可以加快育种进程，提高选择效率，并降低不必要的试验成本和时间。

通过遗传改良，研究人员可以改良有机棉花的遗传特性，使其更适应有机农业的要求，提高其可持续性和生态友好性。同时，遗传改良还可以增强有机棉花的竞争力和市场认可度，推动有机棉花产业可持续发展。

3.4 土壤与水资源分析法

在有机棉花研究中，土壤和水资源分析是非常重要的方法之一，它们用于评估土壤和水的质量、适宜性和可持续利用程度，以支持有机棉花的种植和管理决策。研究人员通过采集土壤和水样本，进行化学和物理分析，评估有机棉种植对土壤和水资源的影响。这包括土壤质量、水分利用效率、养分循环等方面的研究，以便制定更合理的农业管理策略。

以下是一些常见的土壤和水资源分析方法：

土壤分析：土壤分析包括土壤样品的采集、样品制备和实验室分析。常见的土壤分析参数包括土壤 pH 值、有机质含量、全氮含量、有效磷含量、交换性钾含量、土壤质地、离子交换能力等。这些分析结果可以提供有机棉花生长所需的养分信息，指导施肥管理和土壤改良措施。

水质分析：水质分析用于评估灌溉水的质量和适宜性，以及地下水和表面水的污染状况。常见的水质分析参数包括 pH 值、电导率、溶解氧含量、总溶解固体、硬度、氮、磷、重金属等污染物含量。水质分析结果可以帮助农民和决策者判断灌溉水的合适性，并采取适当的水资源管理措施。

土壤水分分析：土壤水分是有机棉花生长和发育的关键因素之一。土壤水分分析可以通过测量土壤水分含量、土壤水势或土壤水分张力来评估土壤水分状况。这可以帮助农民合理安排灌溉时间和量，提高水资源利用效率，减少浪费和环境影响。

通过土壤和水资源分析，研究人员可以了解有机棉花生长环境的特点和限制，优化土壤管理和水资源利用策略，提高有机棉花的产量、品质和可持续性。此外，土壤和水资源分析也有助于保护环境，减少农业对水资源的过度利用和污染，促进可持续农业发展。

3.5 统计分析方法

统计分析是一种常用的方法，用于解释和推断研究数据，评估数据之间的关系，并做出科学决策。利用统计学方法对研究数据进行处理和分析，评估不同处理、措施或品种之间的差异和显著性。统计分析可以帮助研究人员从数据中提取有关有机棉的关键信息，并得出科学的结论。在有机棉花研究中，以下是一些有机棉花研究中常用的统计分析方法：

描述统计分析：描述统计分析用于总结和描述研究数据的基本特征。常见的描述统计指标包括平均值、标准差、最大值、最小值、频率分布等。这些指标可以帮助研究人员了解有机棉花生长、产量、质量等方面的数据分布情况。

方差分析：方差分析用于比较不同处理或不同组之间的平均值差异是否显著。在有机棉花研究中，可以利用方差分析来比较不同施肥处理、不同品种或不同种植条件下有机棉花的生长状况和产量表现。

相关分析：相关分析用于评估两个变量之间的相关性强度和方向。在有机棉花研究中，可以使用相关分析来研究不同环境因素（如温度、相对湿度、光照等）与有机棉花生长指标（如株高、叶面积、果穗数量等）之间的关系。

回归分析：回归分析用于建立和评估变量之间的数学模型。在有机棉花研究中，可以利用回归分析来探索有机棉花产量与环境因素、农艺措施等之间的关系，进而预测和优化有机棉花的产量。

多元分析：多元分析是一组统计方法，用于分析多个变量之间的关系。在有机棉花研究中，可以使用多元分析方法（如主成分分析、聚类分析等）来识别有机棉花产量和质量方面的关键影响因素，从而指导农业管理和决策。

统计分析方法可以帮助研究人员从大量的数据中提取有用的信息，并得出科学合理的结论。它们为有机棉花研究提供了一种客观、可靠的分析工具，促进了有机棉花生产和可持续农业的发展。

3.6 社会经济调查与调研方法

在有机棉花研究中，社会经济调查和调研是一种重要的研究方法，旨在了解有机棉花种植和生产对社会和经济方面的影响。研究人员通过问卷调查、深度访谈、重点观察等方法，了解农民和消费者对有机棉的认知、态度、需求和行为。这可以帮助研究人员了解市场需求、消费者偏好，以及有机棉对农民福利和社区发展的影响。以下是一些常见的社会经济调查和调研方法在有机棉花研究中的应用：

农户调查：通过对有机棉花种植农户进行访谈和问卷调查，了解他们的种植决策、种植面积、施肥和农药使用情况、劳动力投入、产量和收入等信息。这些数据可以帮助研究人员评估有机棉花种植对农户经济收益和生计的影响。

市场调研：通过对有机棉花市场进行调研，包括供应链、销售渠道、价格等方面的分析，了解有机棉花的市场需求和市场机会。同时，也可以调查消费者对有机棉花产品的认知和态度，以及他们对有机棉花产品的购买意愿和支付意愿。

生态系统服务评估：通过评估有机棉花种植对生态系统的影响，包括土壤质量、水资源利用、生物多样性等方面的调查，了解有机棉花种植的生态效益和环境影响。这有助于评估有机棉花的可持续性和生态效益。

社会影响评估：对有机棉花种植对社区和当地居民的影响进行调研，包括就业机会、社会福利、教育和健康等方面的评估，了解有机棉花种植对社会经济发展和社区可持续性的贡献。

社会经济调查和调研可以提供与有机棉花种植相关的社会和经济数据，帮助研究人员了解有机棉花的整体影响和潜在问题，并为政策制定和决策提供依据。这种综合性的研究方法有助于推动有机棉花产业的可持续发展，促进农民的生计改善和社会经济的可持续发展。

3.7 文献综述与案例研究方法

在有机棉花研究中，文献综述和案例研究是两种常用的方法：

文献综述：研究人员通过收集和分析已有的相关文献、研究报告和学术论文，系统地总结和评述有机棉花研究领域的知识和进展。文献综述可以帮助研究人员了解有机棉花研究的发展趋势、关键问题和研究方法，以及已有研究的成果及其不足之处。通过文献综述，研究人员可以确定研究的知识空白和未来的研究方向。

案例研究：研究人员通过深入研究个别的有机棉花种植案例或农民社区，从中获取详细的信息和经验。案例研究可以帮助研究人员深入了解有机棉种植的实际情况、农民的实践经验、面临的挑战和取得的成就。通过对案例的观察、采访和分析，研究人员可以提取出有机棉种植的关键因素、经验教训和可借鉴的实践模式，从而为其他地区和农民提供借鉴和指导。

这两种方法在有机棉花研究中的应用可以互补和相互支持。文献综述通过对大量文献的梳理和综合，提供了一个全面的研究背景和理论基础，帮助研究人员了解有机棉花研究的整体进展和研究动态。案例研究则通过对实际案例的深入研究，提供了具体的实证数据和实践经验，为有机棉花研究提供具体的案例分析和实践指导。

综合文献综述和案例研究的结果，研究人员可以更全面地了解有机棉花种植的关键问题、挑战和机遇，进而提出切实可行的研究方案和政策建议，推动有机棉花产业的可持续发展。

❹ 全球有机棉花种子资源与产业发展趋势

4.1 全球有机棉花种子资源

全球各地都有有机棉花种子资源，以下是一些世界范围内重要的有机棉花种子资源。

美国：美国是世界上最大的有机棉花生产国之一，拥有丰富的有机棉花种子资源。知名的有机棉花种子品种供应商包括 FiberMax、Stoneville、Phytogen 等。

印度：印度也是全球最大的有机棉花生产国之一，拥有多个有机棉花种子供应商。其中一家知名的供应商是 Nuziveedu Seeds，他们提供多个适应印度气候和土壤条件的有机棉花种子品种。

中国：中国是全球最大的有机棉花生产国，拥有丰富的有机棉花种子资源。知名的有机棉花种子品种供应商包括中棉集团、中石化等。

澳大利亚：澳大利亚是有机棉花的重要产区之一，也有自己的有机棉花种子资源。澳大利亚的有机棉花种植主要集中在昆士兰州和新南威尔士州。

土耳其：土耳其是欧洲最大的有机棉花生产国之一，也有自己的有机棉花种子资源。土耳其的有机棉花种植主要集中在阿德亚曼地区。

此外，其他国家如巴西、埃塞俄比亚、马里等也有自己的有机棉花种子资源。这些种子资源涵盖了不同的品种和适应不同气候和土壤条件的特性。

有机棉花种子资源的发展和利用对于推动有机棉花产业的可持续发展至关重要。农民和种植者可以根据自身的种植需求选择适应当地环境的有机棉花种子品种，以提高产量、质量和抗病虫害能力，并推动有机棉花的可持续种植和供应链发展。

4.2 全球有机棉花产业发展趋势

全球有机棉花产业在过去几年中一直呈现稳步增长的趋势，并且预计未来仍将保持良好的发展势头。以下是全球有机棉花产业的一些发展趋势。

消费者需求增长：全球消费者对可持续和环保产品的关注度不断提高，对有机棉花服装的需求不断增长。消费者越来越重视纺织品的生态友好性和生产过程的透明度，这促使品牌和零售商增加有机棉花产品的供应。

农民转向有机种植：越来越多的农民意识到有机棉花种植的经济和环境优势。有机棉花的价格相对较高，并且有机农业可以减少对化肥和农药的依赖，降低对环境的负面影响。因此，许多农民转向有机种植，以满足市场需求。

政府政策支持：许多国家和地区的政府采取积极措施支持有机农业的发展，包括提供财政支持、制定相关法律法规、推广有机认证和标准等。这些政策支持有助于促进有机棉花产业的发展。

可持续发展倡议：国际组织、非政府组织和行业协会积极推动纺织行业的可持续发展，其中包括有机棉花的种植和使用。许多品牌和零售商加入了有机棉花倡议和认证机构，通过采购和推广有机棉花产品来推动行业的可持续发展。

技术创新：新技术的应用为有机棉花产业带来了机遇。例如，纺织和加工技术的改进可以提高有机棉花纺纱、织造和染色的效率和质量。同时，新的农业技术和管理方法可以帮助农民提高有机棉花的产量和质量。

总体而言，世界有机棉花产业在可持续发展、环保意识提高和消费者需求增长的推动下，具备良好的发展前景。

4.3 全球有机棉花种植区域与市场前景

4.3.1 有机棉花的优势

有机棉花相对于传统棉花具有以下优势。

健康与环保：有机棉花的种植过程不使用合成农药和化肥，减少了对环境的污染，同时降低了农民和消费者的暴露于有害化学物质的风险。有机棉花的产品符合有机标准，对人体无害，对皮肤较为温和，也适合敏感肌肤的人使用。

农田保护与土壤改善：有机棉花种植采用自然肥料和有机物质，有助于保护农田生态系统和土壤质量。有机农业注重土壤健康和生态平衡，通过有机施肥、轮作种植和有机病虫害管理等措施，促进土壤的改善和保护，增加土壤的肥力和持水能力。

劳工和社会责任：有机棉花种植强调劳工权益和社会责任。有机棉花生产通常遵守劳工法规，提供安全和公平的工作环境，确保农民和工人的福利。此外，有机棉花的种植也鼓励农民参与农业决策和可持续发展计划，促进农村社区的发展。

品质和市场需求：有机棉花的产品通常具有较高的品质和附加值。越来越多的消费者关注可持续和环保的产品，对有机棉花的需求逐渐增加。有机棉花的市场潜力较大，可以为种植者带来更高的收益和市场竞争优势。

总体而言，有机棉花的种植符合可持续发展的原则，注重环境保护、健康安全和社会责任。它不仅为消费者提供安全和高品质的产品选择，也为农民提供了一种可持续的农业经营方式，促进了农田和社区的可持续发展。

4.3.2 世界有机棉花的种植区域

世界各地都有有机棉花的种植区域，主要的有机棉花种植国家包括印度、中国、美国、土耳其、巴基斯坦、乌兹别克斯坦和澳大利亚等。

印度：作为全球最大的有机棉花生产国之一，印度在有机棉花种植方面取得了显著的进展。印度的有机棉花产量在全球市场占有重要地位。

中国：中国是全球最大的棉花生产国，也有一定规模的有机棉花种植区域。中国政府积极推动有机农业的发展，并支持有机棉花的种植和加工。

美国：美国也是世界上最大的有机棉花生产国之一，拥有广阔的有机棉花种植区域。美国的有机棉花产业主要集中在加利福尼亚州和得克萨斯州等地。

土耳其：土耳其是欧洲最大的有机棉花生产国，拥有丰富的棉花种植区域。土耳其的有机棉花以高质量和可持续性闻名。

巴基斯坦：巴基斯坦是世界上最大的有机棉花出口国之一，也有大量的有机棉花种植区域。巴基斯坦的有机棉花以其纯净性和高品质而受到国际市场的认可。

乌兹别克斯坦：乌兹别克斯坦是全球有机棉花生产的重要国家之一，具有广阔的有机棉花种植区域。乌兹别克斯坦的有机棉花以其天然和可持续的特性而受到国际市场的欢迎。

澳大利亚：澳大利亚拥有较小但具有潜力的有机棉花种植区域。澳大利亚的有机棉花主要以高品质和可持续性著称。

随着消费者对可持续纺织品的需求增加，有机棉花市场前景广阔。

4.4 有机棉花研究的挑战

有机棉花研究面临一些困难和挑战，主要包括以下几个方面：

农业技术和知识：有机棉花的种植和管理要求农民具备相关的有机农业技术和知识。然而，有机农业技术相对传统农业来说仍处于发展阶段，农民需要接受培训和指导才能适应有机棉花的种植要求。

有机农产品市场需求：虽然有机棉花在全球范围内受到越来越多消费者的青睐，但有机农产品市场的需求仍然相对有限。这使得有机棉花的销售和推广面临一定的困难，农民可能不愿意转向有机种植，因为他们担心销售和市场前景。

生产成本和经济可行性：有机棉花的生产成本通常较高，包括有机肥料、有机农药和劳动力成本等。这对农民而言可能是一个挑战，特别是对于那些资源有限的农户来说。因此，确保有机棉花的经济可行性和农民的收益是一个重要问题。

病虫害防控：在有机棉花生产中，由于不能使用合成农药，病虫害防控是一个重要的挑战。有机农民需要采用其他替代性的方法，如生物防治、机械防治等，来有效管理病虫害。

有机认证和标准：有机棉花需要通过有机认证来确保其符合有机标准和规定。然而，不同国家和地区对有机认证的标准和要求可能存在差异，这增加了有机棉花生产和贸易的复杂性。

面对这些困难，有机棉花研究需要综合考虑农业技术、市场需求、经济可行性以及环境可持续性等因素，寻找解决方案，促进有机棉花的可持续发展和推广。

参考文献：

[1] Agronomy Facts 55 (1997). Estimating Manure Application Rates, Pennsylvania State University, College of Agricultural Sciences, Cooperative Extension (http://cropsoil.psu.edu/extension/facts/agfact55.pdf).

[2] Alabama Cooperative Extension System (2006). Broiler litter as a source of N forcotton, timely information, Agriculture and Natural Resources.Agronomy Series. Department of Agronomy and Soils, Auburn University (http://hubcap.clems on.edu/~blppt/chick/html).

[3] Anonymous . Kyrgyzstan: organic cotton tested in the South. Reuters Alert Net. 2004-12-28. (http://www.alertnet.org/).

[4] Anonymous (2004a). US organic cotton production drops despite increasing sales of organic cotton products. Organic Trade Association, news release, 2004-12-28. 2004 (http://www.ota.com). Organic Exchange, http://organicexchange.org, 2005.

[5] Anonymous (2006). 'US organic cotton production trends: US Acreage of organic cotton gains ground', Organic Trade Association, news release, Jan 4, 2006 (http://www.ota.com/news/press/185.html).

[6] Anonymous (2006a). 2004 US organic cotton acreage increases by 37 percent. Textile World, Textile News, 2006-2-24. (http://www.textileworld.co m/News.htm?CD=5& ID=10644).

[7] Anthony WS and Mayfield WD. Cotton Ginners Handbook. Washington:US Dept. of Agriculture, Agricultural Handbook, 1994:503.

[8] Australian Cotton Industry (2005). BMP Cotton, Best Management Practices.

[9] Bremen Cotton Report. Investigation of Chemical Residues on Cotton. special edition, 1993-2-13 http://www.baumwollboerse.de/cotton/investig.htm.

[10] rganic Agriculture Movements, Germany, and the Bio Foundation and IMO Institute of Market Ecology,Switzerland. Chaudhry MR. presented at the International Conference on Organic Cotton, The conference was held under the auspices of the International Federation of O, Cairo, Egypt, 1993-9- 23.

[11] Chaudhry MR. Organic cotton production IV.The ICAC Recorder, 1998,16(4).

第1章　世界有机棉产业

近年来，全球有机棉花的产量呈逐年增长的趋势。有机棉花生产受到消费者对可持续和环保产品的需求的推动，以及一些国家和国际机构对有机农业的支持。从世界有机棉花产量分布上来看：世界各地的产量分布不均衡。主要的有机棉花生产国包括印度、中国、土耳其、塔吉克斯坦、美国、巴基斯坦和乌兹别克斯坦等。此外，非洲国家如马里、布基纳法索和坦桑尼亚等也是有机棉花的生产地。

从全球棉花产量来说，有机棉花的产量较小，只占整体棉花产量的一小部分。具体的产量数据随着时间和地区的变化而有所不同，也受到天气、市场需求和政策支持等因素的影响。从供需关系上来看，尽管有机棉花的产量增长，但全球市场上的有机棉花供应仍然相对有限，需求大于供应。这导致有机棉花的价格通常较高，且有机棉纺织品和服装的售价也较传统产品高出一些。

1.1 亚洲有机棉产业

1.1.1 印度有机棉花生产

印度是全球有机棉花生产的重要国家之一。印度的有机棉花生产基地分布广泛，主要集中在以下几个州：

古吉拉特邦（Gujarat）：古吉拉特邦是印度最大的有机棉花生产地之一。该地区的气候条件适宜有机棉花的生长，并且古吉拉特邦拥有丰富的农业资源和技术。

马哈拉施特拉邦（Maharashtra）：马哈拉施特拉邦是印度有机棉花的主要生产地之一。该地区的棉花种植区域广泛，许多农民选择采用有机种植方式。

邦加罗尔（Bangalore）：邦加罗尔和周边地区也有一定规模的有机棉花生产。该地区拥有良好的土壤质量和气候条件，适宜有机农业的发展。

那格浦尔（Nagpur）：那格浦尔地区也是印度的有机棉花生产中心之一。该地区的农民采用有机种植方法，致力于生产高质量的有机棉花。

印度的有机棉花生产受到政府的支持和鼓励，政府通过推出有机农业计划、提供财政和技术支持等措施来促进有机棉花的种植和生产。此外，印度的有机棉花生产也符合国际有机认证标准，可以出口到全球市场。

1.1.2 中国有机棉花生产

中国是世界上重要的有机棉花生产国之一。中国的有机棉花种植主要集中在以下几个地区：

新疆维吾尔自治区：新疆是中国最大的有机棉花生产区之一。该地区的气候条件适宜棉花的生长，同时拥有广阔的耕地和丰富的水资源。

甘肃省：甘肃省也有一定规模的有机棉花种植。该地区的气候干燥适中，适合有机棉花的生长。

河南省：河南省的一些地区也有有机棉花的种植。该地区的气候条件适宜棉花的生长，农民采用有机种植方式来生产有机棉花。

中国的有机棉花生产受到政府的支持和监管。中国政府通过有机认证机构对有机棉花的种植和生产进行认证和监督。中国的有机棉花也符合国际有机认证标准，可以供应全球市场。此外，中国的有机棉花生产注重环境保护和可持续发展。农民采用有机种植方法，减少对化学农药和化肥的使用，致力于生产健康、环保的有机棉花。

1.1.3 澳大利亚有机棉花生产

昆士兰州（Queensland）：昆士兰州是澳大利亚有机棉花的主要生产地之一。该地区的气候条件适宜棉花的生长，并且拥有广阔的耕地。

新南威尔士州（New South Wales）：新南威尔士州也有一定规模的有机棉花种植。该地区的棉花种植区域广阔，农民采用有机种植方式来生产高质量的有机棉花。

维多利亚州（Victoria）：维多利亚州的一些地区也有有机棉花的种植。该地区的气候适宜，农民通过有机农业方法来种植棉花。

澳大利亚的有机棉花生产以高质量和可持续性闻名，被许多品牌和消费者所青睐。农民采用有机种植方法，注重环境保护和社会责任，致力于生产可持续和环保的有机棉花。澳大利亚的有机棉花也符合国际有机认证标准，可以供应到全球市场。

1.1.4 巴基斯坦有机棉花生产

巴基斯坦是有机棉花的重要生产国之一。巴基斯坦的有机棉花种植主要集中在以下几个地区：

旁遮普省（Punjab）：旁遮普省是巴基斯坦最大的有机棉花生产区之一。该地区的气候和土壤条件适宜棉花的生长，农民采用有机种植方式来生产有机棉花。

信德省（Sindh）：信德省也有一定规模的有机棉花种植。该地区的气候适宜，农民采用有机农业方法来种植棉花。

开伯尔-普赫图赫瓦省（Khyber Pakhtunkhwa）：开伯尔-普赫图赫瓦省的一些地区也有有机棉花的种植。该地区的气候条件适宜，农民通过有机种植方式来生产棉花。

巴基斯坦的有机棉花生产通过农业部门和有机认证机构对有机棉花的种植和生产进行监督，并提供培训和技术支持，以推动有机棉花生产的发展。此外，巴基斯坦的有机棉花生产注重环境保护和社会可持续性。农民采用有机种植方法，避免使用化学农药和化肥，致力于生产高质量的有机棉花。

1.2 美国与土耳其有机棉产业

1.2.1 美国有机棉花生产

美国是世界上重要的有机棉花生产国之一。有机棉花在美国主要种植于以下几个州：

加利福尼亚州（California）：加利福尼亚州是美国有机棉花种植的主要地区之一。该地区的气候条件适宜有机棉花的生长，并且拥有先进的农业技术和资源。

德克萨斯州（Texas）：德克萨斯州也是美国有机棉花种植的重要地区之一。该州的气候和土壤条件适宜棉花的种植，农民在这里采用有机种植方式。

亚利桑那州（Arizona）：亚利桑那州也有一定规模的有机棉花种植。该地区的气候炎热干燥，适合棉花的生长。

新墨西哥州（New Mexico）：新墨西哥州的一些地区也有有机棉花的种植。该地区的农民致力于有机农业的发展，并生产高质量的有机棉花。

美国的有机棉花生产受到政府的支持和监管，有机农业认证机构负责监督和认证有机棉花的种植和生产。此外，美国的有机棉花也符合国际有机认证标准，可以供应到全球市场。

1.2.2 土耳其有机棉

土耳其是欧洲最大的有机棉花生产国之一，拥有丰富的有机棉花种植区域。土耳其的有机棉花产量在全球范围内占有重要地位。根据有机农业认证机构和相关统计数据，以下是土耳其有机棉花生产与产量的一些关键信息：

有机棉花种植区域：土耳其的有机棉花种植区域主要集中在东南部的 Adana、Mersin、Gaziantep 和 Şanlurfa 等地区。这些地区具有适宜的气候和土壤条件，非常适合有机棉花的生长。

产量：土耳其的有机棉花产量近年来呈现稳步增长趋势。据统计，土耳其的有机棉花产量在全球有机棉花市场中占有重要份额。

品质与可持续性：土耳其的有机棉花以高品质和可持续性的特点而受到国际市场的

认可。土耳其的有机棉花种植遵循有机农业准则，不使用化学合成农药和化肥，同时注重土壤保护和水资源管理。

出口市场：土耳其的有机棉花主要出口到欧洲、美国和其他国际市场。许多国际品牌和零售商选择土耳其的有机棉花作为其可持续纺织品供应链的重要组成部分。

总体而言，土耳其作为有机棉花生产的重要国家，凭借其丰富的种植区域、高品质的有机棉花和可持续的农业实践，在国际有机棉花市场中具有竞争优势，并为全球可持续纺织产业的发展做出了重要贡献。

1.3 非洲有机棉产业

1.3.1 非洲有机棉花产量

非洲是全球重要的有机棉花生产地区之一。以下是非洲各国的有机棉花生产情况和产量概述：

马里：马里是非洲最大的有机棉花生产国之一。该国具备良好的气候和土壤条件，农民采用有机种植方法，致力于生产高质量的有机棉花。据统计，马里每年的有机棉花产量为 10,000~15,000 吨。

布基纳法索：布基纳法索也是非洲重要的有机棉花生产国之一。该国拥有大量的有机棉花种植面积，农民通过有机种植方式生产棉花。据估计，布基纳法索每年的有机棉花产量为 5,000~10,000 吨。

尼日利亚：尼日利亚是非洲有机棉花生产的重要国家之一。该国具备丰富的棉花种植资源和种植技术，农民逐渐转向有机种植方法。据估计，尼日利亚每年的有机棉花产量为 3,000~5,000 吨。

坦桑尼亚：坦桑尼亚也在有机棉花生产方面取得了显著进展。该国的有机棉花种植面积逐年增加，农民采用有机种植技术，生产出优质的有机棉花。据统计，坦桑尼亚每年的有机棉花产量为 2,000~4,000 吨。

需要注意的是，以上数据仅为估计值，实际产量可能会因多种因素而有所变化，如气候条件、种植技术和市场需求等。此外，其他非洲国家如多哥、马达加斯加、乌干达等也在积极推广有机棉花生产，并逐步增加产量。

1.3.2 马里有机棉花生产

马里是非洲西部的一个国家，也是有机棉花的重要生产国之一。马里的有机棉花种植主要集中在以下几个地区：

津德尔州（Zinder）：津德尔州是马里最大的有机棉花生产区之一。该地区的气候条件适宜棉花的生长，并且拥有适宜的土壤和水资源。

卡伊州（Kayes）：卡伊州也有一定规模的有机棉花种植。该地区的气候炎热干燥，适合棉花的生长。

科尔巴州（Koulouba）：科尔巴州的一些地区也有有机棉花的种植。该地区的气候适宜，农民通过有机农业方法来种植棉花。

马里的有机棉花生产得到了政府的支持和监管。马里政府通过农业部门对有机棉花的种植和生产进行监督，并促进有机棉花生产的发展。马里的有机棉花也符合国际有机认证标准，可以供应到全球市场。马里的有机棉花生产注重环境可持续性和社会责任。农民采用有机种植方法，避免使用化学农药和化肥，致力于生产健康、环保的有机棉花。

1.3.3 布基纳法索有机棉花生产

布基纳法索是非洲西部的一个国家，也是有机棉花的重要生产国之一。布基纳法索的有机棉花种植主要集中在以下几个地区：

东北部地区：布基纳法索的东北部地区是有机棉花的主要生产区之一，包括塞诺、伊奥巴和恩代区。

东南部地区：布基纳法索的东南部地区也有一定规模的有机棉花种植，包括科蒙多和甘崎尔。

中南部地区：布基纳法索的中南部地区也有一些有机棉花种植区域，包括布瓦、萨西和普埃拉。

布基纳法索的有机棉花生产注重环境可持续性和社会责任。农民采用有机种植方法，避免使用化学农药和化肥，致力于生产健康、环保的有机棉花。政府通过农业部门和有机认证机构对有机棉花的种植和生产进行监督，并提供支持和培训给农民，以促进有机棉花生产的发展。

1.3.4 加纳、多哥、贝宁有机棉花生产特点

加纳、多哥、贝宁是非洲的重要有机棉花生产国之一。以下是关于加纳有机棉花生产的一些特点：

种植地区：加纳的有机棉花种植主要集中在北部地区，如北部、东北部和上东部等地区。这些地区的气候条件适宜棉花的生长，并且农民采用有机种植方法来生产有机棉花。多哥的有机棉花种植主要集中在北部地区，如卡拉区、萨瓦内区和中央区等地。这些地区的气候和土壤条件适宜棉花的生长，农民采用有机种植方式来生产有机棉花。贝宁的有机棉花种植主要集中在北部地区，如阿塔科拉、卡瓦莱和丘陵地区等。这些地区的气候和土壤条件适宜棉花的生长，农民采用有机种植方式来生产有机棉花。

农业合作社：加纳、多哥、贝宁的有机棉花生产通常由农民组织成农业合作社或合

作社网络来进行。这些合作社通过合作、共享资源和知识，促进有机农业的发展，并帮助农民获得有机认证。

可持续发展：加纳、多哥、贝宁的有机棉花生产注重可持续发展和社会责任。农民采用有机种植方法，避免使用化学农药和化肥，保护土壤和水源的健康，同时关注农民的生计和社区的发展。

认证和市场接入：加纳、多哥、贝宁的有机棉花生产通常需要通过有机认证，以确保符合有机标准。同时，农民也积极参与市场链接计划，将有机棉花出口到国际市场，获得更好的价格和机会。

加纳、多哥、贝宁政府和国际组织积极支持有机棉花生产的发展，提供培训、技术指导和市场支持等方面的支持。这有助于促进加纳的农民转向有机农业，提高农民的收入和社区的可持续发展。

1.3.5 尼日利亚有机棉花生产

尼日利亚是非洲有机棉花生产的重要国家之一。以下是关于尼日利亚有机棉花生产的一些特点：

种植地区：尼日利亚的有机棉花种植主要集中在北部地区，如卡齐纳州、贾各州、卡诺州和卡茨纳州等。这些地区的气候和土壤条件适宜棉花的生长。

有机种植方法：尼日利亚的农民采用有机种植的方法来生产有机棉花。他们避免使用合成农药和化肥，而使用有机肥料和自然方式控制害虫和病虫害。这有助于保护土壤和环境的健康。

产量：尼日利亚的有机棉花产量逐年增加。据统计，尼日利亚每年的有机棉花产量为 3,000~5,000 吨。这些有机棉花主要用于出口和国内市场供应。

出口市场：尼日利亚的有机棉花出口市场主要面向欧洲、美国和亚洲等国家。农民通过合作社、买家和出口商等渠道与国际市场进行联系。国内市场方面，有机棉花也被用于制造有机棉纺织品和服装，满足国内消费者对有机产品的需求。

1.3.6 坦桑尼亚有机棉花生产

坦桑尼亚是非洲有机棉花生产的重要国家之一。以下是关于坦桑尼亚有机棉花生产的一些特点：

种植地区：坦桑尼亚的有机棉花种植主要集中在北部地区，如姆万扎、松戈和桑给巴尔等地。这些地区的气候和土壤条件适宜棉花的生长。

有机种植方法：坦桑尼亚的农民采用有机种植方法来生产有机棉花。他们避免使用合成农药和化肥，而使用有机肥料和自然方式控制害虫和病虫害。这有助于保护土壤和环境的健康。

产量：坦桑尼亚的有机棉花产量逐年增加。据统计，坦桑尼亚每年的有机棉花产量为 2,000~4,000 吨。这些有机棉花主要用于出口和国内市场供应。

出口市场：坦桑尼亚的有机棉花出口市场主要面向欧洲、美国和亚洲等国家。农民通过合作社、买家和出口商等渠道与国际市场进行联系。国内市场方面，有机棉花也被用于制造有机棉纺织品和服装，满足国内消费者对有机产品的需求。

1.3.7　乌干达有机棉花生产

乌干达是非洲一个重要的有机棉花生产国之一。乌干达的棉花种植主要分为有机和非有机两类，其中有机棉花种植面积在该国逐渐增加。乌干达的有机棉花种植通常遵循有机农业的原则，不使用合成农药和化肥，注重生态友好的耕作方法。有机棉花的生产可以帮助农民减少对化学农药的依赖，降低环境污染，并提高棉农的收入。乌干达的有机棉花产业受到国内外市场的重视。有机棉花的出口可对乌干达的经济发展和农民收入产生积极影响。一些乌干达的合作社和农民组织致力于推动有机棉花的种植和加工，为农民提供培训和技术支持。

1.4 中亚五国有机棉产业

1.4.1　乌兹别克斯坦有机棉花生产

乌兹别克斯坦是全球有机棉花生产的重要国家之一。乌兹别克斯坦的有机棉花种植主要集中在以下几个地区：

贝基尔州（Bekhuzor）：贝基尔州是乌兹别克斯坦有机棉花的主要产区之一。该地区的气候条件和土壤适宜棉花的生长，农民采用有机种植方式来生产有机棉花。

阿纳多尔州（Andijan）：阿纳多尔州也有一定规模的有机棉花种植。该地区的气候适宜，农民采用有机农业方法来种植棉花。

托什干市及周边地区：乌兹别克斯坦首都托什干市及其周边地区也有有机棉花的种植。这个地区有发达的纺织工业，有机棉花供应可以满足本地纺织厂的需求。

乌兹别克斯坦的有机棉花生产得到了政府的鼓励。农民采用有机种植方法，可减少对化学农药和化肥的使用；同时政府提供培训和技术支持，以推动有机棉花生产的发展。乌兹别克斯坦的有机棉花生产注重环境保护和社会可持续性。农民遵循有机农业标准，采用可持续的种植和管理方法，致力于生产高质量的有机棉花。

1.4.2　土库曼斯坦

土库曼斯坦是有机棉花的重要生产国之一。土库曼斯坦的有机棉花种植主要集中在以下几个地区：

阿哈尔省（Ahal Province）：阿哈尔省是土库曼斯坦有机棉花的主要产区之一。该地区的气候和土壤条件适宜棉花的生长，农民采用有机种植方式来生产有机棉花。

杜尔德祖克省（Lebap Province）：杜尔德祖克省也有一定规模的有机棉花种植。该地区的气候适宜，农民采用有机农业方法来种植棉花。

巴尔坎省（Balkan Province）：巴尔坎省的一些地区也有有机棉花的种植。该地区的气候条件适宜，农民通过有机种植方式来生产棉花。

土库曼斯坦的有机棉花生产得到了政府的支持和监管。政府通过农业部门和有机认证机构对有机棉花的种植和生产进行监督，并提供培训和技术支持，以推动有机棉花生产的发展。土库曼斯坦的有机棉花生产注重环境保护和社会可持续性。农民采用有机种植方法，避免使用化学农药和化肥，致力于生产高质量的有机棉花。

1.4.3　塔吉克斯坦

塔吉克斯坦是有机棉花的重要生产国之一。塔吉克斯坦的有机棉花种植主要集中在以下几个地区：

哈特隆州（Khatlon Province）：哈特隆州是塔吉克斯坦有机棉花的主要产区之一。该地区的气候和土壤条件适宜棉花的生长，农民采用有机种植方式来生产有机棉花。

伊斯法拉州（Sughd Region）：伊斯法拉州也有一定规模的有机棉花种植。该地区的气候适宜，农民采用有机农业方法来种植棉花。

塔吉克斯坦的有机棉花生产得到了政府的支持和监管。政府通过农业部门和有机认证机构对有机棉花的种植和生产进行监督，并提供培训和技术支持，以推动有机棉花生产的发展。

塔吉克斯坦的有机棉花生产注重环境保护和社会可持续性。农民采用有机种植方法，避免使用化学农药和化肥，致力于生产高质量的有机棉花。

1.4.4　吉尔吉斯斯坦

吉尔吉斯斯坦是有机棉花的重要生产国之一。吉尔吉斯斯坦的有机棉花种植主要集中在以下几个地区：

乌兹根奇州（Uzgen Oblast）：乌兹根奇州是吉尔吉斯斯坦有机棉花的主要产区之一。该地区的气候和土壤条件适宜棉花的生长，农民采用有机种植方式来生产有机棉花。

塔拉斯州（Talas Oblast）：塔拉斯州也有一定规模的有机棉花种植。该地区的气候适宜，农民采用有机农业方法来种植棉花。

吉尔吉斯斯坦的有机棉花生产得到了政府的支持。政府通过农业部门和有机认证机构对有机棉花的种植和生产进行监督，并提供培训和技术支持，以推动有机棉花生产的发展。吉尔吉斯斯坦的有机棉花生产注重环境保护和社会可持续性。农民采用有机种植方法，避免使用化学农药和化肥，致力于生产高质量的有机棉花。

1.4.5 哈萨克斯坦

哈萨克斯坦是有机棉花的重要生产国之一。尽管哈萨克斯坦的棉花产量较低，但该国具备一定的有机棉花生产潜力。以下是哈萨克斯坦有机棉花生产的一些特点：

种植地区：哈萨克斯坦的有机棉花种植主要集中在南部地区，如阿拉木图州、库斯塔奈州和南哈萨克斯坦州。这些地区的气候和土壤条件适宜棉花的生长。

有机认证：哈萨克斯坦的有机棉花生产通常需要通过有机认证。有机认证机构会对种植过程中的农药和化肥使用进行严格监管，确保棉花生产符合有机标准。

政府支持：哈萨克斯坦政府积极推动有机农业的发展，并提供相应的政策和支持措施，包括资金支持、培训和技术指导等，以鼓励农民转向有机棉花种植。

可持续发展：有机棉花生产注重环境保护和可持续发展。农民采用有机农业方法，避免使用化学农药和化肥，保护土壤和水源的健康。

需要注意的是，哈萨克斯坦的有机棉花产量较小，因此，供应量可能有限。如有意采购哈萨克斯坦的有机棉花，建议与当地的农业机构、有机认证机构或相关行业组织联系，以获取最新的生产和供应信息。

1.5 全球品牌服装使用有机棉花

1.5.1 有机棉花与普通棉花的区别

有机棉花和普通棉花之间存在显著的区别，主要体现在以下几个方面：

农业生产方式：有机棉花的生产遵循有机农业的原则和标准，不使用合成化肥、农药和转基因技术。相比之下，普通棉花的生产通常采用传统农业方法，使用化肥、农药和基因改良技术。

土壤和环境保护：有机棉花种植过程中注重土壤的健康和保护，采用有机肥料和自然的土壤改良方法，有利于保持土壤的生态平衡和生产力。同时，有机棉花的生产过程可减少化学物质的使用，保护生态系统。

农药残留物：有机棉花生产过程中不使用合成农药，因此有机棉花的农产品残留物含量较低。普通棉花可能会使用合成农药，这导致棉花及其制成品可能含有农药残留物。

健康与安全：由于有机棉花生产过程中限制了化学物质的使用，有机棉花的棉纤维在纺织和制衣过程中对人体健康的影响较小。相比之下，普通棉花的纤维可能含有化学农药和残留物，对人体健康而言存在一定风险。

可持续性：有机棉花的生产注重生态可持续性和社会责任，通过采用可再生资源和循环经济原则来减少对自然资源的依赖和环境影响。这与普通棉花的生产相比，更符合可持续发展的目标。

总的来说，有机棉花与普通棉花之间的主要区别在于生产方式、环境保护、健康安全和可持续性等方面。有机棉花的生产更加注重生态友好和人体健康，因此在纺织和服装行业中，有机棉花越来越受到消费者的关注和青睐。

1.5.2 采用有机棉的全球服装品牌

越来越多的服装品牌意识到有机棉花的重要性，开始在其产品中使用有机棉花。以下是一些使用有机棉花的知名服装品牌的例子：

H&M Conscious：H&M 是全球最大的时尚品牌之一，旗下的 "H&M Conscious" 系列专注于可持续和环保的产品，包括使用有机棉花制作的服装。

Patagonia：Patagonia 是一家专注于户外服装和装备的品牌，他们致力于使用有机棉花、再生材料和其他可持续材料来生产高质量的产品。

EILEEN FISHER：EILEEN FISHER 是一家以简约风格著称的时尚品牌，他们积极推动可持续时尚，并使用有机棉花等可持续材料制造产品。

prAna：prAna 是一家专注于户外和休闲服装的品牌，他们采用有机棉花和其他环保纤维来生产他们的产品，并致力于促进可持续发展和公平贸易。

People Tree：People Tree 是一家以公平贸易和可持续时尚为核心的品牌，他们与农民和制造商合作，使用有机棉花和其他环保材料生产他们的服装。

PACT：PACT 是一家专门生产有机棉内衣和家居服的品牌，他们致力于提供舒适、环保和公平贸易的产品。

许多世界知名的童装品牌已经开始使用有机棉花来制造他们的产品。以下是一些使用有机棉花的国际童装品牌的例子：

Gap Kids：Gap Kids 是美国著名的童装品牌之一，该品牌在部分产品中使用有机棉花，并致力于推动可持续和环保的生产方式。

H&M Kids：H&M 是全球领先的时尚品牌，其 "H&M Kids" 系列中的一些产品使用有机棉花，以提供环保和可持续的童装选择。

Zara Kids：Zara 是西班牙的时尚品牌，其童装系列中也有使用有机棉花的产品。他们注重可持续发展，并致力于减少对环境的影响。

Stella McCartney Kids：Stella McCartney 是一位著名的时尚设计师，她的童装品牌专注于可持续时尚。该品牌使用有机棉花和其他环保材料来制造高质量的童装产品。

Mini Rodini：Mini Rodini 是一家瑞典童装品牌，该品牌以其创意和可持续发展的理念而闻名。该品牌使用有机棉花和其他环保材料，制造出独特而环保的童装。

Frugi：Frugi 是一家英国童装品牌，该品牌以使用 100% 有机棉花和其他可持续纤维为特点。该品牌致力于提供高质量、舒适且环保的童装产品。

1.5.3 使用有机棉花的全球内衣服装品牌

许多全球知名的内衣品牌已经开始使用有机棉花来制造他们的产品。以下是一些在全球范围内使用有机棉花的知名内衣品牌的例子：

PACT：PACT 是一家专门生产有机棉内衣和家居服的品牌。他们使用有机棉花和其他可持续纤维，生产出舒适、环保和公平贸易的内衣产品。

Organic Basics：Organic Basics 是一家致力于可持续内衣和基本服装的品牌。他们使用有机棉花和其他环保材料，提供简约风格的内衣产品。

Boody：Boody 是一家澳大利亚的内衣品牌，他们专注于使用有机棉花和竹纤维等天然材料生产内衣。他们的产品注重舒适性和环保性。

HARA The Label：HARA The Label 是一家澳大利亚的内衣品牌，他们使用有机棉花和植物染料制作内衣。他们注重可持续发展和公平贸易。

WAMA Underwear：WAMA Underwear 是一家专注于有机棉内衣的品牌。他们使用全球有机纺织标准（GOTS）认证的有机棉花，生产出柔软、舒适的内衣产品。

Skin：Skin 是一家以舒适和质感著称的内衣品牌。他们使用天然纤维和有机棉花，生产出高质量的内衣和家居服。

参考文献：

[1] Altendorf,S.,& Friedrich,S.Global Organic Cotton Market Report: A closer look at the world's major organic cotton producing and consuming countries[M].Textile Exchange，2016.

[2] Dalgaard,R,et al.Environmental assessment of organic cotton production[J].Journal of Cleaner Production,2008,16（5）:644-651.

[3] Murray D L,Ray D,& Grossman M.Sustainable Cotton Production Guideline: Guidance document for the responsible production of cotton[M].Textile Exchange,2016.

[4] Poncet V,Zeroual A.The World of Organic Agriculture-Statistics & Emerging Trends 2018[M].Research Institute of Organic Agriculture（FiBL）& IFOAM - Organics International,2018.

[5] Textile Exchange.Organic Cotton Market Report: Key insights into the global organic cotton market.Textile Exchange,2020

[6] Wang Z,et.al.（2020）.Is organic farming competitive in China[J]? Journal of Cleaner Production,2020（257）:120532.

[7] Willer H,Lernoud J.The World of Organic Agriculture-Statistics & Emerging Trends 2019[J]. Research Institute of Organic Agriculture（FiBL）& IFOAM-Organics International,2019.

第2章 有机棉种植技术

随着社会和经济的发展，人们的收入和生活水平不断提高，安全、无污染、健康型有机产品日益受到消费者青睐，而作为有机产品的有机棉和有机纺织品服装也逐渐为广大消费者所接受，尤其是世界上一些知名的服装公司纷纷参与，推动了全球有机棉和有机纺织品服装业的快速发展。据 Textile Exchange《2021 年有机棉市场报告》：2019-2020 年度全球 588,425 hm² 有机认证土地上收获了 249,153 吨有机棉，有机棉花产量占全球棉花产量的 1%；21 个有机棉生产国中，印度占 50%，其他主要生产国包括中国、吉尔吉斯斯坦、土耳其、塔吉克斯坦、美国、坦桑尼亚，乌兹别克斯坦和缅甸这两个国家也加入了有机棉花生产国的行列。

2.1 种植有机棉的意义

2.1.1 有利于减轻环境污染，减少不可再生资源的消耗

为提高产量，常规棉花生产中大量使用农药、化肥等农用化学品。棉花是使用农药最多的农作物，全球棉花种植面积约占总农业用地的 3%，但却使用了超过 25% 的农药，这些农药包括杀虫剂、杀菌剂、除草剂和脱叶剂，这不仅导致农药在棉株体内的残留，也造成棉田土壤及地下水、地表水污染，生态平衡遭受破坏，生物多样性锐减，进而威胁到人类的生存环境。棉田大量施用的化肥，通过淋溶、径流进入地下水和地表水体，引起地下水污染和水体富营养化。另外，棉花也是使用转基因品种最多的作物之一，据报道，目前美国有将近 78%、中国有 60% 以上棉田种植转基因棉花，这种转入耐除草剂或含有 Bt 基因的棉花对生态环境具有潜在的威胁。

有机棉生产，禁止使用化学农药、化肥，以及人工合成的生长调节剂和基因工程品种、产品等，遵循自然规律和生态学原理，采用一系列可持续发展的农业技术，循环利用有机生产体系内的物质，充分利用生态系统的自然调节机制，注重生态环境和生物多样性的保护的一种农业生产体系，因而可对控制和减轻棉区环境污染，保护和恢复生态平衡，合理利用资源等起到积极的作用。同时，发展有机棉还减少了农药、化肥等化学合成物资在其生产过程中对不可再生资源的消耗，有望减轻工业污染。

2.1.2　有利于保障人类健康

棉花既是纤维作物，也是油料和饲料作物，常规棉在生产过程中大量使用化学农药，会造成农药成分在籽棉中的残留。籽棉约 40％ 为纤维，其余是棉籽，棉纤维中残留的农药成分可对人体皮肤造成直接危害，而棉籽中残留的农药通过食物链，最终进入人体。棉籽榨出的油是我国广大棉区的主要食用油，同时在许多国家被广泛用于加工食品，如饼干、洋芋片、色拉酱汁和烘焙食品等；榨完油的棉籽粕则用来制成动物饲料，喂养鸡、猪、牛等肉用或乳用动物。另外，常规棉花生产中由于使用转基因棉花品种，通过棉籽油、含棉籽粕的饲料，一些异蛋白、细菌与病毒的基因片段、抗生素抗药性的因子也都将通过食物链进入人体。

2.1.3　有利于调整棉花产业结构，增加棉农就业和经济收入

有机棉生产是一种劳动密集型产业，需要大量劳动投入，其发展有助于解决棉区普遍出现的劳动力过剩问题；调整农业结构、发展多种经营、引导农户面向市场生产附加值高的产品是我国农业的发展方向，有机棉生产正是以市场为导向，具有高附加值、高价格的特点。有机棉在国际市场上的价格，一般为常规棉的 1.2~1.5 倍，发展有机棉可增加棉农收入。

2.2　有机农业标准与有机认证机构

2.2.1　世界范围的有机农业标准

有机棉生产一般采用有机农业标准中的农场或作物生产标准。随着国际有机农业运动的逐步深入发展，有机农业标准也在一定程度上得到了完善和加强，目前已形成了世界范围内不同层次的标准体系，主要有国际标准、地区标准、国家标准和认证机构标准等。

2.2.1.1　国际标准

（1）联合国有机标准。为了规范国际标准、保护消费者和促进国际贸易，联合国粮农组织（FAO）和世界卫生组织（WHO）共同领导的国际食品法典委员会，于 1999 年 6 月颁布了世界第一套有机植物生产标准。该标准的内容参考了欧盟有机农业标准 EU2092/91 和国际有机农业运动联盟（IFOAM）《有机生产与加工基本标准》的有关内容，但是在细节和所含领域方面仍然存在不少差异。国际食品法典委员会制定的这些标准已经成为世界各国制定本国有机食品法规的基础。

（2）国际有机农业运动联盟（IFOAM）于 1980 年首次制定出《有机生产与加工基本标准（IBS）》。该标准对有机产品的种植、生产、加工和处理提出了总体原则和建议，是世界范围内的有机标准，为各国和地区及有机认证机构制定相关标准和进行有机认证

提供了参考依据和框架。

2.2.1.2 地区标准

地区标准主要有欧盟标准。1991 年 6 月 24 日欧盟有机农业条例 EU2092/91 出台，该条例主要涉及植物产品。

2.2.1 3 国家标准

为了确保有机农业深入发展和有机产品的质量，一些国家政府于 20 世纪 90 年代初开始制定国家有机生产、检验和认证标准，目前美国、日本、中国、阿根廷、巴西、澳大利亚、智利、以色列以及欧盟各成员国等已制订了各自的国家标准，这些标准在内容和实施效果上还存在不少差异。欧盟和美国是世界上最大的有机产品市场，因此他们的相关标准对世界有机农业生产和贸易的影响最大。

2.2.1.4 认证机构标准

目前，世界上许多国家拥有自己的认证机构，中国目前认证机构有 2 个，即南京国环有机产品认证中心（OFDC）和中绿华夏有机食品认证中心（COFCC）。基本上每个认证机构都建立了自己的认证标准，不同认证机构执行的标准都是在 IFOAM 基本标准的基础上发展起来的，但侧重点及标准的发展有所不同，这反映了不同国家和地区的实际情况。

2.2.2　有机认证机构

在众多的有机认证机构中，应当选择哪一家呢？一是根据有机棉销往的地区或国家，选用相应地区或国家的认证机构；二是要根据客户的要求。目前，除我国的南京国环有机产品认证中心（OFDC）和中绿华夏有机食品认证中心（COFCC）外，在中国开展有机认证业务的还有几家外国有机认证机构，如法国的 ECOCERT、德国的 BCS、瑞士的 IMO 和日本的 JONA 与 OMIC 在中国境内开展有机认证检查和认证工作。我国的有机作物生产单位可根据产品销往地区或国家及客户要求选用上述有机认证机构。

2.3 有机农业相关术语和定义

（1）有机：指有机认证标准中描述的生产体系以及由该体系生产的产品，与"有机化学"无关。

（2）有机农业（有机生产）：指在动植物生产过程中不使用化学合成的农药、化肥、生长调节剂、饲料添加剂等物质，以及基因工程获得的生物及其产物，而是遵循自然规律和生态学原理，采用一系列可持续发展的农业技术，协调种植业和养殖业的平衡，保持农业生态体系稳定的一种农业生产方式。

（3）传统农业：指沿用长期积累的农业生产经验，主要以人、畜力进行耕作，采用农业、人工措施或传统农药进行病虫草害防治为主要技术特征的农业生产模式。

（4）有机产品：指按照有机认证标准生产、加工或处理并获得认证的各类产品。

（5）有机产品生产者：从事植物、动物和微生物产品的生产，其产品获得有机产品认证并获准使用有机产品认证标志的单位或个人。

（6）天然产品：指自然生长在地域界限明确的地区、未受基因工程和外来化学合成物质影响的产品。

（7）常规：指未获得有机认证或有机转换认证的物质、生产或加工体系。

（8）生产单元：由有机产品生产者实施管理的生产区域。

（9）有机转换期：指从开始实施有机生产至生产单元和产品获得有机产品认证之间的时间。

（10）平行生产：指在同一生产单元，同时从事相同或难以区分的经过有机认证的有机方式和其他方式（非有机、有机转换、有机但未获认证）的生产。

（11）缓冲带：指有机与非有机地块之间设置的界限明确的过渡地带，用来防止或阻挡邻近地块漂移过来的禁用物质。

（12）作物轮作：指为防治杂草及病虫害，提高土壤肥力和有机质含量，在同一地块上不同年度间按照一定的顺序轮换种植不同作物或不同复种模式的种植方式，前者为年度间单一作物的轮作，后者为复种轮作。

（13）基因工程生物（转基因生物）：通过自然繁殖或自然重组以外的方式对遗传材料进行改变的技术（基因工程技术或转基因技术）改变其基因的植物、动物、微生物。（注：不包括接合生殖、转导与杂交等技术获得的生物体）

（14）绿肥：以改良土壤为目的，施入土壤的作物。

（15）投入品：有机生产过程中采用的所有物质或材料。

（16）允许使用：指可以在有机生产体系中使用某物质或方法。

（17）限制使用：指在无法获得允许使用物质的情况下，可以在有机生产体系中有条件地使用某物资或方法。通常不提倡使用这类物质或方法。一般情况下，限制使用的物质必须有特定的来源，并能够说明未受污染。

（18）禁止使用：指不允许在有机生产体系中使用某物质或方法。

（19）内部检查员：有机产品生产、加工、经营单位内部负责有机管理体系审核，并配合有机认证机构进行检查、认证的管理人员。

（20）跟踪审查系统：能够足以用于确定来源、所有权转让以及农产品运输的文件。

（21）认证：指具有相应资质的独立第三方组织给予书面保证来证明某一明确界定的生产或加工体系经过系统地评估且符合特定要求的程序。认证以规范化的检查为基础，包括实地检查、质量保证体系的审计和终产品的检测。

（22）认证标志：证明产品生产或者加工过程符合某认证机构标准并通过认证的专

有符号、图案或者符号、图案以及文字的组合。

（23）标识：在销售的产品及包装、标签或随同产品提供的说明性材料上，以书写、印刷的文字或图解的形式对产品所做的标识。

2.4 有机棉的概念

2.4.1 有机棉的定义

有机棉这一名词是从英文 Organic Cotton 直译过来的。在国外其他语言中也有叫生态棉或生物棉，国外普遍接受 Organic Cotton（有机棉）这一名称，这里所说的"有机"不是化学上的概念。有机棉是指按照有机认证标准生产和加工，并通过独立认证机构认证的籽棉和皮棉。在其生产过程中不使用化学合成的肥料、农药、生长调节剂等物质，也不使用基因工程生物及其产物，其核心是建立和恢复农业生态系统的生物多样性和良性循环，以维持农业的可持续发展。在有机棉生产体系中，作物秸秆、畜禽粪便、豆科作物、绿肥和有机废弃物是土壤肥力的主要来源；作物轮作以及各种物理、生物和生态措施是控制病虫害和杂草的主要手段。

2.4.2 有机棉生产需要符合的条件

（1）原料必须来自于已建立或正在建立的有机农业生产体系，或采用有机方式采集的无污染的野生天然产品。

（2）有机棉在整个生产过程中严格遵守有机产品的种植、加工、包装、贮藏、运输标准。

（3）有机棉在生产、流通过程中，有完善的质量控制和跟踪审查体系，并有完整的生产和销售记录档案。

（4）要求在整个生产过程中对环境造成的污染和生态破坏影响最小。

（5）必须通过独立的有机认证机构认证。

2.4.3 有机棉与其他棉花的区别

有机棉与其他概念的棉花，如常规棉花、无公害棉花、绿色棉花之间存在明显的区别，主要包括：

（1）生产标准严格。有机棉在生产和加工过程中绝对禁止使用农药、化肥、激素等人工合成物质和基因工程技术，而其他棉花则允许使用或有限制地使用这些物质和技术。因此，有机棉的生产比其他棉花难得多，需要建立全新的生产体系，发展替代常规农业生产的技术和方法。

（2）质量控制和跟踪审查体系严格。跟踪审查系统是有机认证不可缺少的组成部分，有机棉生产必须建立完善的质量控制和跟踪审查体系，并保存所有记录，以便能够对整个生产过程进行跟踪审查。

（3）证书管理严格。有机棉生产基地要经过二至三年有机转换期才能获得认证，有机棉证书有效期一年，每年必须接受现场检查，确定是否能继续获得认证。

2.5 有机棉生产基本要求

根据国际有机农业运动联盟（IFOAM）《有机生产和加工基本标准》、美国国家有机农业标准、美国国际有机作物改良协会（OCIA）和中华人民共和国国家标准 GB/T 19630—2019《有机产品生产、加工、标识与管理体系要求》等国家和有机认证机构标准的有关内容，介绍有机棉生产的基本要求。

2.5.1 农场及土地要求

2.5.1.1 产地环境要求

有机生产农场必须选择在大气、水、土壤未受到污染，周边无工厂或其他污染源的地区，同时要避免转基因作物的污染。

2.5.1.2 认证范围

认证范围可以是整个农场也可以地块为单位。如果认证范围是以地块为单位的，则该农场必须承诺将所有的地块纳入正在进行的有机种植规划，规划的目标应该是在该农场的有某一部分被首次颁证后的最多 5 年内使农场全部地块进入有机生产或有机转换状态。租赁的或种植者不能完全控制的地块以及发生无法预料的极端情况时可以例外。时而进行有机生产、时而进行非有机生产的地块不能颁证。

2.5.1.3 转换期

由常规生产过渡到有机生产需要经过转换期，一般为首次申请认证的作物收获前 3 年时间。转换期内必须完全按有机生产要求操作。经 1 年有机转换后，田块中生长的作物可以获得有机转换作物的认证，其产品可以冠以有机转换期产品销售。

转换期的开始时间从申请认证之日起计算。如果申请者能提供足够真实的书面证明材料和土地利用的历史资料，经认证机构颁证委员会核准后，转换期也可以从生产者实际开始有机生产的日期算起。

已经通过有机认证的农场一旦回到常规生产方式，则需要重新经过有机转换。

新开垦地、撂荒多年未予农业利用的土地以及一直按传统农业生产方式耕种的土地，要经过至少一年的转换期才能获得认证机构颁证。

2.5.1.4 缓冲带和相邻地块

如果相邻农场种植的作物受到过禁用物质喷洒或有其他污染的可能性，则应在有机作物与喷洒过禁用物质的作物之间设置有效的物理障碍或至少保留 8 米的缓冲带，以保证认证地块的有机完整性。如某有机地块已经受到禁用物质污染，则要求该地块再经过 36 个月的转换期。

如果由于邻近农场或常规农民的农作方法，或由于受到转基因作物的花粉侵袭，导致农场受到转基因种子的污染，则该地块、该作物或所有可能受到转基因作物花粉杂交的作物再次进入有机生产体系的转换时间应比已知文献记载的该种子的生命期再长一年。

注：缓冲带上种植的植物不能认证为有机产品。

2.5.1.5 平行生产

有机认证机构鼓励农场主将其所有土地转化成有机地块。如果一个农场同时以有机方式及非有机方式（包括常规和转换）种植同一品种的作物，则必须在满足下列条件，才允许进行平行生产，有机地块的作物产品才可作为有机产品销售：

（1）处于转换期。

（2）生产者拥有或经营多个分场，不同的分场间存在平行生产，但各分场使用各自独立的生产设备、贮存设施和运输系统。

（3）若同一农场内存在平行生产，还须达到下列标准：告知平行生产的种类，以便有机认证机构和其检查员确保认证产品的有机完整性；要制定作物平行生产、收获和贮藏计划，以确保有机产品与常规产品能分隔开来，生产者可通过选择不同作物或明显不同的作物品种或通过年度检查来核实分区管理计划的有效性；需要有完整而详细的有机产品和常规产品记录系统。

同时，存在平行生产的农场，其常规生产部分也不允许使用基因工程作物品种。

2.5.1.6 农场历史

生产者必须提供最近四年（含申请认证的年度）农场所有土地的使用状况、有关的生产方法、使用物质、作物收获及采收后处理、作物产量及目前的生产措施等整套资料。

2.5.1.7 生产管理计划

为了保持和改善土壤肥力，减少病虫草危害，生产者应根据当地的生产情况，制定并实施非多年生作物的轮作计划。在作物轮作计划中，应将豆科作物包括在内。

生产者应制定和实施切实可行的土壤培肥计划，提高土壤肥力，尽可能减少施用农场外的肥料。制定有效的作物病虫草害防治计划，包括采用农业措施、生物、生态和物理防治措施。在生产中应采取相应措施，避免农事活动对土壤或作物产生污染及对生态产生破坏。制定有效的农场生态保护计划，包括种植树木和草皮，控制水土流失，建立天敌的栖息地和保护带，保护生物多样性。

2.5.1.8 内部质量控制计划

有机生产者必须做好并保留完整的生产管理和销售记录，包括购买或使用有机农场内外的所有物质的来源和数量，以及作物种植管理、收获、加工和销售的全过程记录。

2.5.2 机械设备和农具

（1）维护机械设备，保持良好状态，避免传动液、燃料、油料等对土壤或作物的污染。

（2）用于管理或收获有机作物的所有自用、租用或借用的设备，都必须充分清洁干净以避免非有机农业残留物、非有机产品或基因工程作物及其产品的污染，并建立清洁日志，做好记录。

（3）收获前后的操作过程及包装材料必须采用符合有机认证标准的加工技术和包装材料，以最大限度地保证产品质量和产品的有机完整性。

2.5.3 品种和种子要求

（1）应选择适应当地土壤和气候条件、抗病虫害的棉花品种和其他轮作作物种类和品种，在品种的选择上应充分考虑保护作物的遗传多样性。

（2）如果市场上可以买到经认证的有机种子，必须优先使用有机种子。

（3）如生产者确实无法获得有机种子，才可以使用常规种子；应制订和实施获得有机种子的计划。

（4）种子不得使用任何有机农业禁用物质进行处理和加工，允许使用天然产生的生物防治剂处理种子，也可以使用泥土、石膏或非合成的物质对种子进行包衣处理；禁止使用转基因生物制剂处理种子。

（5）禁止使用任何转基因作物品种。

2.5.4 作物轮作要求

轮作的目的是保持和改善土壤肥力，减少硝酸盐淋失及病虫草害的危害。生产者必须根据本地可接受的有机农作方式实施合理的轮作计划，轮作方式尽可能多样化，应采用包括豆科或绿肥在内的至少三种作物进行轮作。同一年内提倡复种、套种。在有机地块种植的任何作物，无论是认证产品还是倒茬作物，都必须按有机种植的要求进行管理。对于一年生作物，在一个轮作期内禁止同一种一年生作物的连作。

2.5.5 土壤肥力和作物营养标准

主要通过种植豆科作物和使用绿肥，施用农场内部按有机方式生产所得的有机物质沤制的堆肥，以及合适的轮作来维持土壤肥力。如这些措施不足以保持肥力，则可补充施用场外来源的动植物肥料和天然矿物质。

2.5.5.1 允许或限制施用下列物质

（1）堆肥（允许）。堆肥是指有机物质在微生物的作用下，进行好氧或厌氧的分解过程。为了有效地保留堆肥中的营养物质，降解农药残留，杀死杂草种子和病原体，沤制堆肥温度必须达到 49~60 ℃高温，并保持约 6 周的时间。为了获得最佳的堆肥效果，在整个沤制过程中，应保持一定的湿度，但不能有渍水现象。在堆制过程中，应书面记录来自农场外的物质，同时不允许在堆肥中使用任何有机农业禁止使用的物质，包括合成的堆肥强化促酵剂。种植者购买堆肥应索取商品（堆）肥的主要成分及含量表。

（2）畜禽粪肥。畜禽粪肥在使用前必须经堆制处理，在堆制过程中要不断翻堆，并保持一定的湿度和温度，直至充分降解。限制使用未经处理的粪肥，未经处理的粪便可能对土壤生物产生不良影响，使产品的硝酸盐含量高到影响人类健康的水平，并引起土壤中盐分的富集；未处理的粪便也可能含有农药残留，这取决于喂养牲畜的饲料类型。只允许适量地使用未经处理的或层状堆制（即未经充分处理）的粪便。

加工的畜禽粪肥是指升温至 65℃以上，时间达 1 小时以上，水分降至 12% 或以下，保存或冷冻的由生粪制的肥料。该产品溶解度高、生物活性低，因此这种肥料不宜用作基肥。

（3）允许施用农场内部的作物秸秆、作物残茬和绿肥，有限制地施用农场外购物质。

（4）饼肥。允许施用经物理方法加工的饼肥。但某些饼肥如棉籽粕中可能含有一定的农药残留，因此，在使用前若能证明棉籽粕中确无农药残留方可使用，否则，一定要经过堆制处理。

（5）未经化学处理的木材加工副产品，如树皮、锯屑、刨花和木灰等。

（6）可以施用没有污染并经腐熟处理的食品加工副产品。

（7）不含有其他合成防腐剂或其他合成植物营养素强化处理过的海洋副产品，如骨粉、鱼粉和其他类似的天然产品。

（8）水生植物产品。如海藻粉、未加工的海藻及海藻提取液，但不允许使用含有甲醛或用合成的植物营养素强化处理的海藻提取液。

（9）腐殖酸盐。允许施用来自于风化褐煤、褐煤或煤的腐殖酸盐，不允许施用经合成的物质强化处理的腐殖酸盐。

（10）微生物产品。指天然的微生物，包括根瘤菌、菌根真菌、红萍、固氮菌、酵母菌和其他微生物。微生物产品可用于农业生态系统的堆肥、植物、种子、土壤和其他的组成部分，不允许使用基因工程有机体或病毒。

（11）天然矿物质。允许使用未经合成的化学物质加工或强化处理的天然矿物质，天然矿物质不允许在加热或与其他物质混合时发生任何分子结构的变化。天然矿物质包括：花岗岩碎屑、绿砂、硫酸镁石、石灰石、营养矿物质、磷矿石、土壤矿物质和沸石等。

（12）微量营养元素。推荐使用来自自然界的微量营养物质；在土壤或植物组织分析中发现植物缺少微量元素时，才允许使用合成的微量营养物质（如硼砂、硫酸锌等），以弥补土壤或植物微量元素不足。

（13）植物生长调节剂。基于植物或动物来源，允许使用自然的植物激素如赤霉素、吲哚乙酸、细胞分裂素。

（14）非合成的氨基酸。允许使用由未经基因工程改组的植物、动物、微生物通过水解或物理或其他非化学方法提取和解析出来的氨基酸。非合成的氨基酸可用作植物生长调节剂和螯合剂。

2.5.5.2 禁止施用下列物质

（1）化学合成或加工的肥料。如硫酸铵、尿素、碳酸氢铵、氯化铵、硝酸铵（硝酸钙、硝酸钠、硝酸钾）、氨水等化学氮肥；过磷酸钙和钙镁磷肥等化学磷肥；硫酸钾、氯化钾、硝酸钾等化学钾肥；磷酸二铵、磷酸二氢钾、复混肥等化学复合肥。

（2）在土壤和叶子上禁止使用天然和人工合成的溶解性高的硝酸盐、磷酸盐、氯化物等营养物质。

（3）人工合成植物生长调节物质。但禁止使用人工合成的植物生长调节剂，如萘乙酸、赤霉素、缩节安等。

（4）经基因工程改组的动植物和微生物及其产品。

（5）城市垃圾和下水道污泥。

（6）工厂、城市废水。

2.5.6 作物病虫草害的管理标准

2.5.6.1 病害管理

（1）选用抗病的品种。

（2）采用防止病原微生物蔓延的管理措施。

（3）采用合理的轮作制度。

（4）允许使用抑制棉花真菌和隐球菌的钾皂（软皂）、植物制剂、醋和其他天然物质。

（5）限制使用石硫合剂、波尔多液、天然硫等含硫或铜的物质。

（6）禁止使用化学合成的杀菌剂。

（7）禁止使用由基因工程技术改组的产品。

（8）禁止使用阿维菌素制剂及其复配剂。

2.5.6.2 虫害管理

（1）选用自然抗虫的棉花品种，创造有利于自然平衡的条件；但禁止使用通过基因工程技术改组的抗虫棉花品种。

（2）提倡通过释放天敌如寄生蜂来防治害虫。

（3）允许使用杀虫皂（软皂）和植物性杀虫剂如鱼尼丁、沙巴草、茶，以及由当地生长的植物制备的提取剂等。

（4）允许有限制地使用鱼藤酮、除虫菊、休眠油（最好是从植物中提取的）和硅藻土，但必须慎用，因为它们会对生态环境产生较大的影响。

（5）允许有限制地使用微生物及其制剂，如苏云金杆菌（Bt）等。

（6）允许在诱捕器和蒸发皿中使用性诱剂，允许使用光敏性（黑光灯、高压汞灯）、视觉性（黄色粘板）、物理性捕虫设施（如防虫网）防治害虫。

（7）通过种植诱集作物如玉米、油葵等，以及在棉田安放杨树枝把诱集害虫。

（8）禁止使用化学合成的杀虫剂。

（9）禁止使用由基因工程技术改组的生物体生产或衍生的产品。

2.5.6.3 草害管理

（1）通过采用限制杂草生长发育的栽培技术组合（轮作、绿肥、休耕等）控制杂草。

（2）提倡使用秸秆覆盖除草，但秸秆不能含有污染物质。

（3）采用机械、热和人工除草方法。

（4）允许使用以聚乙烯、聚丙烯或其他聚碳化合物为原料的塑料覆盖物，但使用后必须清理出土壤，不可在农场焚烧。禁止使用聚氯烯产品。

（5）禁止使用化学和石油类除草剂。

（6）禁止使用由基因工程技术改组的生物体或衍生产品。

2.6 有机棉种植技术

我国三大棉区中新疆棉区是种植有机棉最适宜的地区，而在黄淮海、长江中下游两大棉区种植有机棉有一定的难度。本节将针对新疆棉区的生态条件介绍有机棉生产技术。

2.6.1 棉花品种和种子

（1）禁止使用经基因工程技术改组的棉花品种，如转 Bt 基因抗虫棉、抗除草剂的棉花品种。

（2）选用抗病、丰产、后期不易早衰的常规棉花品种。

（3）优先选用经认证的有机棉花种子；如生产者确实无法获得有机种子，才可以使用未经有机农业标准中禁用物质处理的常规种子。但从第二年起必须全部种植上一年生产的有机棉种子。

（4）棉花种子加工采用机械脱绒，不得使用任何有机农业标准中禁用物质进行处理和加工。

2.6.2 棉田土壤培肥技术

主要通过种植绿肥和豆科作物、采用合适的轮作、施用动植物肥料和天然矿物质来保持土壤肥力。

（1）新垦土地第一季种植油葵或草木犀、苜蓿等绿肥作物，播前基施经堆制的棉籽粕或畜禽粪肥 4500~6000 kg/hm²，当年秋季或第二年春季棉花播种前将绿肥翻入土壤，以熟化和培肥土壤。

（2）秸秆还田。棉花收获后，秸秆于犁地时粉碎并翻入土壤。

（3）棉花与草木犀或苜蓿等豆科绿肥作物套（轮）作。每年6、7月份灌水前在棉田套种草木犀或苜蓿，棉花收获后草木犀或苜蓿越冬，第二年春季棉花播种前翻入土壤。

（4）施用经堆制处理的棉籽粕或畜禽粪肥等有机肥。棉花播前基施棉籽粕4500 kg/hm² 左右或牛羊鸡粪肥7500 kg/hm² 以上，另每亩备用1500 kg/hm² 左右棉籽粕（堆制腐熟），在棉田灌第一水前开沟追施。

2.6.3 害虫防治技术

2.6.3.1 农业防治

农业防治是改造农业生态体系，增强天敌种类和数量，恶化害虫生活和生存条件，增强生态防御体系的重要措施。

（1）铲除杂草，防止棉花害虫的滋生和蔓延。棉花出苗前后，盲蝽象、蓟马、棉叶螨、棉蚜等多在田边地头活动，应在播种前铲除田边杂草。

（2）秋耕冬灌。秋耕冬灌是降低害虫越冬的有效手段，秋耕冬灌棉田棉铃虫蛹死亡率可达60%~90%，可大大降低棉铃虫、地老虎等虫蛹的越冬基数。

（3）作物合理布局。棉花与小麦、玉米邻作，可提供天敌资源，减少虫口数量；棉田尽量不与瓜类、豆类、啤酒花和果园邻作，以免害虫向棉田转移和蔓延。

（4）种植诱集作物。在棉田间作玉米，或在棉田邻近的林带内种植苜蓿：一是诱集害虫产卵，减少害虫在棉花上的种群密度，从而降低对棉花的危害（这些作物对害虫的耐害力比较强，自身受害较轻）；二是为天敌提供较好的生存环境，利于天敌的繁殖，增加天敌的种群和数量。

（5）结合田间管理开展防治。适时定苗、中耕除草、整枝打杈，剔除虫株，可消灭部分害虫的卵和幼虫。

（6）作物轮作。棉花与其他作物轮作可改变害虫适宜的食物结构和生活条件，从而抑制其滋生。

2.6.3.2 生物防治

（1）保护、增殖和利用天敌。采用棉花与玉米、小麦、油菜、高粱等地块邻作，或在棉田内、田边、沟旁点种玉米、高粱等诱集作物，为天敌提供适宜的栖息和繁殖的场所，可增加天敌的种类和数量。

（2）利用微生物杀虫剂防治害虫。微生物杀虫剂，如BT、核多角体病毒具有较强的专一性，对人畜、农作物和天敌无害，不污染环境，对害虫毒性较高，不易产生抗性。

（3）利用性诱剂诱捕成虫。

2.6.3.3 物理机械方法防治

（1）棉田安装黑光灯、高压汞灯诱杀棉铃虫成虫。

（2）杨树枝把诱集。在棉铃虫羽化盛期，取 10~15 支两年生杨树枝捆成一束，高出棉株 15~30 cm，105~150 把 /hm²，竖立在田间地头或渠道两旁诱集棉铃虫成虫，每天日出前用网袋套住枝把捕捉棉铃虫成虫。

（3）棉花苗期可在棉田周围间隔 20 m 放一个糖浆瓶，诱杀地老虎成虫。

（4）棉田周围和中间渠埂放置黄色胶板诱捕蚜虫。

2.6.3.4 使用植物性杀虫剂

如果上述措施不足以控制害虫危害，棉花的生长受到直接威胁时，可使用杀虫皂（钾皂）和植物性杀虫剂如除虫菊、鱼藤酮、鱼尼丁、沙巴草、茶、苦木制剂、苦参碱等进行防治。

2.6.4 棉花病害控制措施

（1）选用抗病品种。

（2）不使用发病棉田生产的种子，以防止病原菌随种子带入土壤。

（3）发病较重棉田的棉秆禁止进入有机棉田。

（4）棉花与其他作物轮作倒茬。棉花与其他作物轮作，可有效降低危害棉花的病原菌数量。

（5）施用的棉籽粕等有机肥须经过高温加工处理或高温堆制处理，以杀死其中的病原菌。

（6）在棉花播种前，进行日光晒种或温水浸种，可杀死所带的病原菌。

（7）有机和常规棉田混用的机械设备工具，在用于有机棉田时必须进行清洁，以防病原菌的带入。

（8）在棉田中如发现病株，应拔除以病株为中心 1 m² 的棉株。

2.6.5 草害防治技术

（1）棉花与其他作物轮作。在棉花的生产过程中科学合理地与其他作物轮作换茬，改变生态和环境条件，可明显减轻杂草的发生。

（2）精选种子。在棉花播种前进行种子精选、脱绒，清除混杂在种子中的杂草种子，减少杂草的发生。

（3）利用畜禽粪便、作物秸秆等尤其是杂草制成的有机肥，其中或多或少带有不同种类和数量的杂草种子。这些肥料必须要经过 50~70 ℃高温堆沤处理，以杀死其中的杂草种子。

（4）合理密植，抑制田间杂草。棉花合理密植，可加速棉花封行进程，利用其自身的群体优势可抑制中后期杂草的生长，收到较好的防草效果。

（5）地膜覆盖。地膜覆盖在新疆棉花生产中是一项必不可少的栽培措施，除具有增温、保墒、抑制盐碱、促进棉花生长发育的作用外，还具有明显防治杂草的作用。仅允许使用由聚乙烯和聚丙烯等多碳酸盐原料制成的塑料产品，并且使用后必须清理出土壤，不得翻入土壤或遗留在田间分解。

（6）机械和人工除草。机械除草包括作物播种前耕地和棉花生育期中耕。作物播种前耕地能有效地消灭越冬杂草和早春出土的杂草，同时将前一年散落在土表的杂草种子翻埋于较深的土层中，使其当年不能发芽出土。在棉花生长发育过程中，田间杂草可通过中耕作业加以清除。对于机械作业不到的地方进行人工除草。

（7）及时除去棉田周围和路旁、沟边的杂草，防止向棉田内扩散和蔓延。

2.6.6 播种密度

有机棉生产禁止使用缩节安等植物生长调节剂，因此种植密度应低于常规棉。盐碱干旱或土壤肥力偏低棉田，棉株的个体较小，棉花生产主要靠群体增加总铃数，因此一般采用高密度种植，密度在 18.0 万 ~22.5 万株 /hm^2；一般棉田密度为 15.0 万 ~18.0 万株 /hm^2；水肥充足棉田，密度应控制在 12.0 万 ~15.0 万株 /hm^2，密度过高，将导致田间荫蔽，通风透光不良，蕾铃脱落严重，造成减产。

2.6.7 棉花生长调控

有机棉生产中禁止使用缩节安等化学合成的植物生长调节剂，应主要通过采用合理的密度、施肥、灌溉和人工进行生长调控。

（1）根据地力和水肥条件确定适宜的种植密度。土壤肥力瘠薄和水肥条件较差的棉田，棉株矮小，应主要依靠群体提高产量，种植密度可适当提高；土壤肥力较高和水肥条件较好的棉田，种植密度可适当降低。

（2）灌水调控。适当推迟棉田第一水的灌溉时间，防止蕾期生长过旺；以后各次灌水也应适期适量，以控制棉株的营养生长速度，防止棉株旺长而造成田间荫蔽。

（3）去叶枝，适当早打顶、打边心。在棉花现蕾后，及时去除叶枝。有机棉由于禁止使用缩节安等生长调节剂，棉株营养生长较快，为控制株高和果枝长度，减少田间荫蔽，应适当早打顶、去边心，留果枝 8~9 个，每果枝留果节 1~2 个。

2.6.8 农田保护措施

新疆棉区降雨稀少，农田一般地势平坦，不存在水土流失问题，但每年的 4~5 月会受到一定的风蚀影响。因此，应在地块四周种植 5~10 米宽的防风林带，在防风林带未成林前采取在地块边设置芦苇栏或秸秆覆盖的措施，以抵御或减少风蚀的影响。

在地块周围及渠、路边保留红柳、芦苇等野生植物，为野兔、野鸡、斑鸠和乌鸦等野生动物及害虫天敌提供适宜的繁殖生存环境。

2.6.9　有机棉质量控制体系

为确保有机地块及其产品的有机完整性，有机农场应制订完善的内部质量控制计划，并采取了一系列质量控制措施。

（1）农场所有地块尽可能集中在一个种植单元内，有机地块与农场外的常规地块间至少保持 8 米以上的缓冲带，以保证认证地块的完整性。

（2）农场管理框架。农场所有地块应尽可能实行统一管理，所有使用物质、机械设备均由农场提供，由农场统一收获和贮藏。如无法实行生产统一管理，必须建立严格和完善的检查和监督体系。

（3）对农场职员和农民进行有机认证标准和生产技术培训。邀请有机农业专家对农场员工进行有机认证标准进行培训，并根据有机认证标准制定有机作物生产管理技术规程，发放给农场每个员工，使农场的所有员工对有机农业及有机认证标准能够有全面地理解。

（4）机械设备在使用前进行检修和维护，使之保持良好状态，以避免传动液、燃料、油类等对土壤或作物的污染；对于管理认证有机作物的机械设备和农具，须充分清洁干净，以避免非有机农业残留物、非有机产品的污染。

（5）收获。有机棉收获时，必须使用专门的白色纯棉布袋，收获人员须戴棉布帽，严禁常规棉以及头发丝、化纤丝等异性纤维的混入；不同等级的籽棉要分收、分晒。各地块要有详细的收获记录，各地块收获的棉花要单独抽留样品，以备后查。

（6）贮藏。收获的籽棉存放在有机农场专用晒花场内，该晒花场严禁存放常规棉。在晾晒、分捡、堆放过程中一定要对场所进行彻底清洁，严禁杂物、异性纤维混入；籽棉一定要分等级存放。籽棉进入和运出晒花场要有详细的记录。

（7）运输。运输车辆事先要进行彻底清洁；必须用白色纯棉布有机棉专用袋装运；各有机棉种植户运送单、籽棉收购单上要注明"有机棉"字样。

（8）建立完善的质量跟踪审查系统。包括生产作业活动记录，机械设备和农具清洁记录，使用物质的种类、来源和数量记录，作物收获记录（时间、地块、数量），农场籽棉入库、贮藏、出库记录，籽棉运输到加工厂过程中的运输车辆清洁记录等。

参考文献：

[1] 董合林 . 特色棉高产优质栽培技术 [M]. 北京 : 金盾出版社 ,2007.

[2] 有机产品生产、加工、标识与管理体系要求：GB/T 19630-2019[S]. 北京 : 中国标准出版社 ,2019.

[3] 中国农业科学院主编 . 中国棉花栽培学 [M]. 上海 : 上海科学技术出版社 , 2013.

第3章 有机棉国际认证与标准

3.1 有机棉定义及认证的意义

根据纺织品交易所（TE）的定义，"有机这一术语用于描述一种不使用有毒和持久性杀虫剂、污泥、放射线照射或转基因，并且经过独立机构认证的耕种方式。这是一种力求与自然达到平衡的耕作方式，使用给自然带来最小化影响的方式和材料。"

有机棉是以各国或WTO/FAO颁布的《农产品安全质量标准》为衡量尺度，棉花中农药、重金属、硝酸盐、有害生物（包括微生物、寄生虫、卵等）等有毒有害物质含量控制在标准规定限量范围内，并获得认证的商品棉花。

全球需要的纤维约50%来自棉花，除了美国、中国、印度、巴基斯坦、乌兹别克斯坦、土耳其这6个主要产棉国外，已有超过60个国家在种植棉花。自1930年以来，棉花种植面积未有大的变动，全球棉花的种植面积约占全球耕地的3%，但由于大量使用化学品、灌溉和采用高产品种等措施，棉花产量增加了3倍。

棉花是农药使用最多的农作物，棉农需要耗资约2.6亿美元来购买杀虫剂，其中，棉用杀虫剂占全球杀虫剂销售额的25%，占全球农药销售额的10%。在普通棉花的整个生产过程中，棉农为防治杂草和虫害，需要使用大量的农用化学品，包括杀虫剂、除草剂、脱叶剂、生长调节剂、杀菌剂等。据报道，棉花中含有约35种杀虫剂和除草剂，占全世界每年杀虫剂总产量的25%和所有除草剂的10%，全世界约有50%用于农业的化学品使用在棉花生产中。在有些国家，棉花作物一季喷洒农药30~40次。美国卫生当局注意到，在操作农药喷洒的棉农中，癌症发病率很高，极为令人不安，国际环保组织曾在20世纪90年代提出过"生产一件T恤所需的棉，使用了1/3磅的农药"的说法。

目前，在有些产棉区杀虫菌已无法与虫害作斗争，因为昆虫具有了化学药品免疫力。一些化学品厂家也不情愿投入巨资研究新药品。农药所造成的土壤和水域污染也极为严重，特别是发展中国家，杀虫剂已通过饮用水进入了食物链。我国化肥有效利用率仅为30%，其余的70%都挥发到大气或流失到土壤和水域中，造成土壤污染、水域富营养化和饮用水源硝酸盐超标等现象；同时，化肥施用的方式、结构和数量不合理，会造成土壤板结、肥力下降等一系列问题。有专家预言：不采取有机耕作法，21世纪末 可能无法生产棉花。因此，要高度重视发展高品质环保有机棉。生态纺织品OEKO-TEX®

STANDARD 100 标准 2002 版也将"不许使用在天然纤维上"的杀虫剂由 22 种增加到 54 种。

棉花（皮棉）的 40% 是纤维，其余的 60% 是棉籽，后者可以进入人类的食物链。棉籽主要用于榨油，棉籽油在加工食品中得到了广泛使用，如饼干、炸薯片、色拉酱汁、焙烘食品加工等。榨完油的棉籽粕则用来制作动物饲料，用于鸡、猪、牛等肉用或乳用动物的饲养。棉花种植过程中使用了多种农药，其中部分脂溶性农药堆积在含油的棉籽粕中，最后将残留在牛肉的脂肪组织和奶油中。棉花种植中大量使用的毒性化学品和剧毒农药对人类健康和环境构成了严重危害。

有机棉花的生产始于 20 世纪 80 年代末期的土耳其，发起人是由五个欧洲食品商组成的食品组织。目前，世界上许多产棉国家都采取积极的态度和有效的方法研究开发与生产有机棉，世界主要产棉大国如美国、土耳其、印度、日本、巴西、埃及等，都在致力于有机棉的研究。有机棉生产系统已在 15 个国家实施，但有机棉产量不到全球棉花产量的 1%。我国有机棉的研究起步于 20 世纪 90 年代末。目前，新疆在有机棉的开发和栽培方面做了大量的工作。新疆农业厅土肥站自 2000 年就开始致力于新疆"有机棉花生产技术研究示范"工作。据统计，2003 年新疆有机棉生产面积接近 1.5 万亩，总产约 600 吨，近两年种植面积增长很快。

有机棉（organic cotton）的概念是美国继 20 世纪 80 年代中期的持续农业（sustainable agriculture）、生态农业（ecological agriculture）、生物动态农业（biodynamic agriculture/biodynamic farming）后提出的新型棉花生产概念，是 20 世纪 90 年代初以保护环境为目标而发展起来的新型棉花生产，是一种由消费者利益驱动的棉花生产新形式，是完全无化学品前提下的生产系统，是有益于土壤和人类健康的种植方式，是促进提高生物活动、鼓励生产系统可持续性、制止污染发生的先进管理方式，也是一种生产技术的完整包装系统。

据查，有机棉目前还没有一个权威部门明确规定的科学完整的定义，也没有全球一致性的标准。一般认为有机棉生产是一种在耕作中完全不使用任何化学合成的肥料、农药、除草剂和生长激素等物质，也不使用基因工程生物品种及其产物的生产体系。施用的肥料为植物废料或动物粪便（如鸡粪）等有机肥。虫情控制采用生物防治法，如模拟雌棉铃虫引诱雄棉铃虫释放的外激素的方法，释放棉铃虫的天敌昆虫控制虫害，用纹翅小蜂科（小寄生蜂）和草蛉对付多种棉花虫害等。杂草用锄头锄掉，以自然耕作管理为主。用这样的耕作方法耕种至少连续三年（即待种植有机棉的田地在种植前至少应 3 年未施用过任何化学品），将棉花中农药、重金属、硝酸盐、有害生物等含量控制在标准规定的限量范围内，从种子到农产品全天然无污染并经权威的独立认证机构认证的棉花，如经过 IFOAM（国际有机农业运动联盟）的监测。总之，有机棉是指按照有机农业标准组织生产、收获、加工、包装、储藏和运输，并对全过程进行质量控制，产品经有机认证机构检查和认证并颁证的原棉。

冠以"有机棉"产品名称的棉花生产必须符合四个条件：一是原料必须来自于已建立的或正在建立的有机农业生产体系或采用有机方式采集的野生天然产品；二是产品在整个生产过程中严格遵循有机农业的加工、包装、储藏和运输标准；三是生产者在生产和流通过程中，有完善的质量控制和跟踪审查体系，有完整的生产和销售记录档案；四是必须通过独立的有机食品认证机构认证并颁发证书。

2000 年 12 月 21 日美国宣布成立"国家有机作物项目"（National Organic Program），并就此建立了新的有机棉生产标准。新标准中规定了在生产中不准使用转基因棉和辐射育种棉花品种。有机棉生产的核心是建立和恢复农业生态系统的生物多样性和良性循环，以保持和促进农业的可持续发展。在有机棉生产体系中，采取走"有机促有机"的路子。其中，作物秸秆、畜禽粪肥、豆科作物、绿肥和有机废弃物是土壤肥力的主要来源，作物轮作以及各种物理、生物、生态和农业等综合措施是控制杂草和病虫害的主要手段。

有机棉的种植，在土壤、空气环境、灌溉水源等方面要求极为苛刻。国际有机作物改良协会（OCIA）对有机农业生产认证的基本要求如下：一是生产基地在作物收获前三年内未使用过农药、化肥等违禁物质；二是种子或种苗来自自然界且未经基因工程技术改造；三是生产单位必须建立长期的土地培肥、植物保护、作物轮作和畜禽养殖以及病虫草害防治计划；四是生产基地无明显水土流失；五是作物在收获、清洁、干燥、贮存和运输中未受化学物质的污染；六是从常规种植向有机种植转换需要 36 个月的转换期，且在有机作物收获前至少 12 个月必须接受由 OCIA 认可的检查员的首次检查。

美国德克萨斯州所制订的 Texas Organic Program 对有机棉进行了较为详尽完整的规定，该州农业部将在停止使用化学肥料、农药后 3 年以上的田地里所栽培的棉花称为有机棉。我国于 2005 年颁布并实施了包括有机棉的 GB/T 19630.1-2005"有机产品"标准，由该标准可知，有机棉是有机农业的产品，有机农业则是在生产中不采用转基因产品，不使用化学合成的农药、化肥、生长调节剂等物质的生产方式。我国有机棉转换期（从按照 GB/T 19630 标准开始种植到获得有机认证的时间）一般不少于 2 年。在有机棉种植方法、管理、栽培和收获等方面的具体实施上，不同国家和地区是有出入的。

从有机棉的用量来看，目前全世界有机棉 60%~70% 的原料都在中国使用；而最终有机面料、时装的销售主要是在美国、欧盟。我国有机面料和有机时装的销售不到世界有机时装的 20%，因此开发中国有机时装市场对我国有机棉的发展具有潜在的动力。同时，我国也必须意识到食品有机标准、纺织品标准和有机纺织品标准的制定和参与，对于我国政府部门的相关职能部门是十分必要的；因为我国在这方面已经远远落在了美国、欧盟的后面，没有标准的制定和控制权，这与我国目前蓬勃发展的经济和日益增强的国力不相适宜，尤其是在纺织服装的进出口、加工生产方面，中国对纺织品与有机纺织品标准制定参与得太少，必须在短时间内改变现状，才能在国际市场上迅速提升纺织品、有机纺织品的附加值。

3.2 有机棉国际认证标准机构与标签

3.2.1 有机棉国际认证标准机构

有关专家指出，有机棉可以应对土地利用、粮食安全、水资源短缺的挑战。在印度，那些靠天吃饭以及贷款困难的小户棉农，大部分都种植有机棉。许多农民认为有机棉是减少风险的工具，但生产投入较少影响生产力。最弱小的和资源最贫乏的农民往往种植有机棉，事实上，在边远落后的地区，有机棉表现较好。有机棉从原材料养植到收获后所有加工、制造和销售，要经过一系列的工序，有机纺织品原材料的真实可靠性，以及成品的安全合格性，都需要一个国际认可的统一标准作为行业企业准则。在这样的背景下，全球有机纺织品标准（GOTS）应运而生。

GOTS 是严格的自愿性全球标准，针对以有机纤维（例如有机棉和有机羊毛）制造的服装和家纺在收获后的所有加工环节（包括纺纱、针织、编织、印染和制造），包括环境和社会标准。该标准的关键条款包括禁用转基因生物（GMOs）、高度危险化学品（例如含氮染料和甲醛）以及童工，同时要求强有力的社会合规管理体系和严格的废水处理实践。GOTS 认证有助于确保遵守联合国 17 个可持续发展目标中的各个目标。

由特别认可的独立机构对加工商、制造商和贸易商进行现场检查和认证，是 GOTS 监督体系的基础，以便为 GOTS 认证纺织品的完整性提供可靠的保证。希望获得认证的实体应联系 GOTS 认可的认证机构。

认证机构受托实施 GOTS 质量保证体系，他们能够根据经营者的位置、规模、经营领域和其他相关因素，提供单独的认证费用估算。

所有经 GOTS 批准的认证机构都有权在全球范围内提供相关的检查和认证服务，每个申请人可以自由选择他们的认证机构。一些认证机构在不同国家设有当地办事处或与当地代表合作，而其他机构则通过其总部协调所有服务。每个认证机构被认可提供 GOTS 认证的范围都有限制。纺织品供应链运营商的认证机构可被认可涵盖以下范围：

（1）纺织品机械加工和制造作业及其产品的认证；

（2）湿加工和整理作业及其产品的认证；

（3）贸易业务及相关产品的认证；

（4）批准正面清单上的纺织辅助剂（化学投入）。

一些独立的个人或公司一直在为纺织业提供专业的咨询服务，以使纺织业获得 GOTS 的认证或获得化学投入品的批准。

GOTS认识到，这些个人或公司有必要经过GOTS的审核和批准，以便他们向纺织业传播准确的信息。因此，GOTS制定了一项政策，以确保该行业能够正确了解标准要求以及GOTS认证实体运营中的强制性过程和程序。

该政策包括批准应未来或现有的GOTS认证实体或经营者、化学品供应商、品牌商和零售商的要求提供的正式咨询服务。只有在评估了正式申请（使用申请表）并支付了所需的申请费用后，才会批准个人的申请。该申请必须提交给GOTS管理层。在成功完成评估后，作为批准程序的一部分，顾问将被正式要求与GOTS签署合同。GOTS认可的顾问将被列入GOTS网站，并有限度地允许使用GOTS商标的标志。

3.2.2 范围证书

加工商、制造商、贸易商和零售商，如果在相关的认证程序中证明其有能力遵守相关的GOTS标准，并通过认可的认证机构进行认证，就可以获得一份GOTS范围证书，确认持有人能够生产符合标准的范围证书产品附录中所列的纺织品。

这些公司被认为是GOTS认证的供应商（＝认证实体）。它们被列在GOTS认证供应商数据库中。经过检查和评估认证的设施和分包商被列在范围证书的设施附录中，但他们的名字不会在认证供应商数据库中披露。

3.2.3 交易证书

虽然范围证书声明该认证实体能够处理所列出的GOTS认证的产品类别，但它们并不能证明该公司的具体货物包含GOTS认证的产品。

为了证明由认证实体销售的某批具体产品是经过GOTS认证的，供应商的认证机构会签发一份交易证书。该文件列出了单个（批次）产品和相关的装运细节，包括买方的姓名和地址，并声明该批货物下所列的所有货物均符合GOTS标准。

货物的买方有权从卖方那里获得交易证书。买方用这些TC向他们自己的认证机构证明，GOTS认证的产品被用作进一步加工或交易的投入。只有这样的证明，他们的认证机构才能证明所生产的产品符合GOTS标准 —— 前提是买方本身拥有有效的范围证书，并实际采用符合GOTS标准的加工／交易方法。

TC体系实用性的一个具体挑战是，许多供应商产生了大量的货物，如果为每批货物单独签发TC，可能会大大增加行政负担和成本。为了充分解决这个问题，签发TC的政策允许在一个TC上涵盖多个货物。

3.2.4 GOTS产品标签

对GOTS的参考和标签进行保护，以确保可信度和验证。因此，GOTS组织开发了材料和工具，以帮助您了解产品是否显示出正确和完整的GOTS商品标签。

那些想确定产品是否真的经过 GOTS 认证并贴有正确标签的消费者，可参照零售商和消费者的安全建议。这些广告是以"免费广告"的形式提供给那些有免费版面并希望支持 GOTS 的杂志和报纸。任何打算销售、标注或代理带有商标注册的 GOTS 标志，以及带有 GOTS 标签和 / 或任何其他提及 GOTS（认证）的纺织产品的个人，必须首先确保他们符合全球有机纺织品标准计划的相应标准和许可条件。

经授权认证机构完成 GOTS 认证后，就有权参加 GOTS 计划，包括在其 GOTS 商品上使用该标准和 GOTS 标志。

3.2.4.1 供应链上的认证要求

GOTS 质量保障体系要求在整个加工和制造链之外（从收获后的处理到缝制、包装和贴标签），B2B 贸易商（销售给其他企业的贸易商，如进口商、出口商或批发商）也必须参与检查和认证计划，才能在最终产品上贴上 GOTS 认证标签。这是为了确保向最终消费者提供可信的和一致的产品保证。

虽然贸易商不修改货物，但他们购买和销售有机纺织产品，是保持价值链透明度和可追溯性的关键环节。贸易商的认证是基于对其产品流动文件的核查。认证者通过比较购买和出售的 GOTS 认证纺织品的数量来追踪有机纺织品的数量，以确保所有出售的带有 GOTS 认证声明的产品都得到正确的认证。对贸易商进行认证的要求也确保了他们了解验证 GOTS 认证产品真实性所需的文件，从而有助于确保 GOTS 商品的完整性。

年营业额低于 20,000 欧元的 GOTS 认证商品的贸易商，只要不对 GOTS 商品进行（重新）包装或（重新）贴标，就可以免除认证义务。然而，这些贸易商必须在经认可的认证机构注册，如果他们的 GOTS 标签商品的年营业额超过 20,000 欧元，必须立即通知他们。

品牌持有者和零售商销售经过 GOTS 认证的最终产品，直接和专门向最终消费者接收、准备包装和贴标签，通常可以免除这一认证义务。

3.2.4.2 标志的应用

经认可的认证机构完成 GOTS 认证后，有权参与 GOTS 计划，包括根据 GOTS 标志使用条件的规定，在其 GOTS 商品上使用该标准和 GOTS 标志，只要认证仍然有效。

GOTS 标志只能由经过认证的实体在 GOTS 商品及其包装上使用，并且必须在使用前得到认证实体认可的认证机构的批准，并附有 GOTS 商品的标签发放表格。

原则上，GOTS 标签包含应用 GOTS 标签的认证实体的许可证号码。然而，如果买方本身是一个认证实体，并且希望 GOTS 标签由其供应商使用，可以要求标签包括其许可证号码：通过在认证供应商数据库的 "free text" 中输入许可证号码，可以追踪认证实体的身份和其他数据。

3.2.4.3 正确和完整的 GOTS 标签

在产品标志方面，GOTS 标志必须始终伴随着适用的标签等级、认证被标志货物的认可认证机构（如认证机构的名称和 / 或标志）以及认证机构的许可证号码。因此，标签将包含图 3.1 中的元素。

图 3.1　产品标签

没有义务参与 GOTS 认证体系的零售商（包括邮购公司）可以在目录和网页上显示 GOTS 标签，其方式与他们购买 / 销售的认证产品的产品标志上的相同。没有上述合法标志的产品不属于认证产品，不得提及 GOTS。如果只有产品的组成部分，如纱线或织物，是经过 GOTS 认证的，这也适用。

使用 GOTS 标签的前提条件是，整个价值链和最终产品都经过认证，并且标签得到了 GOTS 认证机构的明确认可。因此，如果在相应的供应链中，有义务获得认证的经营者（如 B2B 贸易商）事实上没有获得认证，则也不允许在产品上贴 GOTS 标签或参考。

3.2.4.4 产品以外的标志使用

除了作为 GOTS 产品的识别标志外，GOTS 标志还代表了全球有机纺织品标准的本身。因此，它可以在适当和明确的情况下使用，如用于宣传和广告目的。

（1）GOTS 的创始机构。

（2）认可的认证机构指的是其认可的地位和提供的质量保证服务。

（3）经认证的实体、品牌持有者和零售商，提及其经认证的经营状况和 / 或其贴有 GOTS 标志的 GOTS 产品。特别是，贸易商和零售商只有在其销售的产品带有完整和正确的 GOTS 产品标签的情况下，才可以为此目的使用 GOTS 标志或其他对 GOTS（认证）的提及。

（4）利益相关方、非政府组织、媒体和其他发布独立（消费者）信息的单位。

（5）经批准的 GOTS 顾问，提及他们的批准地位并提供他们的服务。

3.2.4.5 GOTS 添加剂供应商的产品外标志使用

GOTS 组织现在允许 GOTS 添加剂供应商自愿和有限度地使用 GOTS 标志。使用该标志需要支付添加剂许可费，并严格限制在标签指南第 3.4 节规定的产品外宣传材料上。GOTS 添加剂供应商对 GOTS 标志的使用，由经批准的认证机构通过 GOTS 添加剂的标签发放表格进行管理。

3.2.4.6 费用

除了认证费用外，每个认证实体必须支付年费。从 2020 年 4 月 1 日起，每家接受检查的机构，无论其相关销售情况如何，费用都定为 150 欧元。如上所述，该费用还包括在经认证的纺织品上使用 GOTS 标志的权利。费用由经批准的认证机构收取并转给 GOTS。

3.3 企业申请 GOTS 认证的流程与步骤

3.3.1 申请 GOTS 认证的流程

GOTS 的质量保证体系是基于对整个纺织品供应链（加工和贸易）的现场检查和认证。从收获后处理到服装制作的经营者以及批发商（包括出口商和进口商）都必须接受一个现场年检周期，并且必须持有有效的证书，以便最终产品能够被贴上 GOTS 认证的标签。

在独立的认证机构通过一套检查方法检查并通过正式颁发的认证文件证明产品及其加工商、制造商或贸易商确实符合 GOTS 标准之前，任何关于符合 GOTS 标准的声明都是无效的。

这种认证文件有两种类型：

范围证书（SC），证明供应商符合所有标准，可以加工 GOTS 产品；

交易证书（TC），证明货物本身符合所有 GOTS 产品标准。

只有在所有阶段都符合 GOTS 标准的情况下，才能在最终产品上使用 GOTS 标志；因此，所有纺织品的加工者、制造商和贸易商都需要得到认证。

获得 GOTS 认证的流程如图 3.2 所示。

3.3.2 申请 GOTS 认证常见问题

3.3.2.1 谁可以申请 GOTS 认证？

纺织品加工、制造和贸易实体可以根据全球有机纺织品标准申请认证。想生产有机纤维的农业项目不能申请 GOTS 认证，而要申请符合有机农业标准（即 USDA NOP 或 EEC 834/2007）的认证。

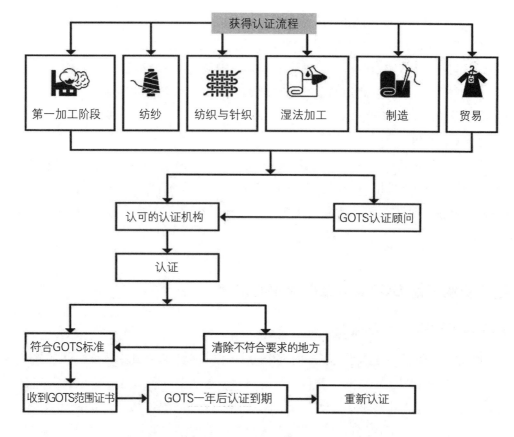

图 3.2 GOTS 认证流程

3.3.2.2 如何申请 GOTS 认证?

最初的请求和 GOTS 认证的申请必须向 GOTS 授权的认证机构提出。经授权的认证机构被指定实施 GOTS 质量保证体系,并能够回答与检查和认证程序有关的个别问题。

GOTS 官网上列出了所有 GOTS 认证机构的联系信息、他们的当地代表、他们目前有认证客户的国家名单,以及他们的认证范围。申请人可以根据自己的喜好自由选择其中任何一家。

3.3.2.3 GOTS 认证的依据是什么?

(1)对加工商、制造商或贸易商的场所进行年度现场检查,由独立和特别认可的认证机构进行。

(2)追踪有机纤维产品的流程。

(3)评估所有使用的投入和配件。

(4)核查废水处理系统(作为环境管理方案的一部分)。

(5)监测社会标准和实施基于风险评估的质量和残留物政策是检查协议的关键内容。

对贸易商的认证主要是基于对其产品流动文件的核查。检查协议包括对有机纺织品的采购量和销售量进行核对（数量核对计算）。它还可以追溯检查所有声称获得 GOTS 认证的采购产品是否正确地获得了认证。

3.3.2.4 生产符合 GOTS 标准的产品的主要要求是什么？

（1）遵守基于国际劳工组织（ILO）主要规范的 GOTS 社会标准。

（2）提供一个书面的环境政策。根据所进行的加工阶段，该政策应包括监测，尽量减少废物和排放的程序，以及减少这些废物和排放的方案。

（3）湿法加工单位必须对化学品的使用，能源、水的消耗，以及废水的处理，包括污泥的处理，保持充分和全面地记录。

（4）所有湿法加工场所的废水在排入地表水之前，必须在内部或外部功能性废水处理厂进行处理。

3.3.2.5 认证的费用是多少？

认证费用在很大程度上取决于认证地点（数量）、实体的大小和类型，以及打算在认证范围内加工或交易的产品范围。粗略估计，拥有一个设施的实体预期每年的认证费用在 1200 到 3000 欧元之间。认证机构将很乐意通知申请人他们需要提供的数据，以获得个别的估计。

除了支付给认证机构的认证费用外，每个认证实体必须为每个日历年支付许可费。许可证费用为 180 欧元／年，适用于每个为认证实体进行检查的设施。该费用将由经批准的认证机构收取并转给 GOTS。

3.3.2.6 实体可以利用其 GOTS 认证做什么？

获得 GOTS 合格证书（＝范围证书）的加工者和制造商被授权在其认证范围内接受符合 GOTS 的加工／制造订单。获得认证的进口商和出口商，以及其他贸易商，被授权在其认证范围内进行 GOTS 纺织品贸易。获得 GOTS 范围证书的实体可以在市场上自由宣传其认证状态。他们也会被列入 GOTS 认证供应商的数据库。

3.3.2.7 为什么不对产品进行修改或添加任何东西的贸易商需要成为认证者？

虽然贸易商不加工货物，但他们购买和销售经认证的产品，认证是保障价值链透明度和可追溯性的关键环节。贸易商的认证是基于对其产品流动文件的核实。检查协议包括核对有机纺织品的购买量和销售量（质量平衡计算），并追溯所有购买的带有 GOTS 认证标志的产品是否确实获得了正确的认证。如果没有对贸易实体进行认证，就不可能对可追溯的、全面的认证产品流进行独立和无漏洞的核查。

对贸易商的认证要求也确保他们了解验证 GOTS 认证产品的真实性所需的文件，从而有助于确保 GOTS 商品的完整性。

3.3.2.8 怎样才能核实某产品声称的 GOTS 认证？

（1）寻找认证供应商数据库中的条目，该数据库包含了由 GOTS 认可的认证机构报告的所有 GOTS 认证实体。

（虽然我们努力保持数据库的更新，但数据库中的条目不能作为一个明确的验证。

要获得一个公司的认证地位的适当证明，例如作为 GOTS 认证产品的潜在供应商，请检查范围证书的副本，这可在该公司的数据库条目中找到。）

（2）声称获得 GOTS 认证的公司也可以被要求提供其 GOTS 范围证书。该证书必须是由 GOTS 认证机构颁发的，并且必须显示（除其他信息外）该公司的联系方式以及其 GOTS 认证的范围。

（3）如果对证书的真实性有疑问，可以通过颁发证书的认可认证人的证书编号来寻求确认。

3.3.3 所有加工与制造环节

3.3.3.1 第一加工阶段

根据 GOTS 的认证从纺织纤维的第一个加工阶段开始。例如，对于棉花来说，轧花是第一个加工阶段，在这个阶段，种子被从棉铃中取出。其他的例子是对韧皮纤维（如亚麻、大麻、黄麻、剑麻、苎麻等）进行翻晒。在动物纤维中，煮沸和洗涤蚕茧是 GOTS 所涵盖的第一个步骤，而对于羊毛来说，洗涤是第一个步骤。如果羊毛的分级不在有机农业认证的范围内，分级将是 GOTS 认证实体的第一个加工步骤。

检查要素——在现场检查中，处于第一加工阶段的设施应展示证据，证明有机纤维和常规纤维从未混合在一起，以避免污染。这可以通过不同的储存地点、明确的标记、适当的储存和处理等来确保。工人的培训和认识在这里是最重要的，因为原始有机纤维和常规纤维看起来是一样的。

购买的原纤维必须获得有机生产标准的认证，该标准在 IFOAM 标准系列中被批准用于相关的生产范围（作物或动物生产）。按照 ISO IWA 32 的要求，有机棉需要进行定性的转基因筛选。被禁止的原纤维来自于长期严重违反国际劳工组织（ILO）核心劳工规范和 / 或动物福利原则（包括割皮防蝇法 Mulesing）和 / 或掠夺土地的生产项目。

接收和验证进货的原纤维的范围证书和交易证书对于验证所购买的原材料的有机状态是最重要的。在 GOTS 认证的实体中，考虑损耗、核对数量和运输文件是其他一些需要被记录的步骤。

对于 GOTS 认证实体销售的加工过的有机材料，交易证书应包括有关质量参数的信息，如马克隆值和纤维长度。

3.3.3.2 纺纱

纺纱是将纤维转化为纱线的加工阶段，通常借助于加捻和牵伸。精纺和棉纺在制备纱线时采用不同种类的机器；此外，还有环锭纺和开口纺。有时，合成纤维也会在纺纱阶段与天然纤维混合在一起。贴有 GOTS 标签的纺织品必须至少含有 70% 的认证有机纤维，贴有"有机"等级标签的产品必须至少含有 95% 的认证有机纤维。在某些情况下，康柏油可以成为纺制开口纱的原料。

检查要素——由于未染色的有机纱和常规纱看起来是一样的，因此在仓库和车间里，分离和识别有机包、顶部、棉条、纱线等是最重要的。除了单独的存储设施，罐子和筒子的颜色编码也会有所帮助。对工人的培训和认识在这里也是至关重要的。

纺纱厂必须购买经过 GOTS 认证的原材料，并保持采购数量的记录。此外，还应考虑损耗、核对数量和运输文件等其他步骤。

任何使用的石蜡产品都必须完全精炼，残油的限值为 0.5%。与有机纱线接触的机器油必须是不含重金属的。不允许使用合成纤维，这些纤维将在后期加工阶段被溶解。

对于 GOTS 认证实体销售的加工后的有机纱线，交易证书应包括质量参数的信息，如马克隆值和纤维长度。

3.3.3.3 织造

针织和梭织是将纱线转化为织物的阶段。未染色或染色的纱线可用于织造织物。非织造布制造技术取消了纺纱，直接将纤维转化为织物。有时在经线和纬线中使用不同种类纱线，以达到混纺、提高强度、形成图案等目的。织造前通常要整经和上浆以加强纱线。

检查要素——应使用天然施胶剂，也允许有限地使用合成施胶剂。与有机纱线接触的机器油必须不含重金属，必须确保有机纱线、经轴、布卷等在仓库和车间内的分离和识别。对工人的培训和认识在这里也是至关重要的。

织物加工商必须购买 GOTS 认证的纱线，并保持购买数量的记录。损耗、数量和运输文件应在现场审核时进行核实。

3.3.3.4 湿法加工

湿加工是指用着色剂和 / 或化学品处理纺织品基材的加工阶段，在 GOTS 术语中统称为投入。这包括上浆、退浆、预处理、染色、印花（包括数码印花）、整理、洗衣等。使用水力缠结的非织造技术也是一个湿加工步骤。

上浆包括在纱线上施加天然或化学投入，以加强纱线，使其能够承受经编和织造过程中的压力。织造后，退浆是将上浆化学品从织造的织物上去除的过程。随后是预处理操作，如漂白、煮沸、起毛、洗涤、丝光、光学增白等。其目的是增加吸水性和白度，同时使基材（通常是织物或纱线）准备好进行染色 / 印花。

染色和印刷操作是使用染料、油墨、颜料等将颜色传给基材的过程，一些辅助剂也被用来加强颜色的均匀吸收等。

整理通常是湿加工操作的最后一步，它用于改善成品纺织品的外观、性能或柔软度，有时缝制的服装在生产后会在洗衣店进行洗涤，这也包括在 GOTS 的整理部分。

检查要素：如同上面解释的其他过程，有机纱线、织物、服装等的分离和识别仍然很重要，再次，对工人的培训和认识是至关重要的，购买 GOTS 认证的原材料、保持数量记录、考虑损耗、核对数量和运输文件等也很重要。

在水和化学品的使用上的相关风险最高，因此需要采用非常严格的标准。用于湿法加工 GOTS 产品的化学品投入必须在使用前得到批准。

在上浆方面，至少 75% 的上浆剂应来自天然化学品，在预处理方面，禁止对羊毛进行氨处理以及氯化处理，只允许使用基于氧气的漂白剂，如过氧化物、臭氧等。

在染色和印花方面，对过敏性染料、致癌性和疑似致癌性着色剂以及含有重金属的染料都有额外限制；为了避免对自然资源的开发，还禁止使用来自列入世界自然保护联盟红色名录的受威胁物种的天然染料和辅助剂。

在印刷方面，对含有永久性可吸附有机卤化物（AOX）的投入有限制，此外，禁止使用芳香族溶剂、邻苯二甲酸盐或氯化塑料（如 PVC）的印刷方法。

在后整理方面，禁止使用合成化学品进行某些处理，包括抗微生物处理、涂层处理、填充、硬挺处理、光泽处理、消光处理和称重；同时，禁止使用被认为对工人有害的喷砂等整理方法。

湿法处理单元的废水处理：所有湿法加工单位的废水都在内部或外部的功能性污水处理厂（ETP）进行处理，由于世界各地的法律不尽相同，因此采用最严格的法律要求（无论是当地法律还是 GOTS 标准）。这些标准包括 pH 值、温度、总有机物含量、生物需氧量、化学需氧量、颜色去除等，废水和污泥所需的处理程度取决于所使用的投入品的类型，并由认可的认证机构进行评估。

3.3.3.5 制造

就 GOTS 术语而言，制造是指 GOTS 商品生产的最后一步，它也被称为切割、制作、修剪（CMT）行业。GOTS 产品的标签和最终包装也包括在这一步骤中，这包括不同种类的产品，如服装、家用纺织品、地毯、卫生用品、组合产品等，生产操作可能包括组装、设计、织物标记、缝合、熨烫、分类、压球、填充 / 填塞等要素。

检查要素：制造过程中使用各种配件以满足功能和 / 或时尚要求，它们必须符合严格的有害物质残留标准，遵循以下受限物质清单（RSL）。

与有机纺织品接触的机器油必须不含重金属，有机产品的分离和识别是至关重要的。购买 GOTS 认证的原材料、保持数量记录、考虑损耗、核对数量和运输文件等是必要的；认证质量应是最终产品中使用的经 GOTS 认证的原材料在减少损耗后的质量，必须对附件和附加纤维的质量进行明确的计算，以便进行数量核对和证书交易。

产品上的标签可以使用制造商或买方的许可证号码，在所有情况下，申请 GOTS 标签的认证实体应使标签得到其认证机构的批准。

3.3.3.6 贸易

企业对企业（B2B）的经营者购买和销售 GOTS 商品，但不以任何方式改变产品或标签的，被视为贸易商；在纺织行业中，B2B 贸易在供应链内的产品（如纱线、面料等）以及准备出售给最终消费者的包装产品中非常普遍。只"促进"货物销售的代理商和采购办公室不被视为贸易商，专门向终端消费者销售的企业被称为零售商。

检查要素：每年从 GOTS 货物中获得的营业额超过 20,000 欧元的贸易商必须获得认证，无论货物是否被实际接收，货物的合法所有权被认为是决定性的因素。

由于 GOTS 货物的年营业额低于 20,000 欧元而没有义务进行认证的贸易商，必须在认可的认证机构注册。在这种情况下，应核实其供应商的认证地位和 GOTS 货物的正确标签（带有供应商的许可证号和认证人的参考号），一旦他们的营业额超过 20,000 欧元，他们应通知认可认证人，并有义务进行认证。

零售商不需要成为认证者，但可以自愿选择成为认证者，他们将获得自己的许可证号码，该号码可统一用于所有产品组，与供应商的许可证号码无关。此外，他们将在认证供应商数据库中对其客户可见，对零售集团的交易证书也应有一些放宽。

在检查方面，数量核对和证书交易仍然是最重要的核查步骤。值得注意的是，即使件数在贸易 / 零售步骤中占据中心位置，交易证书（TC）仍然使用产品的质量作为数量调节的主要指标，此外，还包含关于件数和产品描述的信息。

3.4 国际有机棉认证标准与中国有机农业产品标准

3.4.1 有机棉国际认证标准

3.4.1.1 GOTS 标准

Global Organic Textile Standard（GOTS），全称为"全球有机纺织品标准"，最新版本 7.0，在 2023 年 3 月颁布，于 2024 年 3 月 1 日正式实施。

其认证的目的是确保有机纺织品从收获，到原材料，到加工以及到最后产品包装的规范性，以便给最终的消费者带来可信赖的产品。这个新兴的、独特的认证法规要求纺织品制造商以全球公认的标准来规范他们的有机纺织品和服装的生产，这是实现纺织品标签协调化和透明化的一个重要措施。根据 GOTS 的最新数据，2022 年全球有机纺织品标准认证单位的数量增加了 10%，认证单位 13,548 家，从 2021 年的 12,338 家增长至 2022 年的 13,548 家。GOTS 是公认的全球最主要的有机纺织品加工标准。GOTS 认证意味着消费者购买的是从田间到成品都进行过有机认证的产品。

GOTS 认证单位总数排名前 10 的国家或地区分别为印度、土耳其、中国内地、孟加拉、意大利、德国、葡萄牙、巴基斯坦、法国、美国。

主要有两种类型：

（1）对产品的认证，这是贯穿整个供应链，尤其是生产过程的认证。

（2）生产者的认证，这种认证意味着进行生产的工厂需要符合生产有机棉纺织品的技术要求。比如，在印染过程中，印染厂如何操作机械去制作，如果它不符合标准，就不能获得认证，那么它生产的产品也不能获得认证。即使某机构获得了认证，但却不生产符合 GOTS 的产品，也不符合 GOTS 系统的宗旨。

GOTS 认证每年审查一次，但同样是由第三方审查机构，即全球的独立审查机构进行复审，如果第二年这些 GOTS 认证持有者未能通过审查，那么他们的 GOTS 认证将被撤销。

GOTS 标准检查要素：

一般来说，参加 GOTS 认证计划的公司需要在工作中遵守该标准的所有标准。被指定的认证机构会使用适当的检查方法。

（1）审查簿记，以核实 GOTS 货物的流向（输入/输出核对、质量平衡计算以及追溯批次和运输）。这是对任何销售/交易 GOTS 产品的操作进行检查的一个关键方面。

（2）通过对相关设施的访问，评估加工和储存系统。

（3）对分离和识别系统进行评估，并确定任何对有机物完整性有风险的区域。

（4）检查所使用的化学原料（染料和助剂）和配件，评估其是否符合 GOTS 的适用标准。

（5）检查湿法加工厂的废水（预）处理系统并评估其性能。

（6）检查社会标准（可能的信息来源包括与管理层的访谈、与工人的秘密访谈、人事文件、实际现场检查、工会/利益相关者）。

（7）检查经营者对污染和残留物检测的风险评估政策，其中包括对随机样品的残留物检测（可选）和对在怀疑或明显不符合规定的情况下抽取的样品的检测（强制）。

GOTS 认证的好处：

（1）带有 GOTS 标志的产品包含了对产品有机来源的可靠保证，以及对环境和社会负责的加工。

（2）涵盖了整个有机供应链，从收获到制造和交易，为终端消费者提供了可信的保证。

（3）通过独立的第三方认证进行验证。

（4）为买家提供风险管理工具。

（5）保护员工的健康、安全和权利，社会标准和商业道德行为是必要的先决条件，确保负责任的商业行为，无论手头有无有机订单。

（6）通过可持续性实现成本效益，认证实体可以使用 GOTS 监测器（水/能源）来收集水和能源消耗的数据（每公斤纺织品产出）。当涉及到可持续性时，环境管理和废水处理是非常重要的。

（7）按照制造限制物质清单（MRSL），只有不含有害物质的低影响的 GOTS 认证化学原料才允许用于加工 GOTS 产品。

（8）根据《限制性物质清单》（RSL），对附件进行扫描，看是否有有害物质的残留。

（9）GOTS 产品符合技术质量参数，如色牢度、收缩率等。

（10）各种产品都可以获得 GOTS 认证，如服装、家用纺织品、床垫、组合产品（如家具、婴儿摇篮等）、个人卫生产品（如尿布、女性卫生用品、耳塞）和与食品接触的纺织品。

3.4.1.2 OCS 标准

全球有机棉标准（Organic Content Standard，简称 OCS 标准）是美国纺织交易所，即原来的美国有机交易所（Organic Exchange），简称 OCS，推出的关于有机棉的标准。该标准认证的目的是在全球范围内推广有机棉。标准通过对有机棉种植者、生产商、品牌商及零售商进行规范，以便给最终的消费者带来可信赖的产品口。从 2004 年 OE Blended 标准的发布，到 2007 年 OE100 标准的推出，再到 2008、2009 年 OE 标准的两次修订 OCS 标准经过多年的发展已开始被越来越多的品牌商和零售商所接受。

目前，在我国可提供该标准认证的机构有：瑞士生态市场协会（IMO）、荷兰管制联盟（Control Union）和法国国际生态认证中心（ECOCERT SA）等。

OCS 标准是关于采购、加工处理以及使用经鉴定的有机生长的棉纤维，用于生产纱线、面料以及 A1 成品时的跟踪和相应的文件确认，其中，OE100 标准适用于含有 100%（质量分数）有机棉的产品，OE Blended 标准适用于至少含有 5%（质量分数）有机棉的混纺产品。OCS 标准是根据纤维成分而划分要求的加工认证标准，其要求适用于有机棉种植者、纺织品加工所有工序（如轧棉、纺纱、机织 / 针织、印染 / 后整理、成品加工等）、生产商、品牌商和零售商等。OCS 标准认证的目的是，确保纺织品中所含有机棉纤维的含量。OCS 标准适用于凡涉及到生产至少含有 5%（质量分数）有机棉的产品，而不适用于在任何工序投入的原料。

GOTS 标准认证的目的是，确保有机棉纺织品从收获到原材料到加工，以及到最后产品包装的规范性，以便给最终消费者带来可信赖的产品。GOTS 标准适用于至少含有 70%（质量分数）有机棉纤维或有机转化棉纤维的产品，对含有机棉纤维纺织品的加工处理、环境管理和社会责任等有明确要求。

OCS 标准与 GOTS 标准的关系：

（1）GOTS 是提供"整个产品主张"的全面标准，包括整个供应链上的环境和社会责任；最少使用 70% 的有机纤维。

（2）OCS（OE100&Blended）追踪有机纤维在整个纺织品供应链中的传递，以便在最终纺织产品中提供相应的有机"纤维声明"。在加工过程中没有环境或社会责任要求。

特例：一些产品无法满足 GOTS 所有的加工要求（例如化学品，或 70% 的有机纤维）。

总结：GOTS 和 OCS 使互补性的标准体系。

3.4.2 中国有机农业产品标准

中国于 2005 年颁布并实施了包括有机棉的 GB/T 19630.1—2005"有机产品"标准。据该标准，有机棉是有机农业的产品，有机农业则是在生产中不采用转基因产品、不使用化学合成的农药、化肥、生长调节剂等物质的生产方式。我国有机棉转换期（从按照 GB/T 19630 标准开始种植到获得有机认证的时间）一般不少于 2 年。

第4章 有机棉纺织染技术

有机棉纺织染加工是将有机棉纤维转化为最终的纺织品或成衣的过程，旨在确保纤维的有机认证和对环境的最小影响。

4.1 纺织服装智能制造技术

4.1.1 纺纱智能制造技术

纺纱智能制造技术是指利用先进的信息技术、自动化技术和智能化设备来提高纺纱工艺的效率、质量和可持续性的一系列技术。以下是一些常见的纺纱智能制造技术：

自动化控制系统：利用传感器、执行器和控制算法等技术，实现对纺纱过程中各个环节的自动化控制，包括纺纱机的启停控制、纺纱参数的调节和产品质量的监测等。

数据分析和人工智能：通过收集和分析大量的生产数据，利用机器学习和人工智能技术来优化纺纱工艺和预测设备故障，从而提高生产效率和产品质量。

物联网技术：将纺纱机、传感器和其他设备连接到互联网，实现设备之间的数据共享和远程监控，便于生产管理和故障排查。

机器视觉技术：利用相机和图像处理算法，实现对纺纱过程中纱线质量、纱线断裂等问题的实时检测和识别。

自适应控制技术：根据生产环境和原料的变化，自动调整纺纱参数和工艺，以实现稳定的生产过程和一致的产品质量。

节能环保技术：采用能源管理系统和废水处理技术等措施，减少能源消耗和环境污染，实现纺纱过程的可持续发展。

案例（武汉裕大华智能纺纱项目）：

纺纱智能制造技术的应用可以提高纺纱生产线的生产效率、产品质量和能源利用效率，同时减少生产成本和环境影响。这些技术的不断发展和应用推动了纺织行业的数字化转型和智能化发展。

武汉裕大华智能纺纱项目采用了经纬智能公司清梳联、梳并联（精并联）、并粗联、粗细联、细络联、络筒打包入库联等10万锭成套纺纱设备。这些设备全部是经纬智能公司自动化、智能化的最新产品。尤其是创新应用了输送、换卷、接头的 JWF1286 型国产全自动精梳机、JWF1618-42 型数码智能半自动高速转杯纺纱机；JWF1572JM-1200 型新一代平台式智能型细纱机配备四罗拉紧密纺、单锭检测系统及远程运维系统、在线质量管控、报警技术、粗纱停喂装置；建设了头并－条并卷－精梳－末并－粗纱国产全自动轨道式智能纺纱输送系统；国产化全流程智能回花收付系统实现智能纺纱车间的全工序、各部位物料的全方位智能分拣和收付，开发了国产化全流程智能纺纱管控系统，首次建设了 100% 国产化的全流程智能纺纱车间。纺纱质量达到乌斯特 2013 公报 5% 以内，万锭用工减少到 15 人以内。

4.1.2 印染智能制造技术

印染智能制造技术是指利用先进的信息技术、自动化技术和智能化设备来提高印染工艺的效率、质量和可持续性的一系列技术。以下是一些常见的印染智能制造技术：

数字印花技术：采用数码打印机和特殊的染料墨水，直接将图案印刷到织物上，实现个性化、快速和灵活的印花过程。数字印花技术可以减少水、染料和能源的消耗，提高印花质量和效率。

数据分析和人工智能：通过收集和分析大量的生产数据，利用机器学习和人工智能技术来优化印染工艺和预测产品质量，从而提高生产效率和一致性。

自动化控制系统：利用传感器、执行器和控制算法等技术，实现对印染过程中各个环节的自动化控制，包括调整染料浓度、温度和湿度等参数，以及监测和控制印染机的运行状态。

虚拟现实和仿真技术：利用虚拟现实技术，模拟印染过程中的各个环节，帮助设计师和生产人员预览和优化产品效果，减少试验和误差，提高生产效率。

物联网技术：将印染设备、传感器和其他设备连接到互联网，实现设备之间的数据共享和远程监控，便于生产管理和故障排查。

节能环保技术：采用能源管理系统、废水处理技术和废气处理技术等措施，减少能源消耗和环境污染，实现印染过程的可持续发展。

印染智能制造技术的应用可以提高印染生产线的生产效率、产品质量和能源利用效率，同时减少生产成本和环境影响。这些技术的不断发展和应用推动了印染行业的数字化转型和智能化发展。

4.1.3 服装智能制造技术

服装智能制造技术是指利用先进的信息技术、自动化技术和智能化设备来提高服装生产和制造过程的效率、质量和可持续性的一系列技术。以下是一些常见的服装智能制造技术：

　　CAD/CAM 技术：利用计算机辅助设计（CAD）和计算机辅助制造（CAM）技术，实现服装设计、图案制作和裁剪工艺的数字化和自动化。通过 CAD 软件设计服装样式和图案，然后使用 CAM 系统将设计转化为裁剪指令，提高裁剪的准确性和效率。

　　3D 打印技术：使用 3D 打印机将服装部件直接打印出来，避免传统的裁剪和缝纫工艺。3D 打印技术可以实现个性化的定制服装生产，减少物料浪费，缩短生产周期。

　　智能缝纫技术：使用具有智能化功能的缝纫机，可以自动识别、定位和缝合服装部件，提高缝纫的精度和速度。智能缝纫技术还可以实现自动线程切割、线路追踪和故障检测等功能。

　　物联网技术：将服装生产设备、传感器和标签等连接到互联网，实现设备之间的数据共享和远程监控。通过物联网技术，可以实现生产过程的实时监控、库存管理和供应链追踪等功能。

　　数据分析和人工智能：通过收集和分析大量的生产数据，利用机器学习和人工智能技术来优化生产计划、预测市场需求和优化产品设计。数据分析和人工智能可以提供决策支持和生产优化的建议。

　　虚拟现实技术：利用虚拟现实技术，在虚拟环境中模拟服装设计、样板制作和产品展示等过程。虚拟现实技术可以减少样品制作的成本和时间，同时提供更直观的体验和反馈。

　　智能仓储与物流管理：利用智能化技术优化有机棉服装的仓储和物流管理。例如，使用自动化仓储系统、智能物流车等。

　　服装智能制造技术的应用可以提高服装生产的效率、质量和可持续性，同时满足个性化需求和快速时尚的市场需求。这些技术的不断发展和应用推动了服装行业的数字化转型和智能化发展。

4.1.4 纺织机器人技术

　　纺织机器人技术是指将机器人技术应用于纺织行业，以实现自动化、智能化和高效化的生产过程。这些机器人可以在纺织工厂中执行各种任务，包括布料处理、缝纫、织布、绣花、包装等。以下是一些常见的纺织机器人技术：

　　自动化搬运机器人：这些机器人用于搬运和移动质量较大的纺织材料，如布料、纱线、成衣等。它们可以准确地捡取、放置和移动纺织材料，提高搬运效率和减少人工劳动。

　　缝纫机器人：这些机器人用于自动化缝纫过程，可以根据预设的图案和参数进行自动缝纫。它们具有高速度、高精度和一致的缝纫质量，能够大幅提高生产效率和产品质量。

　　织布机器人：这些机器人用于自动化织布过程，可以根据设计要求进行自动编织。它们具有高速度、高精度和灵活性，可以生产各种纺织面料。

　　绣花机器人：这些机器人用于自动化绣花过程，可以根据设计要求进行自动绣花。

它们具有高速度、高精度和多样化的绣花能力，可以实现复杂图案的高效生产。

智能检测机器人：这些机器人用于自动化检测和质量控制过程，可以通过视觉系统和传感器进行布料的缺陷检测、尺寸测量等。它们能够快速准确地检测产品质量，提高产品合格率。

协作机器人：这些机器人与人类工人共同工作，可以协助完成纺织生产中的一些重复性、繁琐或危险的任务。它们具有安全感知和智能交互能力，能够提高工作效率和人机合作。

纺织机器人技术的应用可以大幅提高生产效率、降低人工成本和减少劳动强度。它们能够实现高速、高精度和一致性的生产，同时提高纺织品的质量和创新能力。随着机器人技术的不断发展和创新，纺织行业的自动化水平将进一步提升。

4.2 有机棉纺织染技术

4.2.1 有机棉纺纱技术

孔繁荣，陈莉娜 [2014 年] 认为：有机棉紧密纺纱和环锭纺纱的指标在强力和毛羽上差别较大，采用紧密纺可以有效地提高有机棉纱的强力，并降低强力的不匀，使得纱线在后期织造中减少断头的概率，提高织造效率。他们的紧密纺试验数据如下：

有机棉紧密纺纱线的工艺流程：

清花→梳棉→预并→精梳准备→精梳→精梳准备→二道精梳→并条→粗纱→细纱

有机棉纤维的可纺性能与普通棉纤维相似，纺纱时各主要工艺参数设置如下：

（1）清花。

有机棉纤维较粗，强力较低，因此抓棉机需要降低升降速度，并减少打击度。采用两道豪猪开棉，适当降低各机打手速度，放大打手与尘棒间隔距，棉卷定量偏轻控制，干定量约为 378 g/m 。

（2）梳棉。

为了加强对棉层握持，适当加大给棉罗拉压力。为了加强纤维间的分离，给棉板与刺辊隔距 0.25mm；刺辊 ~ 除尘刀隔距 0.35 mm ，适当降低锡林和刺辊转速，以减少纤维损伤，适当放大两者速比，防止刺辊缠绕、返花现象。为了控制道夫转移率，道夫选用针齿较深的金属针布，锡林 ~ 道夫隔距 0.15 mm ，道夫速度选用 22 r/min；道夫与剥棉罗拉间隔距适当收小，有利于纤维的剥取。张力牵伸 1.443 倍，生条干定量 4.7 g/m 。

（3）精梳。

为提高成纱条干水平，精梳落棉率应控制不低于 19%，锡林转速 110 r/min，精梳条定量 1.75 g/m 。

（4）粗纱。

粗纱采用"轻定量、较小的后牵伸和放大后区隔距、小钳口"的工艺配置，以加强对牵伸区中纤维的控制，粗纱捻系数可大些（以增加须条的抱合力），同时控制张力减少纱条意外牵伸，减少粗细节和毛羽，提高成纱均匀度。粗纱定量为 4.2 g/10m，总牵伸 8.82 倍，粗纱捻度定 为 51 捻/m，锭子速度 1136 r/min 。

（5）细纱。

细纱工序选择硬度适中的胶辊使其能有效地控制纤维的运动，减少成纱粗细节。在较高粗纱捻度的前提下，适当放大后区罗拉中心距，选择适中的后区牵伸倍数，使后区牵伸摩擦力界控制范围增加，避免牵伸力急剧变化，减少纤维变速点突变，从而稳定前区牵伸。速度 14000 r/min，捻度 1040 捻/m，总牵伸倍数 30，钢丝圈 C18/0，罗拉中心距 7 mm/40 mm。有机棉纱线还可以采用不同的纺纱方法，如环锭纺、喷气纺等。

有机棉纱线比普通棉生产的相应纱号的各项物理性能指标都要差。其原因主要是有机棉纤维的品质较差。由于有机棉质量差异较大、相对普通棉花质量较差，纺纱厂在纺制质量要求较高的细号棉纱时一般不采取 100% 有机棉进行纺纱。有机棉纺纱工艺强调对原料的有机认证和对环境的保护。通过严格的原料选择、纤维处理和纺纱过程，确保有机棉纤维的质量和纺纱产品的可追溯性。这种工艺有助于推动可持续纺织产业的发展，提供符合环保标准的有机棉纺织品。

4.2.2 有机棉纱织造技术

有机棉织造技术是指使用有机棉纤维进行织造的技术方法，以确保纤维的有机认证和对环境的最小影响。以下是一些常见的有机棉织造技术：

织机选择：选择符合有机认证标准的织机进行织造。织机的选择取决于织造的面料类型和纺织品的需求。常见的织机类型包括经编机、纬编机、织布机、非织造布机等。

织造参数控制：在有机棉织造过程中，控制织造参数是确保纺织品质量和效率的关键。这包括织造速度、织物密度、织物结构等参数的控制，以满足设计要求和纺织品的功能需求。

有机棉织物在经纱上浆、印染、整理等加工过程中要使用无毒、可自然降解的浆料、染料、整理剂等，以及利用高新技术进行清洁生产。上浆工艺允许使用淀粉和变性淀粉，浆料中聚乙烯醇（PVC ）和聚丙烯酸酯（PVA）的使用比例不得超过 25%（干重 ），采用原淀粉浆料绿色环保，又可生物降解。上浆除选用适宜的浆料外，为改善浆液性能，提高浆纱质量，还必须使用一些助剂，助剂的选择应满足生态以及有机产品生产的要求；在退浆过程中不允许使用转基因退浆酶，允许使用非转基因退浆酶。

孔繁荣等 [2014 年] 试验后认为：采用传统环锭纱织制的有机棉织物在力学性质上

稍差于普通棉织物，但可以通过改变织物规格来提高织物的强伸性和耐磨性。通过采用紧密纺纱织制的织物可明显提高织物的力学性能，且综合性能也比较好，因此设计高档有机棉面料时可考虑采用紧密纺纱。不论是环锭纱还是紧密纱，有机棉织物的服用性能完全可以达到普通棉织物的要求。

4.2.3 有机棉针织技术

有机棉针织工艺是一种以有机棉纤维为原料进行针织加工的工艺，旨在确保纤维的有机认证和对环境的最小影响。以下是一种常见的有机棉针织工艺：

有机棉纱线准备：选用符合有机认证标准的有机棉纱线作为针织的原料。这些纱线通常是通过有机棉纺纱工艺获得的，保证了纤维的有机认证和质量。

设计和样板制作：根据需求和设计要求，进行针织产品的设计和样板制作。这一步骤包括确定针织图案、尺寸和颜色等。

针织生产：根据设计和样板，将有机棉纱线放入针织机中进行生产。针织机根据设计要求进行编织，将纱线组织成针织面料。

剪裁和缝制：根据针织生产得到的面料，进行剪裁和缝制，制作成最终的有机棉针织产品。这包括裁剪面料、缝合部件、添加装饰和配件等。

质量控制：对针织产品进行质量检查和控制，确保产品符合有机认证标准和设计要求。这包括检查尺寸、缝制质量、纱线质量等。

染色和整理：对制成的有机棉针织产品进行清洗和整理，去除杂质和残留物，使产品具备最终的外观和触感。

包装和标识：对成品进行包装和标识，以便运输、销售和消费者识别。有机认证标识和相关环保信息可以用于产品的标识。

陶丽珍等 [2008 年] 试验后认为：有机棉针织面料的抗起毛起球性、顶破强力、耐磨性均较棉针织面料差；有机棉 / 氨纶面料的上述性能均优于有机棉面料；有机棉和棉针织面料的透气性能接近。在有机棉产品的开发中，一方面要筛选和培育优良的有机棉纤维品种；另一方面要应用纱线、组织、交织、后整理等工艺的变化来改善有机棉针织面料的各项服用性能。

4.3 有机棉染整技术

4.3.1 有机棉染色工艺

有机棉染色工艺是一种注重环保和可持续发展的染色方法，旨在减少对环境和人体健康的影响。邹清云和杨明霞 [2013 年] 有机棉染色试验的工艺如下：

染整总工艺流程：

翻缝→烧毛→退煮→煮漂→丝光→染色→柔软拉幅→预缩→检验→包装

前处理：将有机棉纤维或者织物进行准备和前处理，包括清洗和去除杂质，以确保染料能够均匀地渗透纤维。可采用生物酶退煮工艺。织物前处理中常用的生物酶有淀粉酶、果胶酶和纤维素酶。生物酶使用条件温和，用量也较少，能显著改善织物的外观和手感，能取代一部分酸、碱、氯、磷化合物等助剂，从而减少污染，酶处理是一种符合环保要 求的印染加工方法。

漂白（煮漂一浴工艺）

为了提高浅色产品的染色鲜艳度，产品退煮后进行漂白处理，为了提高煮练效果，在漂白时加入煮练剂。根据有机纺织品标准对染整加工的技术要求， 漂白仅允许采用氧漂（双氧水、臭氧等），双氧水具有白度纯正、稳定性好、无污染、不腐蚀设备的优点。应用双氧水在高温碱性条件下破坏有机棉纤维的天然色素使其消色，使棉花具有洁白的外观，并提高棉花白度的稳定性。

染色

染料采用了双异活性染料，反应速率高，固色率高，染色时减少了染料用量、能耗和环境污染。加工过程中，有机棉散纤维染色时在染缸内静止不动， 染液凭借主泵的输送，不断从染缸内层向外层在纤维间穿透循环，使染料均匀上染。助剂（元明粉、纯碱等）从辅缸打入染色机内。 染色后大量浮色沾附于棉花表面，需经高温皂煮、大量水洗以去除浮色，还需固色、添加柔软剂处理，以改善纤维色牢度、手感和可纺性。

有机棉胚布染色工艺流程：进布→浸轧染液（多浸轧）→红外预烘→热风预烘→烘筒烘干→冷却→浸轧固色液→ 汽蒸（102℃，60 s）→冷水洗 2 格（室温）→热水洗 2 格（60~70℃）→皂洗 4 格（95℃）→热水洗 2 格（90℃）→热水洗 2 格（80℃）→调小 pH 值 1 格（60℃ ）→烘干→落布。采用二浴法连续轧染工艺，该工艺染液稳定，得色率高。

董瑛 [2010 年] 认为有机纺织品的前处理生产线应与常规纺织品生产线分离， 避免有机棉织物与常规纤维织物混合，也避免有机棉织物被禁用化学物质沾污。有机棉坯布和半成品必须单独标识，在整个加工过程中易于识别。

烧毛：有机棉织物的烧毛处理无特殊要求。

退浆：不允许使用转基因退浆酶，允许使用非转基因退浆酶，允许使用符合要求的助剂和物质。有机棉织物织造上浆允许使用淀粉和变性淀粉，浆料中聚乙烯醇（PVC）和聚丙烯酸酯（PVA）的使用比例不得超过 25%（干重），这比传统织造上浆使用比例 70%~75% 低了很多，使得有机棉织物的退浆显得更为便易。

煮练：煮练所用的精练剂通常会添加渗透剂、 润湿剂和乳化剂（多为表面活性剂的复配物），允许使用符合要求的助剂和物质。

丝光：允许使用符合要求的助剂和物质的要求分三个方面：一是禁用和限用的物质；二是禁用的生物毒性和生态毒性的物质种类；三是物质毒性、生物降解性和生物累积性的指标限制。丝光碱必须回用。

漂白：不允许采用氯漂（次氯酸钠漂白、亚氯酸钠漂白），仅允许采用氧漂（双氧水、臭氧）等。对非棉纤维的漂白需按照认证许可进行。

液氨处理：禁止采用液氨处理有机棉织物。

增白：荧光增白剂允许采用符合前处理要求的助剂进行简单复配，增白剂应每两年进行一次审查。

美国有机贸易协会（Organic Trade Association）于 2003 年制定了"美国有机标准"，该标准对有机棉纺织品的前处理（退煮漂）有基本要求，前处理加工仅允许采用可循环使用和可生物降解的助剂和材料，所用助剂和材料须经过欧共体（OECD301D）实验方法的测试确认，满足标准规定的指标要求。

该标准的指标要求主要体现在评价前处理用料和排放物的可生物降解性和毒性两个方面。可生物降解性采用欧共体 OECD301D 密封瓶法，根据 28 天生物降解度大于或小于 70% 而分为易生物降解、不易生物降解两类。易生物降解：28 天降解度 >70%。不易生物降解：28 天降解度 <70%。水生物毒性则根据欧共体 OECD209 微生物处理废水法，具体采用了欧共体生殖毒性水蚤法（OECD202），根据水生物的效应浓度，将毒性分为低毒性 ECso>100 mg/L、中度毒性 ECso=10~100 mg/L 和高毒性 ECso<10 mg/L 三个层次。

该标准对前处理的用料和排放物的易生物降解性和毒性两个方面做了规定，分别以推荐、允许和禁用三个层次制定了技术指标，有机棉织物前处理加工可采用推荐类、允许类生产技术，不能采用禁用类生产技术。标准同时要求，不论生物降解程度如何，禁止采用高毒性（ECso< 10 mg/L）的前处理技术。

其他标准对有机棉前处理技术要求如下：

不同的有机棉组织的有机棉织物前处理技术要求虽然具有生态加工的共同特点，但具体要求还是有所不同的。如德国的天然纺织工业国际协会（IVN）的有机棉前处理要求基本与"全球有机纺织品标准"类似，但其禁止进行丝光处理。英国的土壤协会的"土壤协会有机标准（2009 版）"对有机棉的前处理加工做了更为详细的规定，除了具有"全球有机纺织品标准"的全部要求外，对有机棉织物前处理所用的常用助剂（如烧碱、纯碱、润湿剂、消泡剂等）还做了规定。我国也于 2005 年制定了 GB/T 19630.1—2005"有机产品生产"国家标准，对有机纺织品的加工做了原则要求：在丝光处理工艺中，允许使用氢氧化钠或其他的碱性物质，但应最大限度地循环利用；在纺织品加工过程中应采用最佳的生产方法，使其对环境的影响程度降至最小；禁止使用对人体和环境有害的物质，使用的任何助剂均不得含有致癌、致畸、致突变、致敏性的物质，对哺乳动物的毒性口服 LDso 大于 2000 mg/kg；禁止使用已知为易生物积累的和不易生物降解的物质；应使用植物源或矿物源的染料；禁止使用 GB/T 18885—2002 中规定的不允许使用的有害染料及物质；制成品中有害物质含量不得超过 GB/T 18885—2002 的规定。

水处理和循环利用：对染色过程中产生的废水进行处理，以减少对环境的污染。一些有机棉染色工艺中采用水循环系统，将处理后的废水回收再利用，减少用水量和废水排放。

排放控制：确保染色工艺中的废气和废水排放符合环境法规的要求，采取必要的措施减少对环境的影响。

质量控制：对织造完成的有机棉织物进行质量检查和控制，以确保产品符合有机认证标准和设计要求。这包括检查织物的密度、拉伸强度、染色牢度等指标。

后整理：对织造完成的有机棉织物进行后整理处理，以获得最终的外观和手感。后整理可以包括热定型、漂洗、蒸汽处理、平整和折叠等步骤，以改善织物的光泽、柔软度和尺寸稳定性。有机棉织物的整理技术主要涉及以下几个方面：

柔软和防皱处理：有机棉织物可以通过柔软和防皱处理来提高其手感和外观。这可以通过低温酶处理、梳理、软化剂等方法来实现。

光泽整理：有机棉织物可以进行整理，以增加其光泽和光滑度。这可以通过热压、光整理等方法来实现。

防缩和防皱处理：有机棉织物可能在水洗后存在一定的缩水和皱纹问题。为了解决这些问题，可以使用预缩处理和防皱整理剂来使织物更加稳定和平整。

万震等 [2011 年] 试验后总结认为：整个染整加工过程中，严禁使用纺织品中禁止或限量使用已知可能存在的有毒有害物质，如可吸附有机卤化物（AOX）、芳香族溶剂（Aromatic Solvents）、氯酚类（如三氯酚 TCP、五氯酚 PCP）、烷基酚聚氧乙烯醚（APEO），乙二胺四乙酸（EDTA）及类似的络合剂、禁用 A- ZO 偶氮染料、 杀虫剂或抗微生物整理剂、甲醛、可萃取重金属（如镍和铅）、 卤化溶剂、碳氟化合物、转基因衍生物（GMOs）、未被许可的季铵盐化合物，以及其他带有国际公认性质或国内生效法律性质的禁用物质等。此外，棉花漂白处理中只允许使用含氧漂白剂（如双氧水），增白处理暂只允许使用特定的荧光增白剂。

染整加工链的任何环节，都要有完善的质量控制和跟踪审查体系，有完整的各工序生产相关记录，如原棉检验单、仓库领料单、生产计划单、工艺配方单、质检报告单、产量单和发货单等。 此外，要对有机棉进出帐目进行平衡测试。有机棉的原料、中间品和成品都务必标识清楚， 做好隔离工作，专区放置，以便于现场管理和纤维区分， 保证有机棉不受污染。 此外，包装材料中不得含有 PVC 材料。

有机棉应尽量配备专用加工设备，如特殊情况下需与常规纤维加工共用设备，则在常规纤维加工结束后对设备进行彻底清洗，并保存相关清洗记录 3 年。

在进行有机棉织物的后整理过程中，关键是确保使用符合有机认证标准的化学品和工艺，以避免使用有害的化学物质，保持有机纺织品的环保和可持续性特性。同时，整理过程应遵循相关的有机认证标准和行业规范，以确保有机棉织物的质量和可信度。

4.3.2 有机棉染色染料类型

有机棉染色染料的类型可以根据其来源和成分进行分类。以下是一些常见的有机棉染色染料类型：

天然植物染料：这些染料是从植物中提取的，如蓝靛、茜草、蓼蓝、蓝莓等。它们通常是天然有机化合物，具有一定的环保性和可再生性。

植物素染料：植物素是一类天然的有机化合物，植物染料中的黄酮类、蒽醌类和靛蓝类等。它们可以通过提取植物的根、茎、叶或果实获得，并具有丰富的颜色选择。

最近，许多学者对用天然染料来解决化学合成染料带来的环境问题产生了极大的兴趣，例如，采用萃取法从芒果叶和芒果皮中提取天然染料，用提取液对棉织物进行染色，然后用不同种类的媒染剂对织物进行媒染。研究发现，从芒果叶中提取的染料比从芒果果皮提取的染料颜色更深，提取的染料呈现出更高的色度。结果还表明，采用同种提取物，不同种类的媒染剂对棉织物进行染色可以得到不同颜色的染色织物，染色牢度为中等至良好。由于染色牢度优良，从芒果各部位提取的天然染料可以作为一种良好的棉织物染色剂。

还有学者采用天然染料五倍子对有机棉织物进行染色，并对其抗菌活性进行了研究。所有染色最初都是在实验室条件下进行的。然后，根据实验室结果，在喷射染色机上进行大规模织物染色。喷染机所使用的植物和媒染剂的用量比实验室所用的要少得多，并且都是按比例减少的。这样就节省了材料、劳力和能源。喷染机得到的棉织品被缝制成不同的用途，如 T 恤、婴儿 / 儿童服装、家纺等。这项研究的结果表明，可以生产出可持续的、生态友好的、无毒的、抗菌的织物，这些织物在医用及婴儿和儿童服装中尤其重要。

还有研究提出一种新的染色后整理方法，利用草药组合制备纳米乳液，并在有机棉织物上对其进行抗菌整理。这种用全天然草本纳米乳液对棉织物进行抗菌整理的方法可广泛应用于保健和卫生纺织品。与合成化合物相比，中草药成品的不良反应也较低，并且对环境友好。在不同的织物上添加不同浓度的草本纳米乳液，以达到预期的最终用途。

活性染料：活性染料是一类与纤维有化学反应的染料，可以与纤维分子结合。它们在染色过程中需要辅助剂和处理，以确保染料与纤维的牢固结合。

昆虫染料：昆虫染料是从昆虫体内提取的染料，如胭脂虫、蚧红等。它们可以提供鲜艳的红色和紫色等颜色。

具有有机认证的合成染料：有机认证的合成染料是通过合成方法制造的染料，符合有机认证标准，不含有害化学物质。这些染料提供了更广泛的颜色选择，并且可以在染色过程中更好地控制颜色的均匀性和稳定性。

这些是常见的有机棉染色染料类型，每种染料都有其特点和适用性。在实际应用中，根据染色效果、可持续性要求和成本考虑，可以选择合适的染料类型进行有机棉染色。在有机棉花的染色过程中，染料的选择应遵循有机认证的标准和要求，确保染料本身不含有害物质，同时确保染色过程的环境友好和可持续性。有机棉染色产品还需符合其他的生态纺织品标准，如最低色牢度方面，干摩擦色牢度为 3~4 级，湿摩擦色牢度 2 级，汗渍色牢度 3~4 级，日晒牢度 3~4 级，60℃皂洗牢度 3~4 级，以及 pH 值控制在 4.5~8.0 等。

4.3.3　有机棉花染色助剂

有机棉花染色助剂是在染色过程中使用的辅助剂，它们可以帮助提高染色效果、增强染色的均匀性和色牢度，并优化染色工艺。以下是一些常见的有机棉花染色助剂：

酸性助剂：酸性助剂通常用于调节染料和纤维之间的 pH 值，以提高染色的均匀性和色牢度。有机酸，如柠檬酸和醋酸，常被用作酸性助剂。

碱性助剂：碱性助剂可以用来调节染料和纤维之间的 pH 值，增强染色的亲和力和均匀性。一些常见的碱性助剂包括氢氧化钠、碳酸氢钠等。

渗透剂：渗透剂可以帮助染料更好地渗透到纤维内部，提高染色的效果和均匀性。聚乙二醇（Polyethylene Glycol，简称 PEG）是一种常用的有机棉花染色渗透剂。

金属盐络合剂：金属盐络合剂可以帮助改善染料与纤维之间的相容性，增强染色的效果和耐久性。常见的金属盐络合剂包括铜盐和铁盐等。

分散剂：分散剂可以帮助分散染料颗粒，防止染料在染色过程中的聚集和沉淀，提高染色的均匀性。聚乙烯吡咯烷酮（Polyvinylpyrrolidone，简称 PVP）是一种常用的有机棉染色分散剂。

有机棉的染色特性与普通棉基本相同，但其加工过程中所使用的化学品（染料、助剂）均必须符合最新的 GOTS 7.0 版本标准，经过相关认证机构的评估，能保证环境的可持续性，满足对口服毒性、水生物毒性和生物降解性的基本要求，无致癌、诱变、畸变、哺乳毒性、内分泌混乱等安全危害。有机棉花染色助剂的选择和使用应符合有机认证的标准和要求，确保助剂本身不含有害物质，并且染色过程符合环境友好和可持续性的原则。

4.4 有机棉数码印花技术

有机棉数码印花是一种使用数码印花技术在有机棉面料上实现图案和颜色的印刷的技术。相比传统的印花技术，有机棉数码印花具有更高的精度、更丰富的色彩表现力和更短的生产周期。

4.4.1 有机棉数码印花的生产技术

设计准备：准备有机棉面料和数码印花的设计文件。设计师可以使用计算机软件（如 Adobe Photoshop、Adobe Illustrator 等）创建设计图案，并根据面料尺寸和重复图案要求进行调整。

面料前处理：在进行数码印花之前，有机棉面料需要进行预处理。这包括洗涤、脱脂和烘干等步骤，以确保面料表面干净、平整，并去除可能影响印花效果的杂质。

墨水准备：选择适合有机棉纺织品的有机棉数码印花墨水。这些墨水通常采用环保配方和材料制成，符合环保标准和认证要求。根据设计需要，调整墨水的颜色浓度、黏度等参数。

印花准备：将有机棉纺织品放置在数码印花机的工作台上，并根据设计要求进行固定。确保纺织品表面平整，没有褶皱或松散部分。

数码印花：使用数码印花机将设计图案直接印制到有机棉纺织品上。数码印花机通过墨水喷头喷射墨水到纺织品表面，实现高精度和高速度的印花。墨水的喷射位置和图案按照设计准确地控制和执行。

将准备好的有机棉面料放置在数码印花机上，并将设计文件加载到机器控制系统中。数码印花机将根据设计文件的指示，在面料上进行高精度的喷墨印刷。数码印花技术可以实现复杂的图案和细节，同时提供丰富的色彩表现。

数码印花机设置：根据印花设计和面料特性，设置数码印花机的参数，包括喷头位置、喷墨颜色和喷墨密度等。这些参数的调整将直接影响印花的准确性和色彩还原度。

干燥和固化：完成印花后，通常使用热风或蒸汽进行固化和烘干。有机棉纺织品需要进行干燥和固化处理，以确保墨水与纤维之间的牢固结合和图案的耐久性。这可以通过热固化、蒸汽固化或其他适当的处理方式来实现。

后整理：完成固化和烘干后，有机棉面料需要进行后处理，包括清洗和整理。清洗可以去除固化剂和杂质，确保印花面料的质量和触感。整理则可以使面料平整、柔软，并消除印花过程中可能产生的褶皱和痕迹。对有机棉数码印花产品进行必要的后整理处理，例如蒸汽洗涤、柔软处理、防褪色处理等，以增加产品的舒适度、持久性和特殊性能。

质量检验和包装：对有机棉数码印花面料进行质量检验，确保印花效果符合要求。检查印花的色彩饱和度。

4.4.2 有机棉数码印花墨水

有机棉数码印花墨水是专门用于在有机棉纺织品上进行数码印花的墨水。它们是环保和可持续的墨水，适用于数码印花机和有机棉纺织品的生产。

环保性：有机棉数码印花墨水采用环保配方和材料制成，不含有害化学物质，对环境和人体健康影响较小。这些墨水通常符合环保标准和认证要求。

染色效果：有机棉数码印花墨水能够在有机棉纺织品上呈现出清晰、鲜艳和持久的图案和颜色。它们具有良好的染色渗透性和色彩稳定性，可以实现高质量的印花效果。

可持续性：有机棉数码印花墨水的制造过程注重资源利用效率和能源消耗的最小化。它们通常使用水性墨水或低挥发性溶剂，以减少对环境的影响，并且在印花过程中产生的废水和废料也可以进行处理和回收利用。

耐久性：有机棉数码印花墨水经过适当的固化和后处理处理后，可以确保印花图案在洗涤和日常使用中的耐久性和色牢度。

印花机兼容性：有机棉数码印花墨水可与数码印花机兼容，能够实现精确的图案和颜色重现，并具有较快的印花速度。

使用有机棉数码印花墨水进行印花可以满足消费者对环保和可持续产品的需求，并促进可持续纺织业的发展。这种墨水提供了一种创新的方式来实现个性化和多样化的有机棉纺织品生产。

4.4.3 有机棉数码印花加工前处理技术

在进行有机棉数码印花之前，通常需要进行一些加工前处理技术，以确保印花质量和效果的最佳化。以下是一些常用的有机棉数码印花加工前处理技术：

染前处理：有机棉纺织品在印花前需要进行染前处理，以去除可能存在的杂质、油脂和其他污染物。这可以通过洗涤、漂白、酶处理等步骤来实现，以确保纺织品表面干净且有利于墨水的附着。

防缩处理：为了降低织物的缩率，进行预缩处理。有机棉纺织品在进行数码印花之前，通常需要进行防缩处理，以避免印花后的尺寸变化，这可以通过预缩纺织品的方法来实现。工艺流程：进布→红外对中→蒸汽给湿→光电自动整纬→橡胶毯预缩（温度120℃）→羊毛毯预缩烘干（120℃）→落布。经缩5%，拉斜微调1%。

墨水配方调整：针对不同的有机棉纺织品和印花效果要求，可能需要调整墨水的配方。这可能涉及墨水的颜色浓度、黏度、干燥速度等参数的调整，以获得所需的印花效果。

纺织品表面处理：有机棉纺织品的表面处理可以改善墨水的附着性和印花效果。例如，可以使用表面活性剂或黏结剂来增加纺织品表面的润湿性和附着力。

图案准备和调整：在进行有机棉数码印花之前，需要将设计图案转换为适合数码印花机的格式，并对图案进行调整和编辑，以确保其与纺织品的尺寸和形状相匹配。

预测试和样品制作：在正式进行有机棉数码印花之前，通常需要进行预测试和样品制作。这有助于评估墨水、纺织品和印花参数的兼容性，并对最终印花效果进行验证和调整。

通过合理的加工前处理技术，可以提高有机棉数码印花的质量和效率，确保印花图案的清晰度、色彩鲜艳度和持久性。这些技术的应用有助于实现高质量的有机棉数码印花产品，并满足市场对环保和可持续纺织品的需求。

4.4.4 有机棉数码印花加工后整理技术

在有机棉数码印花完成后，需要进行整理以确保印花图案的质量和耐久性。以下是一些常用的有机棉数码印花加工后整理技术：

热烘固化：通过使用热固化设备，将有机棉数码印花品放置在高温下进行热固化。热固化有助于墨水与纤维之间的化学反应，提高印花图案的耐久性和色牢度。

蒸汽固化：利用蒸汽固化技术，将有机棉数码印花品置于高温和高湿度的环境中进行固化。蒸汽固化有助于墨水的渗透和固化，提高印花品的质量和耐久性。

热转印：通过热转印技术，将有机棉数码印花品放置在热转印机上，经过高温和压力的作用，墨水与纤维结合更紧密，提高印花图案的持久性和清晰度。

蒸汽洗涤：使用蒸汽洗涤设备对有机棉数码印花品进行洗涤，以去除残余的墨水和化学物质。蒸汽洗涤有助于提高印花品的柔软度和舒适度，并减少对环境的影响。

其他加工处理：根据具体需求，还可以对有机棉数码印花品进行其他加工处理，如防水处理、防褪色处理、抗菌处理等，以增加其功能性和特殊性能。

在整理技术过程中，需要考虑使用环保和可持续的化学品和工艺，以确保对环境和人体健康的最小影响。同时，要严格遵循相关的标准和要求，以确保加工后的有机棉数码印花品达到质量和可靠性的标准。

有机棉数码印花技术具有以下优点：

高度个性化：数码印花技术能够实现高度个性化的印花效果，可以根据客户需求定制各种图案、颜色和设计，满足市场的多样化需求。

减少浪费：相比传统的纺织印花方法，有机棉数码印花技术可以减少材料浪费。只有需要的墨水被喷射到纺织品上，无需额外的颜料和染料，减少了水、能源和化学品的使用量。

节约时间和成本：数码印花技术具有快速、高效的特点，可以大大缩短印花周期并提高生产效率。相对于传统的印花方法，它可以节约时间和成本，增加生产的灵活性和响应速度。

高品质和精确度：有机棉数码印花技术可以实现高品质的印花效果，图案和细节重现度高。由于墨水的喷射是数字控制的，因此可以实现精确的图案和色彩渐变，提供更加细腻和逼真的印花效果。

环保和可持续性：有机棉数码印花技术通常使用环保的墨水和化学品，符合环保标准和可持续发展要求。相对于传统的染料印花方法，它减少了对水资源的需求，减少了废水排放和环境污染。

综上所述，有机棉数码印花技术在个性化、节约资源、高品质和环保可持续等方面具有明显的优势，正在成为纺织行业的重要趋势。

4.5 有机棉产品开发

4.5.1 有机棉花产品开发的步骤

市场研究：进行市场研究，了解有机棉花产品的需求和趋势。了解目标市场的消费者偏好、竞争对手情况以及市场规模等信息，以便确定产品开发的方向和定位。

产品规划：根据市场需求和定位，制定有机棉花产品的规划。确定产品的特点、功能、设计风格以及定价策略等方面的要素。

原材料采购：选择符合有机认证标准的有机棉花作为原材料，并确保供应链的可追溯性和透明度。与有机棉农户或有机棉供应商建立合作关系，确保原材料的质量和可持续性。

制造过程：制定符合有机认证标准的生产工艺，确保在产品制造过程中不使用有害化学物质和合成添加剂。保持生产环境的清洁和卫生，并确保生产设备符合相关标准。

品质控制：建立严格的品质控制体系，确保有机棉花产品的质量和一致性。进行原材料的检测和筛选，监控生产过程中的关键环节，进行产品的抽样测试和检验，以确保产品符合相关的有机认证标准。

市场推广：制定市场推广策略，包括品牌宣传、销售渠道选择、推广活动等。利用线上线下的渠道，向目标消费者传递有机棉花产品的价值和优势，提高产品的知名度和市场份额。

客户反馈和改进：与消费者建立良好的互动和反馈机制，倾听客户的意见和建议，及时调整和改进有机棉花产品，以满足消费者的需求和期望。

在有机棉花产品开发的过程中，需要注重产品的质量、可持续性和环保性，同时也要与有机认证机构合作，确保产品符合有机认证标准，并获取相关的认证资质。

4.5.2 有机棉T恤生产技术

有机棉T恤的生产技术包括以下几个方面：

原材料准备：选择符合有机认证标准的有机棉纱线作为原材料。确保纱线的质量和可追溯性，与有机棉农户或有机棉供应商建立合作关系，以获取可持续和有机认证的纱线。

设计和样衣制作：根据市场需求和设计理念，进行 T 恤的设计和样衣制作。这包括选择合适的款式、颜色、图案和尺寸等方面的设计。

剪裁：根据设计和样衣，对有机棉纱线进行剪裁。剪裁是将纱线根据设计图案和尺寸要求裁剪成相应的零件，包括前身、后身、袖子和领口等。

缝纫：将剪裁好的有机棉布料进行缝纫。使用无毒、环保的缝纫线进行缝合，确保缝纫质量和牢固度。

印染：根据设计需要，选择有机染料和印染工艺。使用符合有机认证标准的染料和印染剂，确保对环境和人体健康几乎没有影响。

烫印和绣花：根据设计需求，在 T 恤上进行烫印和绣花。使用无毒、环保的烫印墨水和绣线，确保烫印和绣花的质量和耐久性。

整烫和质量控制：对生产完成的 T 恤进行整烫和质量检验。整烫可以使 T 恤平整，并去除褶皱和痕迹。质量控制包括对 T 恤的尺寸、缝合、染色、印染和装饰等方面进行检查，确保产品符合质量标准。

包装和配送：对生产合格的有机棉 T 恤进行包装，并安排配送到销售渠道或直接客户。

在整个生产过程中，应注意使用无毒、环保的材料和工艺，避免使用有害化学物质和合成添加剂，以保证有机棉 T 恤的环保和健康特性。同时，需要与有机认证机构合作，确保产品符合有机认证标准，并取得相关的认证资质。

4.5.3 有机棉内衣生产技术

有机棉内衣的生产技术与有机棉 T 恤的生产技术基本相似，但在内衣的设计和制作上可能有一些特殊考虑。以下是有机棉内衣的生产技术的关键步骤：

原材料准备：选择符合有机认证标准的有机棉纱线作为内衣的原材料。确保纱线的质量和可追溯性，与有机棉农户或有机棉供应商建立合作关系，以获取可持续和有机认证的纱线。

内衣设计和样衣制作：根据市场需求和内衣的功能性要求，进行内衣的设计和样衣制作。内衣的设计需要考虑舒适性、支撑性、适合性等方面的要素，并且可能会涉及不同的款式（如文胸、内裤、背心等）和尺寸。

剪裁：根据设计和样衣，对有机棉纱线进行剪裁。将纱线按照设计图案和尺寸要求裁剪成相应的零件，包括杯子、扣眼、肩带等。

缝纫：将剪裁好的有机棉布料进行缝纫。使用无毒、环保的缝纫线进行缝合，确保缝纫质量和舒适性。内衣的缝纫需要考虑到平滑的内部接缝、舒适的线迹以及各个部位的合身度。

配件辅料装饰：根据内衣的设计需求，添加合适的配件。这可能包括扣子、钩眼、肩带调节器等。确保所使用的配件符合环保和人体健康的要求。

整烫和质量控制：对生产完成的内衣进行整烫和质量检验。整烫可以使内衣平整，并去除褶皱和痕迹。质量控制包括对内衣的尺寸、缝合、舒适性和耐久性等方面进行检查，确保产品符合质量标准。

包装和配送：对生产合格的有机棉内衣进行包装，并安排配送到销售渠道或直接客户。

与有机棉 T 恤类似，有机棉内衣的生产过程中也需要注意使用无毒、环保的材料和工艺，避免使用有害化学物质和合成添加剂。

4.5.4 有机棉童装产品开发

有机棉童装指使用有机棉作为主要原材料制造的环保和可持续的儿童服装。

原材料选择：在有机棉童装的生产中，使用有机棉作为主要原材料，确保服装的纤维来自可持续和环保的材料。

印花和染色：有机棉童装可以使用天然的植物染料进行染色，以避免使用对环境和儿童健康有害的化学染料。使用水性或低影响染料是减少对环境影响的另一种选择。

面料生产：有机棉经纺纱和织造工艺制成面料。在整个过程中，遵循环保原则，尽量减少能源消耗和化学物质的使用。

服装制造：面料经过裁剪、缝制和装饰等工艺制成儿童服装。生产过程中注意使用环保的缝纫线和其他辅助材料。

质量控制：严格控制有机棉童装的质量，并确保符合有机认证标准。质量控制涉及纤维的来源、染色过程的可追溯性、面料的质量和耐用性等方面。

认证标准：制造商可以选择获得有机纺织品的认证，如 GOTS 认证。该认证标准对整个供应链进行审查，包括原材料、生产和包装等环节。

有机棉童装的生产过程注重环境保护和可持续性，关注儿童健康和舒适性，并遵循劳工条件和社会责任。选择有机棉童装有助于保护儿童免受有害化学物质的影响，并推动可持续发展和环境保护。

4.5.5 有机棉家纺产品开发

有机棉家纺产品是以有机棉作为主要原材料制造的环保和可持续的家居纺织品。以下是有机棉家纺产品的生产过程和相关信息：

原材料选择：在有机棉家纺产品的生产中，使用有机棉作为主要原材料，确保纺织品的纤维来自可持续和环保的来源。

面料生产：有机棉经过纺纱和织造工艺生产出面料，用于制造床上用品、毛巾、窗帘等家纺产品。在这个过程中，遵循环保原则，尽量减少能源消耗和化学物质的使用。

染色和印花：有机棉家纺产品可以使用天然的植物染料进行染色，以避免使用对环境和人体健康有害的化学染料。使用水性或低影响染料也是减少对环境的影响的另一种选择。

制造和加工：经过面料选择和染色后，将面料裁剪并进行缝制、装饰和加工，制成床单、被套、枕套、毛巾等各种家纺产品。

质量控制：严格控制有机棉家纺产品的质量，并确保符合有机认证标准。质量控制包括面料的质量、染色的可追溯性、耐用性和舒适性等方面。

认证标准：制造商可以选择获得有机纺织品的认证，如 GOTS 认证。该认证标准对整个供应链进行审查，包括原材料、生产和包装等环节。

有机棉家纺产品的生产过程注重环境保护和可持续性，关注产品的质量和舒适性，并遵循劳工条件和社会责任。选择有机棉家纺产品有助于打造健康的家居环境，促进可持续发展和环境保护。

4.5.6 有机彩色棉花

有机彩色棉花是指通过自然交配和遗传改良技术培育出来的具有彩色纤维的棉花品种。相比传统的白色棉花，有机彩色棉花在颜色上具有更多的变化和选择。以下是有关有机彩色棉花的一些关键信息：

品种选择：有机彩色棉花的培育通常通过选择和交配具有彩色纤维的棉花品种来实现。这些品种可能具有不同的颜色，如红色、绿色、黄色、棕色，以及它们的混合色。

自然遗传：有机彩色棉花的培育主要依赖自然遗传和遗传改良技术。通过选择具有所需颜色的棉花品种，并进行交配和选择，可以培育出稳定的有机彩色棉花品种。

环境友好：有机彩色棉花的培育过程遵循有机农业的原则，避免使用化学农药和化肥。这有助于减少对环境的污染和生态系统的破坏。

纤维特性：有机彩色棉花的纤维颜色来自其天然遗传的特征，而不是通过后期染色或印花来实现。这意味着彩色纤维在整个纤维内部都具有相同的颜色，且不易褪色。

应用领域：有机彩色棉花的纤维可用于纺织品制造，如服装、家纺、床上用品、家居装饰等。彩色棉花纤维为设计师和制造商提供了更多的创作空间和产品选择。

有机彩色棉花的培育和应用推动了可持续纺织产业的发展，注重环境保护和创新设计。这种棉花品种的出现为纺织行业提供了更多选择，同时也促进了有机农业的发展和推广。

4.6 有机棉非织造布生产技术

4.6.1 有机棉非织造布的生产技术步骤

有机棉非织造布是利用有机棉纤维进行非织造布生产的一种材料。非织造布是一种非织造纺织品，它不是通过编织或织造的方式制成，而是通过对纤维进行机械、热熔或化学处理等方法互相黏合形成。以下是有机棉非织造布的生产技术步骤：

有机棉准备：选择符合有机认证标准的有机棉花作为原材料。确保原材料的质量和可追溯性，与有机棉农户或有机棉供应商建立合作关系，以获取可持续和有机认证的有机棉花。

纤维开松：将有机棉花进行纤维开松处理，使纤维松散并具有更好的可加工性。这可以通过打浆、开松机、气流分离等方式进行。

混棉：根据非织造布的要求，将有机棉纤维与其他纤维或添加剂进行混合和调配。这可以改变非织造布的性能特点，如强度、透气性、吸水性等。

预处理：对混合和调配后的有机棉纤维进行预处理。预处理的方法可以包括纤维预热、预润湿、添加绑合剂等，以增强纤维的亲和性和结合力。

成型：将预处理后的有机棉纤维送入成型设备，通过机械、热熔或化学处理等方式进行成型。常见的成型方法包括干法成型、湿法成型、热风成型、针刺成型等。

黏合：在成型过程中，利用机械、热熔或化学处理等方式将有机棉纤维互相黏合，形成非织造布的结构。黏合可以通过压力、热熔、黏合剂等方式进行。

整理和后处理：完成黏合后，对有机棉花非织造布进行整理和后处理。这包括去除杂质、调整厚度、平整表面等处理，以获得最终的非织造布产品。

质量检验和包装：对有机棉花非织造布进行质量检验，确保产品的质量和符合要求。检查非织造布的厚度、质量、强度、透气性等参数，并进行相应地记录和报告。

4.6.2 非织造布用棉纤维

目前，棉花在非织造短纤维市场中的份额微不足道，尽管增长潜力很大。几乎每个人都可以认识到棉花是一种耐用、透气、柔软的纤维。不论是棉球与手巾，还是喜欢的棉质 T 恤，棉质都广受消费者的认可和接受。表 4.1 列出了棉花的一些优势以及非织造布的一些问题。一家美国棉花公司（Cotton Incorporated）的报告《棉花非织造布：创新与解决方案》揭示了棉花这一名称已变得多么强大。2000 年，全球非织造布市场使用了约 1470 万包纤维。从 1996 年到 2005 年，全球漂白棉纤维的消费量上升到非织造布总纤维的 6%，而目前棉花在非织造布市场的份额在全球为 7.8%，在北美为 2.9%。在北美、西欧和日本等主要消费市场，预计未来几年非织造布中棉花用量将以每年 3%~6%

的速度增长。

表 4.1 非织造布用棉的优点和问题

棉花的优势	棉花的缺点
出色的芯吸性能	含有棉结形成
更高的湿强	
低静态电位	
可染性	
可化学修饰	

Cotton Incorporated 在美国六个城市进行了一项研究，测试了消费者对非织造产品中纤维含量的看法，以及这些看法如何影响购买偏好。这项研究集中在四个产品类别：女性卫生巾、卫生棉条、婴儿湿巾和一次性尿布。在每个类别中，"棉签"都显著影响了消费者的购买偏好。此外，66% 的消费者认为带有棉质印鉴的个人护理产品质量更高。要使用"棉签"，某些产品中的棉花最低含量必须为 15%，而其他某些产品中的棉花含量必须更高。

许多棉花吸收性产品，如手术海绵、卫生巾、棉塞、化妆垫和粉扑，都可以由副产品棉纤维制成，即轧棉屑、精梳落棉和其他纺织废料。这些产品大多数使用漂白棉卷（超大条），几乎不需要完整性（纤维与纤维的内聚力）。但是，通过梳理或气流成型制成的轻质纤维网制成的成卷品需要纺织级纤维。根据 Cotton Incorporated 推荐的纤维性能和建议的测试方法如下：

- 马克隆值：≥ 4.9
- 长度：≥ 0.95 英寸（24.13mm）
- 均匀度：≥ 81.0%
- 强度：≥ 23.0 g/tex
- 无绒含量最高 0.8%（MDTA-3）

纤维的长度和强度在制造轻质非织造布时很重要。但是，在某些非织造产品中，良好的织物外观比织物强度更重要，并且纤维马克隆值起着重要作用。棉结含量是不良成分。高马克隆值棉在轧棉后倾向于具有较低的棉结含量，并且在随后的加工中较不易形成额外的棉结。针对马克隆值效应的研究表明，在漂白和非织造纤网形成过程中，低马克隆值棉的棉结明显增加。使用更高马克隆值（> 4.5）棉的性能得到显著改善。

（1）漂白棉。

许多用于卫生应用的棉非织造产品需要漂白棉纤维。由于非织造布制造商对漂白纤维的兴趣越来越大，生产以非织造布为目标的漂白纤维的能力也越来越强。棉花漂白后，对于欣赏漂白棉花雪白品质的消费者来说，也更具美感。此外，当天然纤维如棉被染色时，颜色往往更柔和，不像合成纤维那样产生更闪亮及类似眩光的效果。棉纤维赋予非织造布合成纤维无法轻易复制的独特性质。由于对棉花加工性能的误解，目前合成纤维在非织造布中的使用比棉花多。随着漂白技术的改进和新整理产品的开发，棉能够以与合成纤维相当的速度加工，同时为非织造布提供优质的棉质性能。

（2）彩色棉。

棉纤维经常被染色，以获得广泛的颜色。化学染料及其整理剂需要大量的水，精练和漂白也是如此，当这些废物被处理时，它们会造成土壤和水污染。天然彩棉可以减轻染色的负面影响。美国农业部（USDA）进行的研究表明，天然彩棉在针刺过程中表现非常好。由于天然彩棉纤维相比普通棉短且强度低，因此纺纱性能不佳，但生产的非织造布质量优于白棉，这是因为与传统纺织工艺相比，非织造布成型工艺要求较低。

（3）其他天然纤维。

在过去的几年中，天然纤维因柔软、耐用、透气、可生物降解并来自可再生资源而在众多非织造布市场中赢得了良好的声誉。如今，包括棉花、大麻、亚麻和黄麻在内的传统天然纤维在国际上的需求量越来越大，而其他纤维（例如大麻和马利筋）开始出现在非织造布领域，尤其是由于其天然来源和可生物降解性。许多制造商预测，随着消费者逐渐意识到其优势，这些纤维的使用量将会增长。显然，棉是最常用的纤维，这再次归因于其在服装和其他面料中的流行。黄麻、红麻和亚麻紧随其后，其余的纤维只占很小的比例。尽管棉花是许多应用中最具吸引力的纤维，但是成本限制了它的某些增长，因为其他人造纤维价格便宜，并且对于许多消费品而言，成本是一个更大的问题。在许多情况下，将棉与其他纤维混纺是达到成本效益的最佳方法。

4.6.3 有机棉纤维非织造布的加工

将有机棉纤维加工成非织造布遵循前面讨论的一般方案，即通过梳理或气流成网然后黏合成网。图4.1展示了一些适合将棉纤维转变为非织造布的可能的生产路线。可以看出，不同类型/等级的棉纤维需要不同的加工组合。棉短纤维、短绒和精梳棉的长度和细度均不同，这意味着它们不能使用同一套设备进行加工。而且，在不同区域生长的棉纤维的性能也有所差异，需要选择不同的加工设备组合。本节讨论了一些与加工棉质非织造布有关的细节。

（1）水刺整理。

水刺法，即水缠法，是一种非常有吸引力的棉网固结方法，因为它保留了纯纤维的状态，有利于生产高吸水性产品。水缠织物具有与机织棉织物许多相似的特性，即由于水缠织物具有良好的强度特性，因此易于用常规纺织方法染色和整理。为了制造柔软松散的非织造布，将棉网置于低水射流压力下（300-500 psi，1 psi=6.89kPa），就会产生部分纠缠网。这些类型的纤网可以在间歇式状态下进行湿处理。最近，立达公司（Rieter Perfojet）推出的水刺机 Jetrace 3000 相比之前的 Jetrace 2000 有了显著的进步。据称，Jetrace 3000 将有助于节约能源、降低成本，并具有足够的灵活性来黏合各种纤维和纤维混合物，并产生花纹。

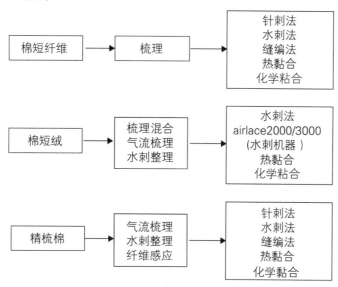

图 4.1 不同棉纤维的加工方案

棉适用于水刺的主要原因是其较低的湿模量，这使其易于对水射流做出响应。此外，棉纤维的非圆形横截面导致附加的摩擦阻力，从而导致更好的黏附和缠结。使用未漂白的棉花还有另外一个优点，因为它更便宜，水射流可以清楚纤维中的一些油或蜡。然而，它的缺点是需要更好的水过滤系统。

（2）针刺法。

针刺棉提供了一种基于不规则纤维形状和吸收特性的高效过滤介质。在潮湿条件下增加韧性对棉过滤器来说是一个重要的优势。为了增强强度，稀松布材料可以被针刺并用于毛毯和工业织物。已经发现 36-42 号针适用于生产棉针刺非织造布。对于非常重的织物，使用 32 号针；对于较细的织物，使用 40-42 号针。针细度可能对织物性能影响最大。一般来说，针越细，纤网的密度越大，透气性越差。

针刺时应考虑常规长度的短纤维棉，因为纤维越长效果越好。棉样中良好的长度均匀性可提供足够长的纤维以形成结实的织物。纤维整理对针刺至关重要，需要使用具有良好润滑性的漂白棉，以防止纤维损坏和断针。原棉（未漂白的）也能通过适当的选针非常好地织针。如前所述，在所有其他因素保持不变的情况下，选择具有较高马克隆值的纤维可以生产出更坚固的针刺织物。最近的研究表明，H1针刺技术随着针区轮廓和轮廓的变化而变化，有助于改善棉质非织造布的结构特征。这一发展除了允许以相对较少的针刺生产高质量的非织造布之外，还可以提高加工速度，从而降低生产成本。

4.6.4 层压棉非织造布

采用聚丙烯纺黏法生产了含棉量在40%~75%的棉面和棉芯非织造布。图4.2展示了在热黏合过程中引入棉/丙纶梳理纤维网与纺黏纤维网以生产热黏合复合纤维网的示意图。为了获得两面的棉表面，从下方引入另一个梳理网，对于棉芯非织造布，从顶部结合另一个纺成网。热黏合的两层或三层层压板柔软但结实，并且具有类似于棉针织或水刺缠结织物的手感。织物还具有出色的润湿性、芯吸率、吸水性和保水性。这些性能大部分接近传统的机织织物，但生产成本低得多。这些织物表现出最小的起绒特性，并且可以进行整理以赋予弹性。这项研究表明棉纤维/纤维网可以与其他合成纤维织网结合，生产出具有独特性能的非织造布。

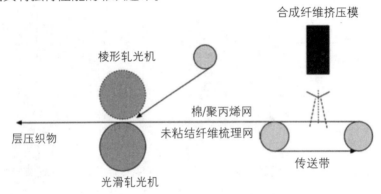

图4.2　使用纺黏机形成棉表面非织造布

4.6.5 模塑制品用含棉非织造布

棉花的天然手感、可生物降解性以及与黏合纤维的良好黏合性使其成为模塑复合材料的合适候选材料。简单地通过加热和加压即可成型预成型非织造纤维网。包含亚麻/红麻的天然纤维复合材料被广泛用于许多汽车模塑产品，这也显示其具有良好的隔热和隔音性能。棉具有与这些纤维相当的性能，并且除了价格较高外，它是最合适的选择。最新研究表明，棉花与亚麻或红麻混合使用时，可以生产出具有可接受的物理和隔音性能的成型产品。在这些研究中，人们使用了废旧或劣质棉，因此无需进行漂白，可降低纤维成本。另外，这是劣质棉纤维的另一个良好出口。此外，使用合适的可生物降解的热塑性黏合剂（例如PLA），可以生产出完全可生物降解/可降解的产品。这些产品也可以用其他纤维制成，且无需对该过程进行任何修改。这些成型的复合材料可以成为汽车以及家用电器中的良好绝缘材料。声学测量结果表明，天然纤维基非织造复合材料有助于提高组件的吸收性能，并可有效降低噪音。

4.6.6 棉非织造布的整理与处理

非织造黏合织物的整理可以分为化学、机械或热机械等方式。化学整理涉及化学试剂的应用，如在织物表面涂层或用化学添加剂或填料浸渍织物。机械整理涉及通过物理方式重新定向成形织物表面或附近的纤维来改变织物表面的纹理。热机械整理包括利用热和压力改变织物的尺寸或物理性能。一般来说，非织造布的整理分为干整理和湿整理。大多数整理操作适用于非织造布。为提高棉非织造布的性能，可以对其进行以下处理：

- 阻燃
- 抗菌
- 拒水
- 耐生物降解
- 染色 / 印花
- 交联（以提高耐洗性）
- 增强回弹性

棉非织造布可以像其他棉织物一样进行处理，以获得所需的性能或提高性能。非织造织物的整理可与成网和固结同时进行，或者作为单独的操作离线进行。

美国农业部位于新奥尔良的实验室正在对非织造织物整理进行大量研究，其中一个研究实例是对垂直铺网的高蓬松度非织造布进行单浴化学整理，以提高复合材料的阻燃性和物理弹性。高蓬松度非织造布是低密度织物，其特点是单位面积的厚度与质量之比高，这意味着高蓬松度，即包含相当大的空隙体积，它们通常由合成纤维制成。在高蓬松度非织造布中使用棉的主要问题在于棉的易燃性和缺乏弹性。Parikh 等开发了含有阻燃剂（i）磷酸二铵（DAP）/ 尿素，和（ii）DAP 和环状膦酸酯以及交联剂二甲基二羟乙基脲（二甲基二羟乙基脲）的整理配方。这两种配方都赋予非织造布高度易燃的高蓬松物阻燃性。然而，含有磷酸二铵 / 尿素的制剂是优选的，因为它成本较低。交联剂能有效提高抗压强度和恢复性。因此，后整理处理获得了阻燃且有弹性的平织棉混纺高纤维，这对于床垫中使用的棉纤维非常重要。

伤口敷料需要高吸收性和保持水分的能力。羧基甲基化被证明在生产高度可溶胀、保水的棉纤维时非常有效，且没有任何强度损失。羧甲基化通过使用 90/10 乙醇水在乙醇苛性碱和一氯乙酸中处理非织造布来完成。这样处理过的棉非织造产品是可灭菌的，并且适用于潮湿的敷料，尤其是烧伤创面。这种产品较传统使用的钙 / 海藻酸钠敷料便宜且具有竞争力。同样，棉质敷料很容易进行改性，以改善慢性伤口的愈合。此外，棉质非织造布也可用作涂层 / 层压产品的基材。

另一类整理是将成卷的货物转化为最终产品，这包括切割、纵切、折叠、应用各种化学品/试剂和包装。一些转换可以包括热熔、焊接和缝纫。对于一些产品（如湿巾），无纺布在包装中折叠后用洗剂浸渍。医疗和手术产品在产品转换后需要进行灭菌。灭菌可以是辐射型或使用环氧乙烷和蒸汽的灭菌。与许多其他类型的非织造布不同，棉非织造布在许多整理操作中易于处理。

棉纤维非织造布已经用于各种应用，增长潜力很大。消费者对棉花的需求也是有据可查的，但是由于非织造布不需要列出产品中的纤维含量，消费者通常不知道他们在购买什么。由于消费者对含棉产品的偏好，通过在纤维成分中添加棉花，这将有机会增加棉花市场份额。最近促使非织造布中棉花使用量增加的一些最新发展包括：

（1）棉短绒替代了传统的100％木浆纤维，用于生产一次性尿布和饥荒垫的吸湿芯，因为这可以改善某些性能并提高消费者的吸引力。

（2）棉花与红麻纤维混合，以提高柔软度和手感。

（3）Buckeye Technologies 开发了100％天然棉，用于棉塞制造。

（4）德克萨斯理工大学开发了一种用于人体和敏感设备去污的"柔性棉去污擦拭布"。

擦拭布是棉非织造布最大的应用领域之一。由于其高吸收性，良好的织物状结构，低掉毛趋势和高湿强度，水刺棉非织造布非常适合用于医疗和消费领域，也适用于计算机行业中用于清洁平版印刷版等的特殊应用。

水刺棉也可用作半耐用的床单、餐巾和桌布，可以洗涤6~8次，没有任何问题。所获得的产品具有亚麻的外观和感觉，可以染色和印花，以获得特殊效果。棉毯、地毯和毛毯也是由针刺非织造布制成的。热黏合非织造布适用于覆盖料和其他保健产品，因此非织造布在许多领域都有应用。面临的挑战是如何通过选择合适的纤维和制造方法使它们具有经济竞争力。

尽管目前棉花在非织造布中所占的份额很小，但是在这个不断增长的面料领域中，棉花有着光明的前景。卫生和其他吸收性产品是漂白棉纤维的主要市场。原棉可用于许多产品，如可模压复合材料、家具和床上用品，以及用于通过水刺工艺生产的多种产品。棉的吸收性、高湿强度和透气性使许多产品具有天然优势。纤维的生物可降解性及其可再生资源使其成为使用环境安全的产品。棉非织造布可通过自然降解条件进行回收、再利用或处理。棉花是一种易于再生的资源，具有长期的供应保证。为改善漂白过程和针刺、水刺等非织造布制造工艺而开展的广泛研究使棉质非织造布更加经济。棉花在非织造布中的份额将继续增加，因为消费者更偏好含棉产品。创新是生产具有优异性能的竞争性产品的关键，这将增加棉花在不断增长的非织造布行业中的份额。

参考文献：

[1] 陶丽珍, 席梅花. 有机棉针织面料服用性能研究 [J]. 现代纺织技术，2008，16（2）：11-12。

[2] 袁传刚, 赵强. 有机棉纺纱实践及其纱线性能分析 [J]. 山东纺织科技，2007，48（6）：29-31

[3] 董瑛. 有机棉纺织品前处理的技术要求 [J]. 印染,2010（1）:39-41

[4] Matthew Wheeland.Wal-Mart, Nike,H&M Among Biggest Purchasers in Booming Organic Cotton Market.2009-4-1.http://www.greenbiz.com

[5] International Working Group on Global Organic Textile Standard.Global Organic Textile Standard,Version 2.0.2008- 6.

[6] Lynn S.Coody,The Organic Trade Association,American Organic Standards - Fiber: Post Harvest Handling,Processing,Record Keeping & Labeling,Version 6.14.2003.

[7] Soil Association organic standards for processors,Revision 16.2009.

[8] GB/T 19630.1-2005. 有机产品 - 第 1 部分：生产 [S].2005-01-19.

[9] 万震, 宣定波, 唐国军等. 有机棉的漂染加工及相关 GOTS 认证 [J]. 针织工业,2011（3）:48-50

[10] 杨明霞, 孔繁荣, 陈莉娜. 有机棉针织物的性能分析 [J]. 河南工程学院学报（自然科学版），2013（2）:5-8.

[11] 邹清云, 杨明霞. 有机棉染整工艺研究 [J]. 上海纺织科技 2013,41（9）:17-19.

[12] 孔繁荣, 陈莉娜. 有机棉紧密纺纱线的生产实践 [J]. 山东纺织科技，2014（2）:16-18.

[13] 徐德全, 郑春玲, 程哲琼, 等. 我国有机纺织品标准认证的探讨 [J]. 纺织器材,2024,51(2):65-68.

[14] Mesdan 有关棉花粘性测试及有机棉筛选的论述 [J]. 纺织导报,2023(6):8.

[15] 张赛, 张梅, 窦梅冉, 等. 有机棉暖姜纤维金黄连纤维喷气涡流纱的生产 [J]. 棉纺织技术,2021,49(10):55-58.

[16] 李星月, 胡澈川. 环保材料在多功能服装上的设计研究 [J]. 轻纺工业与技术,2021,50(9):69-70.

[17] 张纪兵, 杨凡, 熊伟. 不同国家有机棉质量对比分析 [J]. 纺织器材,2021,48(4):61-64.

第5章 有机棉天然植物染料染色工艺

　　有机棉在生长期间不施用化学药品或者杀虫剂，加工过程也不得使用化学物品。那么，一个天然的白色显然无法满足消费者的需要。合成染料和助剂是无法使用的，这样会违背有机棉的天然属性。这个难题正困扰着大多数企业，如不能解决色彩多样化的问题，有机棉的发展将大大受到阻碍。

　　有机棉的市场发展空间巨大，但目前需要解决的核心难题就是染色！各国的同行都在投入巨资进行研发。真正门当户对的只有使用有机染料，也就是纯天然的植物染料对有机棉染色才是最合适的。

　　有机植物染料是以大自然中自然生长的植物为提取源制作成的天然有机染料，染色过程中不使用化学助剂，生产的全过程无污染，产品自然柔和，符合有机生态环保要求。

　　为了保证有机棉的纯天然属性，各国都在加工时使用天然染料，现在有20多个国家加入了竞争的行列。

　　中国是纺织大国，但一直不是纺织强国。面对巨大的利润蛋糕，中国企业难道不愿意分其中一块？曾几何时，在染色领域，中国曾经是纺织大国，也是纺织强国，中国的天然植物染色曾经影响了世界很多年，有着无与伦比的优势。随着中国开放多年，国外很多的纺织品、服装企业纷纷在中国进货或者开厂，他们继续要在中国境内做到成品出口，若有机棉染色在中国无法进行，对他们来说，将增加很大一笔费用；对中国企业来说，将失去一大笔订单和利润。这是双方都不愿意看到的。

　　有机棉是环保纺织品。由于具有纯天然的特色而受到业内人士和消费者的追捧。然而目前市面上所出售的有机棉产品，只能以一个本色出现，能否有更多的颜色使有机棉产品色彩更丰富呢？这个问题一直以来困扰着业内人士，也是目前有机棉产品很难在市场上销售的一个严重问题。不解决这个问题，有机棉会重蹈彩棉覆辙。染料及其天然染色染色技术是有机棉产业无法回避，且必须解决的核心技术。

　　染料大体上只有两大类：合成染料和天然染料。后者已经失传近200年，前者是目前使用最多的染料，几乎占有99%以上的份额。但是不能使用在有机棉上。假如使用化学染料对有机棉染色，就不能称之为"有机棉"。

　　使用天然染料（主要是植物染料）染色古已有之。这类染料最适合用于有机棉染色。

　　植物染料取材于大自然自然生长的植物（部分是种植），本身就是有机成分，也称有机染料。这是一种宽泛的说法，严格说来，真正意义上的有机染料还需要自然有机的环境，这个很难做到，加上成本极高，数量甚少，无法满足有机棉染色的需要。因此目前我们使用的植物染料只能说是天然有机的，但还没有完全做到按照国际有机标准的条件。

5.1 天然植物染料的定义、分类与色谱

5.1.1 天然植物染料的定义及特点

5.1.1.1. 天然染料的定义

天然染料是指提炼自植物，耐久不褪色的有色物质。色素普遍存在于植物体内，如胡萝卜素、叶绿素等。在花和果实中，鲜艳的色彩使人很容易察觉到这些色素的存在，但有一些重要的植物染料，并不是那么显著的。例如：它们可能是存在于树皮中一些构造复杂的化学物质，甚至必须借助媒染剂的作用才能显色。大部分的植物色素都很容易分解、消失，只有一些能耐久不被氧化的，才能做为染料。

在古老的年代，天然染料一直扮演着很重要的角色，从衣服、食品到工具、艺品，甚至是佩戴的装饰品，都少不了天然染料的参与。然而由于取材与染法繁复等实用方面难以克服的缺点，因此化学染料被发明之后，天然染料就被取代。但是化学染料使用到今天，毒性与污染问题的渐渐突显，这唤起人们重新对具有健康、安全、自然等特点的天然染料的关注。

5.1.1.2 天然染料的特点

天然染料的原料取自大自然，是一种最自然的染色方法。使用天然染料染色不仅可以减少染料对人体的危害，充分利用天然可再生资源，而且可以大大减少染色废水的毒性，有利于减少污水处理负担，保护环境。经植物染料染色的织物，颜色古朴自然，色彩高雅柔和。

此外，植物沉静柔和且富有安定力的气质，加上许多染料植物亦兼具中药的功能性，使得植物所染出的颜色具有独特的出众魅力。如染蓝色的染草具有杀菌解毒、止血消肿的功效；染黄色的艾草，在民间是趋吉避凶的护身符；其他如苏枋、红花、紫草、洋葱等染料植物，也都是民间常用的药材。这些兼具药草与染料身份的植物，能使染料具有杀菌、防皮肤病等特殊功能。也正因为原料取自于大自然，受地域、土壤、气候等影响，即使在相同时节所萃取出的染液亦没有绝对精准的重复，每分每秒也都呈现着不同的色泽变化，这正是植物染料最大的特色。天然染料染色主要针对天然纤维，而天然纤维与天然染料几乎是同宗同根，有较好的亲和作用。

不同天然染料有不同的取用部位，有些植物甚至在不同部位就可染出不同颜色，例如：苏木的根可染黄，芯材可染红，荚果可染黑；薯豆的叶可染黄褐色，树皮可染黑色，栾树的树叶可染黑色，花朵可染黄色；红花甚至同时具有红、黄两种色素。同一种染

材因取材时间的不同，色相也会有所不同，因此植物染色应是最具有个性化色彩的染色方式。

植物染料缺陷也是存在的，与化学合成染料相比，天然染料须要较长的制取时间。需先种植、收集，再将色素提炼出来，较费时，成本较高；主要是植物原料成本、萃取成本；染色方法也较繁复，绝大多中需要借助媒染剂，不同染色性质的染料拼色需要进行套染；着色较差。染深色需要进行多次复染；天然染料染出的色泽不如合成染料鲜艳。

5.1.2 天然植物染料的发展史

中国利用天然染料染色的历史很长，可以追溯到距今五万年到十万年的旧石器时代。据考古研究结果，北京山顶洞人文化遗址中发现的石制项链，已用矿物质颜料染成了红色；早在六、七千年前的新石器时代，我们的祖先就能够用赤铁矿粉末将麻布染成红色；居住在青海柴达木盆地诺木洪地区的原始部落，能把毛线染成黄、红、褐、蓝等色，织出带有色彩条纹的毛布。1981 年新疆巴里坤哈萨克族自治县的南弯，在相当于商周时期的古墓里，挖掘到的古铜镜、铜斧上，就沾附着绛紫色菱纹绮残片。而根据长沙马王堆一号和三号墓出土文物考古研究发现，上色的丝制品使用的染料大部分是植物性染料。

5.1.2.1 商周时期

从商周时期开始，关于染色的文献记载开始较为明朗与丰富。在西周时代，周公旦摄政时期，政府机构中设有天官、地官、春官、夏官、秋官、冬官等六官。在天官下，就设有"染人"的职务，专门负责染色的工作；另外在地官下，设有专管收集染色材料的官员。如在"周礼"上记载着管理征敛植物染料的"掌染草"和负责染丝、染帛的"染人"等的官职。商周时期，使用的染草主要有蓝草、茜草、紫草、荩草、皂斗等。

在周朝时的黑色、赭色、青色大致上是一般百姓或劳动者所穿着衣服的色彩，这些色相的染料大都坚牢度较高，且染色过程不困难，素材取得也较容易。贵族的衣着色彩则更为丰富，其中以朱砂染成的朱红色最为高贵与受欢迎，这是因为朱砂的取得较不容易导致稀少，价格昂贵，只有特殊的阶层才负担得起，具有阶级的标示作用。其他如较明亮的色彩、较容易弄脏的色彩，如黄色也是贵族喜欢使用的服装色彩之一。

5.1.2.2 春秋战国时期

春秋战国时代使用天然植物染料的记载，可以从"荀子"的《劝学》、《王制》、《正论》中所提到的色彩相关叙述得到印证。如荀子《劝学篇》："青取之于蓝而青于蓝"，"礼记"《玉藻篇》："玄冠朱组缨，天子之冠也，玄冠丹组缨，诸侯之斋冠也"。在《周礼·夏官》中也有记载着当时掌管天子的衮冕、鷩冕、毳冕、希冕、玄冕等五冕，其颜色都是"玄冕朱里"，外表是玄色，里子是朱色；以"玉笄朱纮"系住，纮是系帽子的带子，"朱纮"即指红色的帽带，可见朱色是天子专用的色彩。其它《尚书》、《考工记》、《尔雅·释器》等文献均有关于染色的记载。

近年，陆续出土的许多遗物中不乏战国时期的丝织品。湖北马山楚墓中出土的不少丝织品展现了战国时期染色的水平。如经锦的锦面采用 经丝分区法布色，即先把经丝分别染成不同颜色按条纹状排列，再上机织造显示花纹。1957 年在长沙左家塘战国墓也出土过同类丝锦，这些都是涂料染色织锦的较早标本。汉墓中还出土了不少的丝绣品，图案用色也比较复杂多变，尤其在明暗色调对比方面见出长处。经仔细看，发现颜色至少还有八九种之多，如深蓝、棕绿、灰绿、蛋青、紫红、深褐、金黄、粉黄等，其中以蓝、紫、褐诸色保存得最好，在染色 工艺上必然相当讲究，至今还显得深沉明快旧里透新。（见图 5.1~ 图 5.4）

图 5.1 龙纹纹绣（战国）　图 5.2 凤鸟花卉纹绣（战国）　图 5.3 罗地龙凤虎纹绣　图 5.4 罗地龙凤虎纹绣

图片来源：马山一号墓出土丝织品

5.1.2.3　秦汉时期

秦朝所使用的植物性染料，有蓼蓝、马蓝、茜草、荩草、 紫草、鼠尾草。从新疆近年出土的遗物中发现，如 1985 年新疆且末扎洪鲁克古墓出土的毛织品，就仍然保有杏黄、石蓝、深棕、绛紫等色彩。汉代的色彩可以从出土的织锦中得知当时的色彩使用更是丰富，《急就篇》中就出现有缥、绿、皂、紫、绀、缙、红、青、素等的色彩词；《后汉书》中"舆服志"载有："通天冠， 其服为深衣制。随五时色 ……"，"窦审传"也有"玄甲耀日，朱旗绛天"的描述。秦汉时期开始出现有防染技术，这一时期西南一些少数民族地区首先出现了用蜡做防染剂的染花方法。当时多用靛蓝，又有少量紫色、红色。上染之后去掉蜡纹即呈现白色花纹，得到了蓝底白花或色底白花的花布。古代称其为"阑干斑布"，现代称之"蜡染花布"。

5.1.2.4　唐宋时期

从《唐六典》关于诸道贡赋记载就可以知诸道织绫局生产了千百种色彩华美的绫罗锦缎、毛织物和百余种植物纤维加工精织的纺织品。在唐朝亦设有"染院"，专司染色工作。在皇宫内的建筑中，也有一个专给染色用的"暴室"，位在未央宫的西北处。官服也严密的规定，三品以上是穿紫色，四品、五品穿红色，六品、七品穿绿色，七品以下穿青 色。皇帝的黄色是以柘木（ 一说是黄栌）染成的。在实际的证物方面，从新疆吐鲁番古墓就出土的许多织物中可以看出隋唐时期即已经出现印染的染色技巧，色彩也有二十多种。根据"唐六典"第 22 卷的记载，唐代的染色工坊有六处，分别专门染青、绛、黄、白、皂、紫。由此更可看出唐代的染色已经到达了相当的规模。"唐六典"第 22 卷里也有："凡染，大抵以草木而成，有以花叶，有已茎实，有以根皮。出有方土，采以时月。"所用的染料大致上是以植物性染料为主。

唐代的印染技术全面发展而且成就斐然，这时的绞缬、夹缬、蜡缬都出现了惊人之 作。套染，多重色彩的套印，手绘都开始发展。除缬的数量、质量都有所提高外，还出 现了了一些新的印染工艺，如凸版拓印、用碱作为拔染剂印花；用胶粉浆作为防染剂印 花，还有用镂空纸板印成的大族折枝两色印花罗。唐代的粉浆镂空版防染染花法，无疑 曾接受了新疆地区兄弟民族的经验。这种印染品宋代叫"药斑布"，唯其版模更精细， 调浆技术也有改进， 这就是"灰缬"。在甘肃敦煌出土了唐代用凸版拓印的团果对禽纹绢，这是自东汉以后隐没了的凸版印花技术的再现（见图 5.5~ 图 5.9 ）。

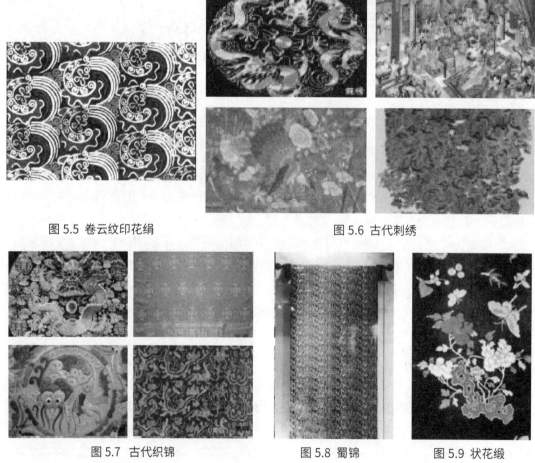

图 5.5 卷云纹印花绢   图 5.6 古代刺绣

图 5.7 古代织锦   图 5.8 蜀锦   图 5.9 状花缎

宋朝的染色记载，方以智在"通雅. 第三十七卷"里所引述送人的文献说： "仁宗晚年（10 世纪 60 年代）京师染紫，变其色而加重，先染作青，徐以紫草加染，谓之油紫。……淳熙中（12 世纪 80 年代）北方染紫极鲜明，中国（按：指南宋）效之，目为北紫。盖不先着青，而改绯为脚（为脚是打底的意思），用紫草少，诚可夺朱……。"

5.1.2.5 明清时期

明朝的染织业大都是集中在芜湖一带。关于染色方面的记载也存在于许多资料中。如明朝宋应星所著的《天工开物》一书之"彰施第三"与"丹青第十六"中，记录着与色彩有关的信息。"彰施第三"里的内容是叙述着与染色有关的部份，"丹青第十六"是有关绘画中的色彩。如"彰施第三"的首篇之大红色，详细地记录下当时候如何做工以染出大红色的纲要，以红花饼，用乌梅水煎出，再应用碱水媒染数次；不用碱水的话，也可以用稻草灰来取代碱。染的次数越多，色泽越鲜艳。紫色则是用苏木来染，明矾作为媒染剂。大红官绿色是以槐花煎水，再以蓝靛染上。蛋青色用黄檗水染再入靛缸，玄色用靛水、芦木、杨梅皮分煎，包头青色使用栗壳或莲子壳加上铁砂皂青矾等。可以看出古代中国的衣服色彩都是从植物中得到的，媒染剂也是以稻草灰与碱水或明矾居多。

另外，"明会典，织造条"里所记载的明代用来染色的染料有苏木、黄丹、明矾、栀子、靛子、槐花、乌梅、炼碱、木紫、茜草等，这里面包含了作为媒染剂的明矾、乌梅、炼碱等。明代尚有一本与染色有关的参考性书籍《本草纲目》，虽然是本药书，但对各式各样的植物特性有着详细的描述，也有许多可以作为染色植物的附带记载。这些植物既是中药材料，也是染色的原料。明代的染色生产活动除皇家专设"蓝靛所"为封建统治阶级服务外，在民间也开设各种私家染坊，仅苏州一地就有染匠几千人（《明万历实录》卷三百六十一），染坊中又有蓝坊、红坊、红漂坊、杂色坊等不同分工。明代的云锦已经达到登峰造极的地步（见图 5.10）。

图 5.10 云锦

"天工开物"中与染色有关的篇幅中出现的染色方法有二十多种。在蓝色方面，记录着茶蓝、蓼蓝、马蓝、吴蓝、苋蓝等的不同蓝色染料的名称。明代官方设有颜料局，掌管颜料。用于制作染料的植物已达几十种。清代少数民族 地区的各种印染艺术逐渐形成独特风格，做工精细，蜡纹纹密。

5.1.3　天然植物染料的种类

5.1.3.1　按化学结构分类

天然植物染料有多种化学结构，按化学组成主要分为以下几类，如表 5.1 所示。

表 5.1　天然染料化学结构分类

序号	类别	天然染料
1	类胡萝卜素类	栀子黄
2	类黄酮类	槐花黄、青茅草黄、杨梅黄、红花红、紫杉红等
3	醌类	大黄黄、茜草根红、紫草紫等
4	多酚类	石榴根黑、槟榔子黑、棕儿茶树皮黑、栗树皮黑、杨梅树皮黑等
5	二酮类	姜黄素
6	吲哚类	靛靛蓝
7	生物碱类	黄柏
8	叶绿素类	大多数绿色植物

5.1.3.2 按染色性质分类

按天然染料的染色性质，将其分为以下几类，见表5.2。

表 5.2 天然染料染色性质分类

序号	类别	天然染料
1	还原型	马蓝、蓼蓝、木蓝、菘蓝等
2	直接型	栀子、姜黄、茶叶等
3	媒染型	苏木、茜草、石榴皮、茶叶、杨梅等
4	阳离子型	黄檗、黄连等
5	其他型	大黄等

5.1.3.3 按来源分类

（1）茶叶类染料

中国是茶的故乡。茶是中国对人类以及世界文明所作的重要贡献之一。中国是茶树的原产地，是最早发现和利用茶叶的国家。茶业和茶文化是由茶的饮用开始的。几千年来，随着饮茶风习不断深入中国人民的生活，茶文化在我国悠久的民族文化长河中不断丰厚和发展起来，成为东方传统文化的瑰宝。近代茶文化又以其独特的风采，丰富了世界文化。我国根据制造方法的不同和品质上的差异，将茶叶分为绿茶、红茶、乌龙茶（青茶）、白茶、黄茶、黑茶六大类。其中绿茶又分为炒青、烘青、晒青、蒸青，红茶分为工夫红茶、小种红茶、红碎茶三种，乌龙茶分为闽南乌龙、闽北乌龙、广东乌龙、台湾乌龙，白茶分为白芽茶、白叶茶，黄茶分为黄芽茶、黄小茶、黄大茶，黑茶分为湖南黑茶、湖北老青茶、四川边茶、滇桂黑茶。

中国茶叶种植面积广，产量大，在茶叶的制作环节中产生的茶叶副产品相当可观，将这些副产品和一些低档茶叶用于茶叶色素的提取可以提高茶叶的经济价值，合理开发和利用自然资源。

作为饮料使用的部分基本上仅仅是茶树枝叶顶端的少量叶片，大量的茶叶、茶梗没有得到充分的利用，加上采摘和加工过程中先处理掉的老叶、茶果壳、粗茶梗，以及加工过程中产生的茶末；存放时间长变质，变味的茶叶，冲泡过的茶渣等都可以提取色素作为染料使用。

对茶染料提取和染色的考察结果显示：几乎所有茶类均可使用，仅是不同茶类染色后的色泽、色相、色光有不同而已。相对而言，发酵时间长的茶叶染色后的效果更佳。

可以说，茶染料不缺资源，是一个尚未开垦的巨大天然染料宝库，做到物尽其用，色尽其美。

除了本来意义上的茶叶品种以外，一些本来不属于茶叶类的也进入了茶类，如加入花草的花草茶；原本属于中药类的决明子，绞股蓝，马鞭草、苦丁等。属于花卉类的玫瑰，菊花、洋甘菊、金银花、扶桑花、千日红等，还有食品类的大麦茶等均可以作为茶染料使用。

油茶是全球四大木本用油料之一，是我国得天独厚的自然资源，据统计，我国油茶种植面积有 36.67 万 m^2，每年产油 15 亿公斤，这将带来 100 多亿公斤的油茶果壳。油茶果壳具有很高的综合利用价值，由于油茶果壳中木质素和多缩戊糖的含量较高，因此针对油茶果壳的利用研究目前还集中在糠醛、活性炭、茶皂素与木糖醇的制备上，而油茶果壳含有的色素成分尚未得到有效的开发。

（2）花卉类染料

花卉类的染料（见图 5.11）不仅是指花朵，还是包含花朵的整株植物。花朵看似艳丽，色彩浓郁，但不一定都能作为染料使用。因为大部分的花朵所含的成分是花青素，在高温萃取时容易被分解，丧失色素。

花朵如万寿菊、栀子花、槐米、石榴花等可以作为染料，其他更多花卉的果实、枝叶，根皮等也可以作为染料使用，且使用的频率颇高。

图 5.11　花卉类染料

（3）水果类染料

水果类染料也是天然染料的主要来源。其色素大多在果壳，也有的是在树根、树皮、树枝和树叶里，完全可以用做染料的原材料。常见的有核桃壳、石榴皮、柿子果实和树叶、杨梅枝叶、蓝莓等（见图 5.12）。

（4）蔬菜类染料

部分蔬菜可以用作染料，有些不是食用部分，如丝瓜叶、洋葱皮、红薯叶等。有些药食两用的如紫苏也可作为染料使用（见图 5.13）。

图 5.12　水果类染料　　　　　　　　图 5.13　蔬菜类染料

（5）中药类染料

这是植物染料选材最多的来源。绝大多数中药可以用做植物染料。当然根据性价比的原则来挑选材料才是合理的。需要注意的是，由于原材料的产地不同，收购或采集时间的不同，色素会有很大的不同，提取的时间、方法都有所不同，染色结果会有较大的差异。常用的中药类染料很多，如黄色的大黄、黄芩、郁金，红色的藏红花，蓝色的青黛，黑色的五倍子等（见图 5.14）。

图 5.14 中药类染料

（6）其他植物染料

木本植物类染料包括树皮、树根、树枝、树叶、心材，只要是含有色素并能用于纺织品染色的材料都可以使用。但不能以破环生态为代价。比如不能对正在生长期的树木进行砍伐，而应该以砍伐后的树木进行分类，如按树皮、树根、树枝进行收集，每年正常修剪的枝叶也可以用来做染材。常见的有：苏木、柘木、黄栌的心材；杜英、樟树、女贞子树叶等。灌木类的很多植物也是不错的染料来源，如荆条等（见图 5.15）。

图 5.15 木本类染料

草本植物类：除了正常种植的草外，野生的杂草应该作为首选。如葎草、荩草、飞机草、狼尾草、灰菜等。这类野草来源丰富，不会破坏生态资源。真正做到：变废为宝，变害为宝（见图5.16）。

图 5.16 草本类染料

水生植物类：荷叶，莲房，芦苇等都是不错的染料。

5.1.3.4 古文献中植物染料的种类

中国古代的一些农业书和工艺书上、都有关于染料和染色法的记载。《唐六典》有言"染大抵以草木而成，有以花叶，有以茎实，有以根皮，出有方土，采以时月。"公元533-534年贾恩勰著的《齐民要术》中有关于种植染料植物和萃取染料加工过程，如"杀双花法"和"造靛法"所制成的染料可以长期使用。

《考工记·慌氏》中记述了"暴练"的操作工艺，对于丝织物，暴练的时候要"以栏为灰，渥淳其帛"，再"实诸泽器，淫之以蜃"，反覆处理七昼夜。其中，涚水和栏（jiàn）灰都是富含碱性的植物灰汁（碳酸钾等），栏灰就是楝木烧成的灰，而蜃是用贝壳煅烧出来的碱性更强的生石灰（氧化钙）。丝线和丝织物经过反覆碱性灰汁或灰处理以后，就把纤维外面的大部分丝胶除去，有利于染色。织物染前的预处理——"暴练"大都在春季进行（"春暴练"），以后便开始了大规模的"夏熏玄，秋染夏"

栀子是我国古代中原地区应用最广泛的直接染料，《史记》中就有"千亩巵茜，……此其人皆与千户侯等"的记载，可见秦汉时期采用栀子染色是很盛行的。栀子中主要成分是栀子苷。这是一种黄色素，可以直接染着于天然纤维上。

富含小檗碱的黄檗树的芯材，经过煎煮以后，也可以直接染丝帛。《齐民要术》中就曾经记述黄檗的栽培和印染用途（见图5.17，图5.18）。

图 5.17　黄柏　　　　　　　　　　　　图 5.18　黄柏皮

　　茜草是我国古代文字记载中最早出现的媒染植物染料之一,《诗经》曾经描述茜草种植的情况(《郑风·东门之墠》中有"茹在阪","茹"就是茜草),并且讲到用茜染的衣物(《郑风·出其东门》:"缟衣茹")。茜根中含有呈红色的茜素,它不能直接在纤维上着色,必须用媒染剂才可以生成不溶性色淀而固着于纤维上。古代所用媒染剂大多是含钙铝比较多的明矾(白矾),它和茜素会产生鲜亮绯红的色淀,具有良好的耐洗性。在长沙马王堆一号汉墓中出土的深红绢和长寿绣袍底色,都是用茜素和含铝钙的媒染剂染的。可以媒染染红的除茜草外,还有《唐本草》记载的苏枋木,它也是古代主要媒染植物染料。这种在我国古代两广和台湾等地盛产的乔木树材中,含有"巴西苏木精"红色素,它和茜素一样用铝盐发色就呈赤红色(见图 5.19)。

　　《尔雅》中的"藐茈"(紫草)(见图 5.20)是古代染紫色用的媒染染料。紫草根中含有紫草素。可以染黄的媒染植物染料更多。如荩草中含有木樨草素,可以媒染出带绿光的亮黄色,古代将用荩草(古时称作蓝(lì)草)染成的"蓝绶"作为官员的佩饰物。又如栌和柘,"其木染黄赤色,谓之柘黄。"(《本草纲目》)。槐树的花蕾——槐米,也是古代染黄的重要媒染染料。桑树皮"煮汁,可染褐色久不落。"(《食疗本草》《雷公炮炙论》)。栌和柘木中含的色素叫非瑟酮,染出的织物在日光下呈带红光的黄色,在烛光下呈光辉的赤色,这种神秘性光照色差,使它成为古代最高贵的服色染料,《唐六典》记"自隋文帝制柘黄袍以听朝,至今遂以为市。"到明代也是"天子所服"。这一服式制度以后也传到了日本。

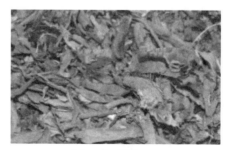

图 5.19　茜草根　　　　　　　　　　　图 5.20　紫草

栎树（就是橡树），在《诗经》中称作"朴樕"，见《召南·野有死麕》，它和我国特产的五倍子都含有焦桔酚单宁质；柿子、冬青叶等含有儿茶酚单宁质。单宁质直接用来染织物呈淡黄色，但是和铁盐作用呈黑色。《荀子·劝学篇》中有"白沙在涅，与之俱黑。"涅就是硫酸亚铁（古时又称青矾、绿矾、皂矾），用单宁染过的织物再用青矾媒染，就会"与之俱黑"。黑色在古代大都作为平民服色，到秦汉时期"衣服旄旌节旗皆上黑"（《史记·秦始皇本纪》）。以后染黑所需的铁媒染剂数量越来越多，到公元六世纪前后，我国劳动人民更是人工制造铁媒染剂。含单宁的植物如鼠尾草、乌桕叶等也是古代有文字记载可以染黑的原料。

《诗经小雅·采绿》中的"终朝采蓝，不盈一襜"的蓝草，就是天然还原氧化染料。蓝草中含有靛苷，经水浸渍以后可以染着织物，再经空气氧化成蓝色的靛蓝。

红花，是古代可以染红的植物染料之一。秦汉时期，就有"种红蓝花以为业"的人。红蓝花是就红花，含有叫红花苷的红色素和一种黄色素，红花苷可用碱液从红花里浸出，再加酸就呈带有荧光的红色。《齐民要术》中曾经详细地叙述了从红花中浸渍和萃取染料的复杂的物理化学过程。当时用的酸是"粟饭浆水"和"醋石榴"等有机酸。《天工开物》中又增添乌梅作发色剂。石榴和乌梅中的有机酸是多元酸，发色效果比"粟饭浆水"中的醋酸（一元酸）要好，中和的时候既沉淀快又颜色纯正。用红花染过的织物，如果要剥掉原来的红色，只要"浸湿所染帛"，用碱性的稻灰水滴上几十滴，织物上的"红一毫收转"。洗下来的红水也不丢弃，"藏于绿豆粉内"，以后需要的时候还可以再释放出来染红，"半滴不耗"（见图5.21）。

图 5.21 红花

5.1.4 天然植物染料的色谱

天然植物染料可按色谱色相即经天然染料染色后纺织品的颜色对天然染料进行分类。如下：

红色系的植物染料：茜草、红花、苏木等。

黄色系的植物染料：有栀子、槐花、姜黄等。

蓝色系的植物染料：蓼蓝、菘蓝、木蓝、马蓝等，

紫色系的植物染料：紫草、紫檀（青龙木）、野苋、落葵等。

绿色系植物染料：冻绿及含叶绿素的植物、蔬菜。

棕色系的植物染料：有茶叶、杨梅栎木、栗子果皮、胡桃、水冬瓜等。

灰色与黑色素的植物：菱、五倍子、盐肤木、柯树、槲叶（槲若），漆大姑、钩

吻（野葛）、化香树、乌桕、菰等。主要是利用鞣质植物染料在纤维上经过媒染生成灰、黑色系。

植物染料的染色与化学合成染色不同，不是一种染料染一种颜色，而是可以两个及两个以上的染料进行拼色、套色，可以染出多个颜色；还有就是同样一个染料，使用媒染剂的不同，染色工艺的不同产生更多的颜色来。

5.1.5 功能性植物整理剂

由于有机棉的特殊性，有机染整是生态纺织品的最高要求。化学助剂是无法用在有机棉整理上的。尽管有关厂家也开发了一些环保的助剂，但依然违背了"有机棉"的原则。故有机棉的生产应当尽量避开使用化学合成整理剂。目前植物性的整理剂研究和开发接近空白，有待于后续的研究。

5.1.5.1 天然抗菌剂

目前使用的很多植物染料本身就是中药，自带有抗菌功能，如青黛、黄檗、石榴皮等。根据产品需要适当调整比例，也能达到抗菌的要求。

天然化合物中的壳聚糖，它的LD50为1,500 mg/kg，属无毒，无变异性，有良好活性和抗菌性，若季铵化则制成耐久性抗菌剂，属于动物类天然化合物；另外，也有植物类天然化合物，代表性的产品是桧柏提取物即桧柏油，它本身无毒，LD50为119 mg/kg，对皮肤无刺激性，含有活性成分桧醇或斧柏烯等，有一定杀菌作用。这些新抗菌整理剂大多具有广谱抗菌作用，抗菌效率高、对人体安全无害、抗菌效果持久。天然植物染料的自带抗菌性会有有更多的亮点。

仅以我们使用的部分植物染料为例进行说明：

（1）茶叶。

茶叶中含有多种化学成分，主要有多酚类化合物，生物碱（咖啡碱）、儿茶素等。研究表明，儿茶素对链球菌、金黄色葡萄球菌等微生物有抑制作用。它还能抑制酪氨酸脱羧酶的活性。此外，它还有许多药用功能，如抗病毒、杀真菌、解毒抗癌等。日本"敷纺"公司从天然茶叶中提取儿茶素处理加工棉织物，加工出具有高抗菌防臭功能的产品"切巴夫兰秀"；"大和纺"公司也用这种儿茶素来处理加工出具有防臭抗菌功能的棉制品"卡坦库林"。

（2）石榴果皮。

石榴为石榴科落叶灌木，原产伊朗。果皮可入药，其萃取物有抑制胶原酶活性，可开发消费性能高的生态学抗菌织物，并且其色素成分既可作为棉织品的直接染料用，又可用作抗菌整理。日本都立卫生研究所的试验结果表明，染料质量分数在50%（按织物质量）以上，石榴染色具备符合卫生加工协会评定标准的抗菌力和耐久性。此外，在染色牢度方面符合 JIS 浴用毛巾的染色牢度标准。因此，日本正在把石榴 作为不污染环境的生态学抗菌整理剂来开发。

（3）艾蒿。

艾蒿是一种菌科多年生草本植物，它的主要成分有 1,8- 桉树脑，α - 守酮、乙酰胆碱、胆碱等，具有抗菌消炎、抗过敏和促进血液循环作用。日本 Unitika 公司的 Evercare 产品就是由艾蒿的提取物吸附在多孔的微胶囊状无机物中制成的。日本还有用艾蒿染色的织物，用以加工制成患特异反应性皮炎患者的睡衣裤。

（4）紫草。

紫草是紫草科多年生草本植物，《本草纲目》云：“紫草，其功长于凉血，利大小肠，故豆疹欲出 未出，血热毒盛，大便闭涩者宜用之。”中医常用紫 草治疗热疮、胎毒、便秘、尿血等热毒症。现代医学 证明，紫草有抗菌消炎、抗病毒、抗肿瘤等多种药理作用，临床用于治疗急慢性肝炎，肺结核、皮炎、湿 疹、银屑病等症，疗效显著。

紫草醌为亮红色，乙酰紫草醌为紫红色，如采用紫草染色的服装面料做成老年人内衣裤，有利于老年人皮肤的卫生保健。类似的还有茜草、苏木等媒染型有抗菌效果的植物染料。

（5）蓝草。

马蓝（图 5.22），爵床科多年生草本植物，化学成分主要为靛甙，存在于叶、茎之中，用发酵法制取靛甙（图 5.23）。马蓝的叶子也可作为大青叶入药，功效与蓼蓝、菘蓝相近。马蓝根入药称“南板蓝根”，与菘蓝根制做的 “北板蓝根”药用功能相同。中医认为大青叶具有清 热、解毒，凉血的功用，可用于治疗口疮、伤风、丹毒等。现代医学证实大青叶对多种痢疾杆菌及脑膜炎球菌有极强的杀灭作用，疗效显著且不产生病菌抗 药性。板蓝根与大青叶药用价值相近。

图 5.22 马蓝 　　　　　　　　　　　　图 5.23 蓝靛泥

各种蓝草的叶、根、茎可以入药，靛蓝染料本身也是一味中药。《本草纲目》曰：“淀乃蓝与石灰作 成，其气味与蓝稍有不同，而其止血拔毒杀虫之功，似胜于蓝。”马蓝为我国西南苗、瑶、侗等少数民族 常用的制靛蓝草，瑶族还有一支名曰"蓝靛瑶"的商人，专以种植马蓝制靛为生。这些少数民族常年生活在潮湿炎热的大山森林深处，一袭靛蓝染色的衣服可能是他们抵御疾病疮毒的最好保健服。

以上这些植物染料仅仅是九牛一毛，还有更多的植物染料等待我们去发现，去挖掘。我国植物资源丰富，古人开发利用药用植物 资源更是历史悠久；使用植物药的医方，汉方、秘方 更是历经千年检验。用现代科学技术挖掘和整理这 笔宝贵遗产，可以继续造福人类。随着科学技术的迅速发展，染整加工技术正 面临着许多变革，加速应用高新技术成果，将为纺织 品的染整加工开辟更广阔的领域，尤其是要求进行无公害的"绿色"加工，生产"清洁"的有利于健康的纺织品。

从自然古老的植物上萃取有效成分，将其功能转移到纤维、衣料、床上用品等纺织品上，可起到滋润皮肤、抗菌防臭的作用，有利于人的身心清新和健康延年。

5.1.5.2 防紫外整理剂

将黄柏、大黄和姜黄提取液进行复配，还可以开发具有广谱防紫外线功能的植物防紫外整理剂。以紫外线防护系数 UPF、紫外线 UVA 透过率 T（UVA）为评价指标进行回归分析，结果显示：黄柏和大黄对 UPF 值影响显著，且黄柏对 UPF 值的影响最大，而姜黄对 UPF 影响不显著；黄柏对 T（UVA）影响显著，大黄、姜黄对 T（UVA）影响不显著。最优配方为：黄柏 54.46%，大黄 42.36%，姜黄 3.18%。采用此配方整理后，织物的 UPF 值为 312.39，T（UVA）为 0.43%。

纺织品功能性整理是提高其附加价值的重要工序，除了使用量大的功能性整理剂外，还有抗静电整理剂、抗紫外线整理剂、防螨整理剂、抗滑移和抗起毛、起球整理剂以及特殊功能整理剂等，它们大多是化学合成的有机化合物，对生态纺织品来说同样有严格的生态要求，这就要求纺织行业和纺织化学品行业加紧开发对环境无污染、对生态无 害和对人体健康安全的新型低毒或无毒和耐久性的各种生态型功能性整理剂来取代禁用和限用的 功能性整理剂，才能不断提高我国纺织品的国际竞争力和市场占有率。

5.2 天然植物染料的制备

5.2.1 植物染料的采集和预处理

植物染料的原料都是来自植物如果实，花卉，野草，枝叶等，它们的成熟都有季节性，采收也有季节性。最好是成熟时采集新鲜的晒干，含水率在 15% 以下。为了保证非采收季节时生产的正常，必须有原料的储备。原料的储存好坏直接影响染料的质量。一般来说，原料的储存量要够半年的生产，多则够一年的生产量。储存期过长时质量下降较多，不同种类原料储存期也不尽相同，一般叶类、花卉、果实类储存时间不宜过长，根皮、心材、树根中药类时间可以长一些。

粉碎：目的是浸取提供粒度均匀而合适的碎料，以便更迅速、更完全地浸出色素，提高产率，并保证产品质量。颗粒不必太小，蚕豆大小即可；树木类用普通粉碎机打成细条即可。

原料的筛选和净化：除去泥沙、铁块、石头等杂质以及发霉变质的原料。特别是铁质杂质严重影响染料的色泽，少量的铁杂质就能使人类发黑；石块和泥沙带入产品后，增加了灰分指标，降低了纯度；霉烂变质的原料，色素已经破坏，颜色变暗，纯度大大下降，必须分别清除。

5.2.2 植物染料的提取及精制

5.2.2.1 植物染料的提取方法

（1）压榨法是从天然新鲜浆果、花朵原料中提取色素的最简单方法，即用手工或机械的压力使色素被压榨出来。压榨的方法有手榨法和螺旋压榨法，手榨法只能用于小批量生产。压榨法一般利用压缩比为 8∶1~10∶1 的螺旋压榨机进行。

（2）溶剂浸提法：这是目前最常用的方法。根据原料的不同选择不同溶剂进行浸提。亲水性强的多用乙醇浸提。主要流程是：浸提罐提取 – 过滤 – 浓缩。

（3）微波萃取法：具有热效率高、省时、产品质量高、设备简单等优点。其本质是微波对萃取溶液和物料的加热作用。机制有别于常规加热，它能穿透萃取溶剂和物料使整个系统均匀加热，快速升温，效率明显高于常规加热法。工艺流程如下：原料的预处理 – 原料和溶剂的融合 – 微波萃取 – 冷却 – 过滤 – 溶剂与萃取部分分离 – 萃取部分

（4）超临界流体萃取法：超临界流体萃取（SCFE）是一种新型的萃取分离技术，近二十年来迅速发展，如对青蒿素的提取，大大提高了色素的溶解性和吸光度，获得了良好的精制效果。但投资费用高，一般以中小型的超临界萃取设备为宜。

（5）超声波萃取法：这种方法利用超声具有空化、粉碎、搅拌等特殊作用，对植物细胞进行破坏，使溶媒渗透到植物的细胞中，以使干植物中的化学成分溶于溶媒中，通过分离，提纯，获得所需的化学成分。与常规的提取法相比，超声波萃取法具有设备简单、操作方便、提取时间短、产率高、无需加热等优点，目前得到广泛的应用。

（6）生物技术：由于天然原材料会随着自然条件的变动，原材料的质量、产量和价格均易波动。为了解决这个问题，人们开始采用生物技术来生产天然染料。采用生化技术选用含有植物色素的细胞，在人工精制条件下进行培养、增殖，可在短期内培养出大量的色素细胞，然后用通常的方法提取。这类色素不仅安全系数高，而且具有一定的生理机能或药用价值，易被消费者接受。

（7）水萃取法：这是最原始，也是最简单易行的萃取方法。目前仍然在广泛使用。

植物染料的人工提炼方法一般是在酸或碱溶液中煮练植物原料，也可在不加酸碱的水中煮练，容器不得使用含铁、铜、铅等金属容器，最好是不锈钢或搪瓷罐。不同的原

料需要用不同的温度、时间、提取方法。

一般来说，新鲜的染材与水的比例是 1:5，干燥的染材与水的比例是 1:10，前者可萃取 2 次，后者可萃取 3~4 次。树皮、心材、树根或色素较多的植物，萃取遍数可以增加。萃取时间是水沸腾后 30~40 min/ 次，花叶类萃取的时间是水沸腾后 30min/ 次。

操作流程：

采摘—清洗—切碎—水煮—过滤

第 2 遍及后面的萃取在第一次萃取后加同比例的水反复进行，然后将多次萃取的染液混合在一起做原液使用。

数量不大，可以在家中用不锈钢桶萃取，工业化可以用反应釜萃取。如使用中药提取设备更好，可实现萃取、浓缩一体化。

（8）蓝靛制作法：与其他染料的制作方法不同，蓝靛有自成体系的制作方法。

周代以前采用鲜蓝草浸渍染色，所以《礼记·月令》有"仲夏今民勿刈蓝以染"的规定。到春秋战国时期，由于采用发酵法还原蓝靛成靛白，可以用预先制成的蓝泥（含有蓝靛）染青色，所以有"青，取之于蓝而青于蓝。"（《荀子·劝学篇》）的说法。公元六世纪，北魏的贾思勰在《齐民要术》中详尽地记述了我国古代劳动人民用蓝草制蓝靛的方法："刈蓝倒竖于坑中，下水，"用石头或木头镇压住，以使蓝草全部浸于水中，浸的时间"热时一宿，冷时再宿，"然后过滤，把滤液置于瓮尸中，"率十石瓮著石灰一斗五升，""急抨之，"待溶解在水中的靛苷和空气中的氧气化合以后产生沉淀，再"澄清泻去水，"另选一"小坑贮蓝靛"，待水分蒸发后"如强粥"，盛到容器里，于是"蓝淀成矣"。这可以说是世界上最早的制备蓝靛工艺操作记载。

现代的蓝靛制作基本保持了传统制靛工艺，涉及收割蓝草，浸泡、加石灰，洗石灰，阳光暴晒，捞出蓝草，打靛，捞靛花，沉淀，放去清水，等等。

5.2.2.2 天然染料的精制方法

（1）大孔树脂吸附纯化技术。

大孔树脂吸附技术是 20 世纪 70 年代发展起来的新工艺，简单讲，就是将中药材提取液通过大孔树脂，吸附其中的有效成分，再经洗脱回收，除掉杂质的一种纯化精制方法。

该技术已较广应用于中药新药和中成药的生产中。其操作的基本程序是：中药提取液→通过大孔树脂吸附上有效成分的树脂→洗脱液→回收溶液→药液→干燥→半成品。

根据药液成分和提取的物质不同，选择不同型号的树脂。吸附树脂原料和植被工艺不同，性能各异，不同的数值有不同的针对性。另外大孔吸附树脂的用量、最大吸附量、吸附洗脱速度、树脂柱的高度、致敬、洗脱溶酶的种类与浓度等工艺条件均须优选出最佳条件，以保证产品的质量。只有正确的工艺条件，才能保证好的效果。

就大孔吸附树脂纯化技术而言，它工艺操作简便，不十分繁琐，难度不大，并且树脂可以多次使用，也可再生反复使用，成本不是很高，设备较简单，而且经大孔树脂吸附技术处理后得到的精制物可使药效成分高度富集，杂质少，便于质量控制。可有效地去除水煎液中大量的糖类、无机盐、黏液质等吸潮成分，有利于增强产品储存的稳定性。能缩短生产周期、免去了静置沉淀、浓缩等耗时多的工序。

（2）膜分离纯化技术。

膜分离是在20世纪初出现，20世纪60年代后迅速崛起的一门分离新技术。膜分离技术由于兼有分离、浓缩、纯化和精制的功能，又有高效、节能、环保、分子级过滤及过滤过程简单、易于控制等特征，因此，广泛应用于食品、医药、生物、环保、化工、冶金、能源、石油、水处理、电子、仿生等领域，产生了巨大的经济效益和社会效益，已成为当今分离科学中最重要的手段之一。

膜是具有选择性分离功能的材料。无机膜由于各种优良性能（如抗高温、耐酸碱等），已得到广泛应用。由于技术发展水平限制，无机膜主要只有微滤和超滤级别的膜，主要是陶瓷膜和金属膜。特别是超滤陶瓷膜，已经在很多行业得到应用，如重金属废水处理与回收。

该工艺优点：在常温下进行，有效成分损失极少，特别适用于热敏性物质的分离与浓缩。典型的物理分离过程，不用化学试剂和添加剂，产品不受污染；选择性好，可在分子级内进行物质分离，具有普遍滤材无法取代的卓越性能；适应性强

处理规模可大可小，可以连续也可以间隙进行，工艺简单，操作方便，易于自动化；能耗极低，只需电能驱动，能耗极低，其费用约为蒸发浓缩或冷冻浓缩的1/3~1/8。

膜分离的基本工艺原理是较为简单的。在过滤过程中料液通过泵的加压，料液以一定流速沿着滤膜的表面流过，大于膜截留分子量的物质分子不透过膜流回料罐，小于膜截留分子量的物质或分子透过膜，形成透析液。故膜系统都有两个出口，一是回流液（浓缩液）出口，另一是透析液出口。在单位时间（h）单位膜面积（m^2）透析液流出的量（L）称为膜通量（LMH），即过滤速度。影响膜通量的因素包括温度、压力、固含量（TDS）、离子浓度、黏度等。

由于膜分离过程是一种纯物理过程，具有无相变化，节能、体积小、可拆分等特点，这使膜广泛应用在发酵、制药、植物提取、化工、水处理工艺过程及环保行业中。对不同组成的有机物，根据有机物的分子量，选择不同的膜，选择合适的膜工艺，从而达到最好的膜通量和截留率，进而提高生产收率、减少投资规模和运行成本。

（3）超/微滤膜系统。

超/微滤膜由于其所能截留的物质直径大小分布范围广，被广泛应用于固液分离、大小分子物质的分离、脱除色素、产品提纯、油水分离等工艺过程中。

超/微滤膜分离可取代传统工艺中的自然沉降、板框过滤、真空转鼓、离心机分离、溶媒萃取、树脂提纯、活性炭脱色等工艺过程。

5.2.3 天然染料的浓缩与干燥

5.2.3.1 天然染料的浓缩

简单地说，浓缩就是通过不同的方法将物料中的水分分离出来以提高无聊的浓度。目前采用的浓缩方法主要有蒸发浓缩、薄膜浓缩和膜浓缩。

蒸发浓缩：常规的蒸发浓缩分为常压蒸发浓缩和减压蒸发浓缩。由于常压蒸发浓缩耗时较长，物料要经受长时间的加热，其中的某些成分尤其是热敏性成分会被破坏，影响产品的质量。减压蒸发浓缩是通过抽真空，降低蒸发器的压力，从而降低溶剂的沸点。在较低温度将水货其他溶剂蒸发掉，从而达到你的目的。相对常压蒸发浓缩，该方法蒸发温度较低，蒸发效率较高。

薄膜浓缩：指物料在快速流经加热面时，形成薄膜并且因剧烈沸腾产生大量泡沫，达到正佳蒸发面积，显著提高蒸发效率的浓缩方法。原理上属于蒸发浓缩。特点是：物料的浓缩速度快，受热时间短；不受液体静压和过热影响，成分不易破坏；可在常压或减压下进行连续操作；液体可回收重复使用。根据结构可分为升膜式蒸发器、降膜式蒸发器、刮板式薄膜蒸发器和离心式薄膜蒸发器。

膜浓缩方法和原理见第五章 2.2 节膜分离纯化技术。

5.2.3.2 天然染料的干燥

减压干燥： 减压干燥原理同减压蒸发浓缩，由于浓缩后的物料粘黏度较大，蒸发干燥效率较低，干燥后的物料需再进行粉碎处理。

喷雾干燥：指在干燥室中将物料雾化，在与其中热空气接触瞬间，物料中的水分迅速汽化，从而使物料干燥的方法。按雾化方式可分为压力喷雾干燥、离心喷雾干燥和气流喷雾三类。喷雾干燥方法生产效率高，可直接干燥成粉末，省去了蒸发、粉碎工序。但干燥温度较高，对物料中热敏物质有一定的破坏；需要将物料雾化，因此不适用于有结晶析出的物料；需要的空气量多，除了加热空气的电能，还有为了保持设备负压的鼓风机的电能消耗，因此能耗很高。

冷冻干燥：将含水物料冷冻到冰点以下成为固体，然后再在真空下直接将冰转变成水蒸气，也就是其中的水分不经过液态直接升华为气态，从而达到物料脱水干燥的目的，因此又称为升华干燥。该技术最早于 1813 年由英国人 Wollaston 发明。1909 年 Shsckell 试验用该方法对抗毒素、菌种、狂犬病毒及其他生物制品进行冻干保存，取得了较好效果。第二次世界大战对血液制品的需求大大刺激了冷冻干燥技术的发展，从此该技术进入了工业应用阶段。与传统方法相比，该方法在低温下进行，没有破坏热敏性物质，尤其适用于热敏性物料的干燥，但是设备投资大、生产成本高等问题，限制了该技术的进一步发展。因此，在确保产品质量的同时，实现节能降耗、降低生产成本，已经成为冷冻干燥技术领域今后面临的主要问题之一。

5.2.4 天然染料的稳定性

5.2.4.1 储存稳定性

不同植物染料成分不同，稳定性也不同。很多染料不是单一成分，大多数需要将不同成分的染料混合在一起，才能保持其稳定性。

天然染料提取液自然冷却后可以装进塑料桶里，密封存贮。常温下可保存一个月，冷藏存贮可达 3 个月以上。使用时因染液有些沉淀，需要摇晃后倒出使用。如发现表面有似胶质或发霉状物体，可捞出扔掉，不影响染液使用。如沉淀残渣多，需过滤后使用。如制成粉末状染料后密封保存至少可保持一年以上的稳定性。

5.2.4.2 热稳定性

按照 GB/T 2392—2014《染料热稳定性的测定》对粉末状天然染料进行测试，发现几种天然染料的颜色均发生了不同程度的变化，吸光度曲线见图 5.24 和图 5.25。采用测试前后的染料分别对棉织物进行染色，染色性能见表 5.3。

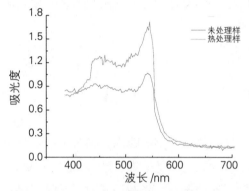

图 5.24 苏木染料热稳定测试前后吸光度曲线

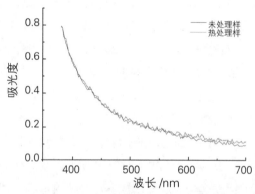

图 5.25 茶叶染料热稳定测试前后吸光度曲线

表 5.3 苏木和茶叶染料热稳定性测试前后的纯棉染色性能

天然染料	测试	媒染剂	K/S 值	耐摩擦色牢度 / 级（干摩 / 湿摩）	耐水色牢度 / 级（变色 / 沾色）	耐酸汗渍色牢度 / 级（变色 / 沾色）	耐碱汗渍色牢度 / 级（变色 / 沾色）
苏木	前	明矾	0.65	4/3–4	3/3	2/2	2–3/2–3
	后		0.78	3–4/2–3	2–3/3	1–2/2–3	1–2/3
	前	皂矾	2.22	3–4/2	2–3/3	1/1–2	1–2/2–3
	后		1.97	3–4/1–2	2–3/3–4	1/2	1–2/2–3
茶叶	前	明矾	0.53	4/4	4–5/4	4–5/3–4	4–5/4
	后		0.55	4/4	4–5/4	4/3–4	4/4
	前	皂矾	1.42	4/3–4	4–5/4	4–5/3–4	4–5/4
	后		1.45	3–4/3–4	4/4	4/3–4	4/4

5.2.4.3 酸碱稳定性

一般来说，天然染料对酸碱较敏感，只是不同的天然染料对酸碱的敏感度不一，即酸碱稳定性有差异。图 5.26 是苏木染液在不同 pH 值下的吸光度曲线，pH 值在 3~4 时，溶液为黄红色，吸光度极小，没有明显的波峰；pH 值在 5~6 右时，吸光度逐渐增大，尤其在 430 nm 左右有明显的凸起趋势；当 pH 值增大到 7~8 时，溶液逐渐变为紫红色，470~560 nm 处出现较大的吸收峰，随着 pH 值的增大骤增，当 pH 值在 10 左右达到最大，随后随着 pH 值的增大略有降低，溶液变为暗红色。

图 5.27 是茶叶染液在不同 pH 值下的吸光度曲线。pH 值由 3 增大到 5 左右时，吸光度曲线没有明显变化，之后随着 pH 值的升高，吸光度逐渐增大，吸收峰没有发生明显偏移。

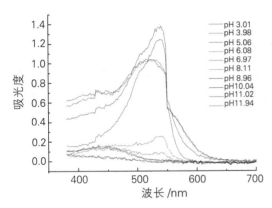

图 5.26 苏木染液在不同 pH 值下的吸光度曲线　　图 5.27 茶叶染液在不同 pH 值下的吸光度曲线

5.3 天然植物染料的染色

5.3.1 套染染料染色方法

5.3.1.1 直接染色

某些天然染料的天然色素对纤维具有较高的亲和力和直接性，不需要借助媒染剂的作用，可以直接对纤维染色，如栀子、茶叶、姜黄等。

染色工艺流程：被染物浸泡—加入染液—加温染色—清洗—晾干。

染色时间：纺织品的成分、面密度、纱支、捻度、紧密度不同，时间有所差异，一般是染色 30~45 min，温度 50~60 ℃。还原染色法：这是靛蓝的染色方法。需要先加入染料，再加入还原剂，等还原充分后染色，染色完毕后还需要自然氧化，再洗涤。

5.3.1.2 媒介染色

媒染染色是天然染料染色的主要方法，大部分植物染料染色都是使用的媒染染色方法。但并不是所有的色素都可以轻易地染着在纤维上，纤维与色素的结合往往需要借助于媒介，这种媒介物称为媒染剂。媒染的作用除了具"发色效果"之外，还具有一定程度的"固色作用"，在天然染料染色中极为重要。

某些天然染料虽然能直接吸附到纤维上，但颜色很浅或者色牢度较差，需要使用媒染剂，使染料分子与纤维分子的某些配位基团与金属离子之间配位络合形成新的分子，以达到上色、增深以及增强色牢度的目的。另一个重要作用是，同样的染料在使用不同的媒染剂或不同媒染剂的配比、使用的先后次序时，得到的色彩不同。正因如此，天然染色的色彩才能呈现得更丰富。常用的媒染剂有明矾、皂矾、蓝矾、草木灰、小苏打、柠檬酸、白醋等。不同的染材和希望得到的颜色均需要使用对应的媒染剂，同时，媒染剂用量不同时，得到的色彩不同，甚至染色的水质、温度、时间上的微妙变化都会影响色彩。

常用的天然媒染剂如下：

灰水：利用木材、稻草、麦草、经过完全燃烧成灰后，筛出细灰，取灰加热水搅拌，沉淀之后即可取出澄清灰水。灰水最早被利用的漂白剂与媒染剂，灰水不但可让染液发色，还可固色，经过灰水处理所染出的颜色更鲜丽，又不易褪色，利用灰水当媒染剂，能染出明度及彩度较高的色泽。

醋：在染色之前加酸性汁液数滴至染液中，常用米醋、乌梅、石榴等酸性汁液。染红色系的红花染料，必须利用乌梅水（乌醋）进行中和，才能显出鲜丽的红色。

石灰水：利用生石灰加水搅拌，沈淀后取澄清石灰水即可，但易伤损尤其蚕丝，因此染蚕丝时不取用石灰水为媒染剂，石灰水只用在染棉或麻布上。

明矾：透明结晶，加热可溶解，和茜草配合后，染出的色泽更鲜丽。

铁：染黑色的重要媒染剂。现代最简易的方法是，取不同的生锈铁钉 500 g，放入大口瓶内，加入一杯盐及一杯或半杯面粉，再灌入 10 杯热水，放置 10 日，过滤瓶内铁钉之后，所得的液体即是染黑的铁媒染剂。

媒染剂除了天然的草木灰、石灰、明矾石、铁锈水、醋等物不会产生公害外，也有使用多种含金属盐的化学品，如醋酸铝、醋酸锡、醋酸铜、醋酸铁等物，这些化学品或多或少对环境有些影响，但比起化学染料的影响来说非常微小。其中铝、锡、铜、等金属盐因用量极少，且醋酸易于分解，故仍颇具使用价值。

媒染剂也可用石灰、铝、锡、铜、铁，可产生不同的发色效果。

媒染染色有三种方法：

前媒染：在染色时需将被染物浸泡完全后在媒染液里充分媒染，然后拧干，进入染色环节，染色后清洗浮色，晾干。

同媒染：将媒染剂按比例加入染液，搅拌，过滤，加入被染物染色，清洗，脱水，晾干。

后媒染：先将被染物染色后，再进入媒染剂媒染 10~15 min 后清洗，脱水，晾干。

需要说明的是：有些颜色根据需要，有时是前媒染和后媒染反复使用。方法是：前媒染—染色—后媒染—清洗—脱水—晾干。每反复一次，颜色增深一次，同时起到了固色的作用。这也是天然染色在不使用专用固色剂、增深剂的条件下能达到增深和固色的原理。

5.3.1.3 还原染色

这个技法主要是蓝靛的染色。我国传统所用的蓝色调染料织物均是用蓝草所含的靛质进行染色的，称为靛蓝。自然界这类植物很多，主要有菘蓝（又称茶蓝）、蓼蓝、槐蓝（术蓝）、马蓝（山蓝）、大青叶等。它们都含有靛蓝素. 是典型的还原染料，还原后得隐色素靛白。这种染料不能直接显色，需要先将染料加酒糟发酵，然后加含有碱性的草木灰调和，染色后取出在空气中氧化还原后才能得到需要的蓝色。

蓝染可以说是变数最多、难度最大的染色方法。由于蓝靛为颗粒状的氧化色素，直接调水后并不具备染色力，需要借助加碱水与糖，酒，淀粉之类的营养剂发酵，才能使本不具备染着力的蓝液转化为具有染着力的染料。

主要的天然蓝植物包括蓼蓝、马蓝、菘蓝、木蓝四种。

北魏贾思勰著的《齐民要术种蓝》专门记述了从蓝草中撮蓝靛的方法："七月中作坑，令受百许束，作麦秆泥泥之，令深五寸，以苦蕺四壁。刈蓝倒竖于坑中，下水，以木石镇压令没。热时一宿，冷时再宿，漉去茎，内汁于瓮中，率十石瓮，著石灰一斗五升，急手抨之，一食顷止。澄清泻去水，别作小坑，贮蓝淀著坑中。候如强粥，还出瓮中，蓝淀成矣。"这是世界上最早的制蓝淀工艺操作记载。

蓝草染蓝在古代商周时期，应用相当普遍。《齐民要术》中贾思勰对蓝草制靛作了系统总结，并对靛蓝染色作了介绍。染色需在靛泥中加入石灰水呈碱性，配成染液使之发酵，把原来的靛蓝还原成靛白，靛白能溶解于碱性溶液之中，因此纤维上色，染完经空气氧化成蓝色。染蓝也需要多次复染才能达到深度，才能"青胜于蓝"。纤维的红中偏紫、绿中发青的体现，都离不开靛蓝与其他植物染料套染的结果。虽说染蓝工艺经过从制靛、发酵、还原靛白、复染、套染复杂的过程，蓝色作为三原色中不可缺少的主色，在创造绚丽多彩的纤维世界里，它与其他植物染料配伍性能较强，如利用靛蓝套染、拼色的广泛应用，靛蓝的存在为植物染技艺发挥着重要作用并保持着重要地位。

靛蓝染液配备：

第一种方法：绿（皂）矾染液法

皂矾与石灰两种物质，是这种染液的主要药品，起到还原作用，绿矾比石灰先起作用，生成氢氧化亚铁及硫酸钙。氢氧化亚铁具有强烈吸收氧气的作用，使其成为氢氧化铁，夺去水中的羟基自由基（OH）而将原子放出，在液内与靛蓝作用，使其成为靛白，因而溶解于过量的石灰水中。

此染液多适宜于染棉纱，以及防染印花之浸染。其缺点为含有多量的渣滓如硫酸钙等，妨碍操作；且有铁质，容易附于纤维之上，而使颜色变为晦暗。

染液的制配，将靛蓝、石灰、绿矾三种，分别以适量的水，依次加入染槽之内；至液体变成黄绿色时，反应已告完全。若液体仅呈绿色，还原尚未充分，需加少量的绿矾，以助其作用。如液色呈黄棕色，是因为绿矾过多了，需要添加石灰以平衡。染液中因有硫酸钙沉淀沉积容器底部，使用多次后需要重新配制新液。绿矾须用品质纯净的，如内含铁渣，将溶液放置后滤清分离后使用。

靛蓝研细后，用热水调和及石灰乳拌合均匀，再加绿矾及水，热至 60~7 0℃，注水至全量，放置片刻，使沉淀下降，二三小时后，至液体呈黄色时，加入染槽之中以供染色用。也可做成贮液，染色时，加贮液于水中即可。

溶液的比例：靛蓝 2 公斤，石灰 2 公斤，绿矾 1.5~2 公斤，水 400 升。染后在空气中氧化，如此提浸多次，至染得所需深度为止；水洗，用稀盐酸中和并除去付着于纤维上的钙质，水洗即可。

第二种方法：锌粉石灰染液法

锌粉与石灰作用成为锌酸钙而放出氧气，所以靛白得以生成。此法适宜于染布匹，染液可连续使用，且操作简单，渣滓甚少，较绿矾法为优。锌粉、石灰及靛蓝至于染槽，在 50 ℃之温度中产生反应，经 4~5 小时后，则反应可以完成。

溶液的比例：靛蓝 2 公斤，石灰 1 公斤，锌粉 1 公斤，水 1000 升。

第三种方法：保险粉染液法

此方法由保险粉及烧碱制成，为现代通用，天然靛蓝也适宜这种方法。

靛泥 1 公斤，水 10 升，烧碱 200 克，保险粉 250 克，搅拌半小时，制成贮藏液。如将靛泥换成花青粉，只需 200 克即可。

贮藏液浓度大，应用时染槽中先盛清水，加保险粉少许，以除去水中之氧；再依所需要的浓度，加入适量的贮藏液，搅动均匀，静置半小时后待用。

第四种方法：发酵染液法

这是靛蓝染色最古老的方法，利用淀粉或糖类能在碱液之中，因某种酵素存在发酵作用，放出氧气，而使靛蓝变为靛白；同时靛白能溶解于碱液之中。故在发酵染液内，必须含有下列物质，即酵母剂，酵母培养剂，碱性剂。酵母剂为茜草、菘蓝、地黄根等。地黄根为常用材料，酵母剂同时亦有培养酵母作用；酵母培养剂为米糠、蜜糖等；碱剂为石灰、碳酸钾、纯碱等，可随意选择。此法特点为所用原料价格便宜，但配制不容易，一有疏忽，会全部耗损。染液配成后，可长时间使用。我国蓝染多用此方法，因用碱较少，适宜于动物纤维如毛、丝等材料的染色。

溶液的比例：靛蓝 3 公斤，糠皮 2 公斤，茜草根 3 公斤，石灰 3 公斤，水 500 升。

或靛蓝 2~4 公斤，菘蓝 5~7 公斤，糠皮 3~4 公斤，茜草根 1~1.5 公斤，石灰 1.2~2.5 公斤，水 2700 升。

先将发酵剂培养剂和水煮熟，然后将靛蓝及石灰一并加入染槽之中，用温水，搅拌均匀，加盖密封；二三日后，液体呈黄绿色，搅动之后有闪光之泡沫发生，沾了染液的搅动棒，在空气中立变青色，数日之后，即可付用。

发酵染液是否良好，完全决定于发酵是否完全而定。石灰过多，能阻滞发酵作用，应多加带酸性溶剂如明矾、败尿（尿素）之类；或适量的糠皮、酒类等以促进其发酵作用，产生多量的酸质，便于中和过剩的石灰。酸性太强，染液变绿，氧化时，变蓝太快，需要立即加石灰以补救。时间过久，发酵作用太猛，会使靛蓝完全腐败。

第三种和第四种最为常用。其他还有比较简单方便的方法。如烧碱、葡萄糖还原法。以烧碱 20 克，葡萄糖 30-50 克作还原剂，靛蓝 100 克，水 1 升，加热到 30℃时，保持十分钟，染液即成。还有用苏打，红酒渣，麦芽糖做染液配制的，方法甚多，可自行试制。

不同纤维染色需要的靛蓝染液有区别，简单说，第三种方法适合染植物纤维，第四种传统方法适合染动物纤维。方法要针对不同纤维而定。

建蓝缸不易，养蓝缸更不易。养缸须每日两次，加少许白酒，隔三差五还要加点糖类。染液用过后，有时因染物进出及液体与空气多有接触产生氧化作用，致使不能继续使用，则必须加入还原剂以纠正，务必使染液保持全部还原状态方可使用。天然蓝染，非一次可染深色，浓度高也没用，因为染料附在表面牢度甚差，不如淡染液，但多次染色的牢度好。每染色一次，须氧化 10 分钟，再行下次染。深、中色比浅色牢度要好。靛蓝染色可适度加胶质处理，方法是：100 升水，加胶 250~500 克天然胶。处理，压榨平均，干后染色，加胶量不能超过靛蓝用量的 30%。

后处理以靛蓝染色后，用淡肥皂水或中性洗涤剂洗涤，以增加摩擦牢度。

5.3.2 植物染料染色原理

植物染料种类较多，有不同的应用类型，其染色原理有：

直接染色：这种方法可以直接采用天然染料染液进行染色，不加任何其他助剂，这类染料主要是依靠范德华力、氢键与纤维分子结合，如茶叶、栀子、黄檗等。

媒染染色：这是天然染料染色的主要方法，需要借助部分含有金属盐的物质作媒染剂染色，通过金属离子与染料分子以及纤维中的某些配位基团之间的配位作用而进行上染。

还原染色：这是靛蓝的染色方法，靛蓝不溶于水，染色前需要先加入还原剂对染料进行还原处理，使染料在碱性条件下生成易溶于水的染料隐色体盐，此时其对纤维具有直接性，染色完毕后还需要通过空气中氧气的自然氧化，将可溶于水的隐色体盐氧化成不溶于水的靛蓝，从而使染料固着在纤维上。

5.3.3 天然染料染色性能

5.3.3.1 染色性能的测试

天然染料的染色性能如上染率、颜色深度、色牢度等的测试基本可以采用目前合成染料的测试方法。媒染剂的加入会对天然染料的吸光度产生一定的影响，因此上染率测试时需要注意；另外天然染料对酸碱较敏感，建议采用中性洗涤剂洗涤，目前皂洗色牢度的测试标准不适用于天然染料染色纺织品。

5.3.3.2 天然染料染色性能

不同的天然染料具有不同的提升力，用量不同时，在不同的染色基质上的染色性能也有很大的差异，图 5.28 ~ 5.31 分别为茜草、马蓝、薯莨和石榴皮在不同用量情况下在棉、麻、丝、毛织物上的上染情况。

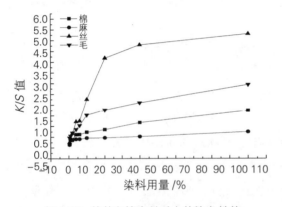

图 5.28 茜草在棉麻丝毛上的染色性能

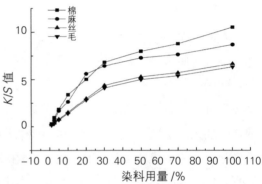

图 5.29 马蓝在棉麻丝毛上的染色性能

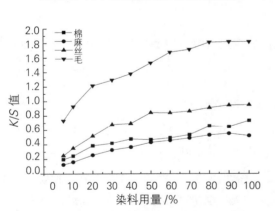

图 5.30 薯莨在棉麻丝毛上的染色性能

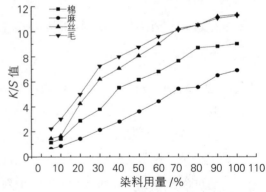

图 5.31 石榴皮在棉麻丝毛上的染色性能

不同染色方法对天然染料性能影响较大，对于石榴皮染料，分别采用直接、前媒、同媒、后媒对纯棉织物染色，分析染色方法对石榴皮染色性能的影响，结果如表 5.4，经同媒和后媒染色的纯棉织物的 k/s 和耐酸 / 碱色牢度要高于直接和前媒染色，同媒和后媒染色较适合石榴皮的染色。

染色温度对染色性能的影响：无论是同媒（表 5.5）还是后媒（表 5.6），随着温度的升高，颜色先变深后变浅，色牢度略有提高后不再变化，适宜染色温度 60~70℃。

表 5.4　媒染方法对石榴皮染色效果的影响

媒染方式	颜色	K/S 值	耐酸汗渍色牢度		耐碱汗渍色牢度	
			变色	沾色	变色	沾色
直接染色		2.76	2	4	2−3	4−5
前媒		3.10	2−3	4	2−3	4−5
同媒		8.53	2−3	4	2−3	4−5
后媒		13.81	2−3	4	2−3	4−5

表 5.5　同媒染色温度对染色性能的影响

温度 /℃	K/S 值	耐酸汗渍色牢度		耐碱汗渍色牢度	
		变色	沾色	变色	沾色
40	5.95	2	4	2	4
50	6.21	2−3	4	2−3	4−5
60	7.19	2−3	4−5	2−3	4−5
70	8.14	2−3	4−5	2−3	4−5
80	5.07	2−3	4−5	2−3	4−5
90	5.73	2−3	4−5	2−3	4−5
100	5.18	2−3	4−5	2−3	4−5

表 5.6 后媒染色温度对染色性能的影响

温度 /℃	K/S 值	耐酸汗渍色牢度		耐碱汗渍色牢度	
		变色	沾色	变色	沾色
40	5.34	2	4	2	4
50	5.68	2	4–5	2–3	4–5
60	5.88	2–3	4–5	2–3	4–5
70	6.04	2–3	4–5	2–3	4–5
80	5.10	2–3	4–5	2–3	4–5
90	4.58	2–3	4–5	2–3	4–5
100	4.75	2–3	4–5	2–3	4–5

其它染色工艺如染色时间、染媒利用量等工艺参数均对染色性能有一定影响。

5.3.4 植物染料的染色牢度与有机棉加工标准

5.3.4.1 天然染料染色色牢度

天然染料的染色牢度取决于几个方面：

天然染料。天然染料多源于天然植物，种类繁多，成分也各有不同，因此色牢度也存在很大差异，由于产地、取材时间，甚至气候和加工方法的不同，差异也较大，同一个颜色，尽量选择色牢度好的染材。如黄色植物染料，栀子、槐米、姜黄在棉布上的上染率较好，但色牢度差，尽可能不选用，万一要用，也要与其他色牢度好的染料配合使用，这样才能达到好的效果。

染色基质。待染纺织品的成分、纱支、捻度、面料组织、密度、面密度以及染前纺织品的 pH 值、含杂以及是否经过阳离子类物质处理等，均会对天然染料的色牢度等染色性能产生很大的影响。

染色工艺。天然染料种类较多，染色工艺也有差异，例如茶叶，可采用直接染色，也可采用媒染染色，媒染染色又可采用前媒、同媒和后媒，媒染剂又有很多种，加上染料用量、媒染剂用量、染色温度、时间和 pH 值的不同，因此会得到几十种颜色，其色牢度也会存在或多或少的差异。

色牢度测试标准与方法。常见的色牢度有耐摩擦色牢度、耐水色牢度、耐汗渍色牢度、耐皂洗色牢度、耐唾液色牢度、耐光色牢度等，每个国家或相关组织有相应的测试标准和方法，不同的测试标准和方法，色牢度数据会有所不同。

5.3.4.2 有机棉染色标准

此处的有机棉染色标准指的是有机棉天然染料染色标准，目前全球范围内对有机棉染色尚未有统一的标准，现有的与有机棉相关的标准有全球有机纺织品认证标准 GOTS）、全球有机棉标准 OE、有机含量标准 OCS、GB/T 19630—2019《有机产品 生产、加工、标识与管理体系要求》等，标准中合成染料、天然染料和合成助剂均是可以使用的，只是对具有致癌、致畸、致敏、转基因等对健康和环境具有危险性的染料和助剂进行了禁用或限用。但是合成染料和助剂绝大部分源于石油化工产品，而石油为非可再生资源，加工过程亦不属于有机环保，因此严格意义上来说，合成染料与有机棉是不匹配的，不应该应用于有机棉的染色，而"有机"染料——天然染料才是与之最契合的。

天然染料染材尽可能选择资源丰富或者农林废弃物，且在染色时使用直接染色，即不加媒染剂。由于天然染料很多属于媒染染料，必须使用媒染剂时，可选择豆浆粉、石灰、草木灰、明矾、皂矾等，但必须控制用量，使染后纺织品的重金属不超标。不添加铬、铜及其他化学助剂，为增强促染，可以适量使用食盐。实现真正意义上的环保染色，来保证有机棉原有的特性，成为"零负担"的有机棉织物，避免有害化学物质对人体无形的侵害，让消费者穿得更安心。

有机棉 + 植物染色使有机棉产品成为天然环保的彩色有机棉，对有机棉的发展有革命性的意义，是一个新的里程碑。

有机棉纺织品重点应用领域：（1）童装，（2）内衣，（3）玩具，（4）服饰，（5）家纺。

5.3.4.3 有机棉功能性纺织品的开发

有机棉的天然性加天然染料的抗菌性可供进一步开发。天然染料染色有一些药用性质，用来染色的许多植物的提取物被确认为有药用价值，最近发现其中的一些具有显著的抗菌效果。据报道，安石榴（punica granatum）和许多其他的常见的天然染料，之所以能有效抗菌，是由于存在大量的单宁类物质。其他的一些植物染料中富含萘醌类物质，例如从指甲花中提取出的 2 一羟基一 1，4 一萘醌（指甲花醌）、从胡桃木中提取的 5 一羟一 1，4 一萘醌（胡桃醌），从紫草根中提炼出的 2 一羟一 3 一异戊烯基萘醌（黄中花醌），它们也具有抗细菌抗真菌的性能。儿茶（acacia catechu）、紫胶虫（kerria lacca）、没食子（quercus infectoria）、茜草（rubia cordifolia）和长刺酸模（rumex maritimus）对一些常见菌种有明显的抗菌效果（表 5.7）。茶叶中所含有的儿茶可以有效抑制除绿脓杆菌以外的所有菌种（图 5.32）。茜草和没食子可以有效抑制克雷伯氏菌（图 5.33）。

表 5.7 天然染料对某些细菌的菌圈

染料	浓度 /μg	抑菌圈直径 /cm				
		绿脓杆菌	枯草杆菌	变形杆菌	克苗伯氏肺炎菌	大肠杆菌
没食子	5	0.9	2.5	1.2	2.0	0.7
	10	1.3	2.6	1.5	2.2	1.4
	20	1.6	2.7	1.7	2.4	1.9
	40	1.8	2.9	2.0	2.6	2.1
儿茶	5	–	–	0.8	1.2	0.5
	10	–	0.6	0.9	1.4	0.8
	20	–	1.1	1.2	1.5	1.3
	40	–	1.3	1.3	1.6	1.5
长刺酸模	5	–	–	–	0.9	–
	10	–	–	–	0.9	–
	20	–	–	–	1.1	–
	40	–	–	–	1.2	–
茜草	5	–	–	–	–	–
	10	–	–	–	–	–
	20	–	–	–	–	–
	40	–	–	–	0.7	–

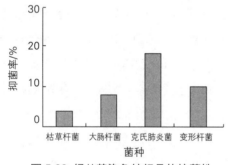

图 5.32 经儿茶染色纺织品的抗菌性

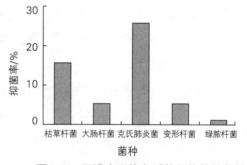

图 5.33 用没食子染色后的织物的抗菌性

众多的天然染料富含单宁，而单宁为主要抗菌成分。日本青森工业试验厂利用艾蒿提取液对织物染色，并制成睡衣、内裤等产品，变异反应皮炎患者有明显疗效。经医学试验，艾蒿有解热、利尿、净血和补血功能，它散发的气味有稳定情绪、松弛紧张、镇定身心的作用。乌梅中则含有柠檬酸、苹果酸、琥珀酸和有机酸，且对细菌有抗菌效果。其它植物，如黄芩、黄连、黄柏、苏木、茜草、菊花、紫草等，都有一定的抗菌性，既是天然染料，也是抗菌药物。

5.3.4.4 有机棉染色需要解决的问题

染料的来源：没有合格的染料，染色自然无从谈起。目前没有得到重视，使用的材料除了部分野生外，大部分是来自中药材市场以及普通种植的农作物，本身条件不符合有机种植的标准。如要达标，需要对土壤、种子、种植技术进行一定规范式改造，以符合"有机种植"标准。

染料加工设备：在原有中药材提取，天然色素提取的设备基础上，按照植物染料的要求来进行改造。

助剂：亟需天然植物性的助剂，以代替目前纺织行业普遍使用的化学合成助剂，如分散剂、增深剂、匀染剂、固色剂、柔软剂等。

标准：由于以上几个问题都没有得到很好地解决，标准成为难点。现有标准远远不足以代表《有机棉染色标准》。由于有机棉染色是一个技术难度很高的项目，目前世界上能够做这个染色的企业不多，标准还未制定出来。而传统的天然染色技术在世界上大部分地区失传，掌握这个技术的人极少，很多企业的观念还停留在化学合成染色上，这个标准就人为地降低了。但对于有机棉染色而言，必须有严格的标准。

结语

进入 21 世纪，尤其是近几年来，绿色消费观念不断加强，清洁生产深入推广，天然染料以其资源丰富、生物可降解、吸收性能好的独特魅力，迎合了回归大自然、保健强身的消费心理，应用到有机棉上可谓相得益彰。因此，开发、研究"绿色"的天然染色有机棉产品，具有很深远的意义。

第6章 有机棉的育种技术

棉花(Cotton)是一种高效的经济作物,集纤维、油料、饲料等其他方面为一体,有"棉花是白金"之说,在世界经济中占有绝对重要的地位(李付广等,2011; Liu et al,2020; 马建江,2019; Abdul et al,2021; Paterson et al,2012)。棉花是一种优良的天然纤维,它的成本低廉、产出量大,它还具有吸湿、通气、保暖性好、不带静电、手感柔软等人造纤维难以模仿取代的特点。棉花是关系国计民生的重要战略物资,也是仅次于粮食的第二大农作物。棉花的主要产物之一棉纤维是重要的纺织原料,在世界及中国分别占各种纺织纤维总量的48%和60%。20世纪90年代以来,随着人们保健意识的增强和生活水平的提高,穿用天然纤维的服装已成为一种不可逆转的国际潮流。棉花是涉及农业和纺织工业两大产业的重要商品,是全国1亿多棉农收人的重要来源;对于涉及数百万职工的棉纺织工业,棉花是生产的主要原料和出口创汇的重要商品,关系到棉花经营企业广大职工的切身利益;对于广大人民群众,棉花是不可缺少的生活必需品。此外,棉子油和棉子蛋白分别占世界食用植物油和蛋白质总供应量的10%和6%,棉花的短绒、棉子壳、棉秆、棉酚等都有工业用途;棉籽中含有优质的植物油和蛋白质,所含植物蛋白与大豆相似,氨基酸结构合理,可与花生和油菜相媲美(Chen et al,2021)。

棉花共有4个栽培种,其中两个是二倍体棉种:非洲棉[Gossypium herbaceiun L.,(A1)]和亚洲棉[Goisypium arboreum L.(A2)];两个是四倍体棉种:陆地棉[Gossypium Kirsutum L.,(AD)1]和海岛棉[Gossyg umbarbadense L.,(AD)2]。在全世界棉花生产中,陆地棉种植最多,占世界棉花总产量的90%;其次为海岛棉,占5%~8%;亚洲棉占2%~5%;非洲棉已很少栽培。亚洲棉和非洲棉虽然只在很少地区种植,但在棉花育种中是很有价值的种质资源。

棉花可以分为三大类。第一类是转基因棉花:这类棉花的基因被改造过,它的免疫系统能抵抗对棉花最危险的一种害虫——棉铃虫。第二类是可持续棉花:可持续棉花仍然是传统棉花或转基因棉花,但种植这类棉花使用的肥料和杀虫剂较少,对水资源的影响也比较小。第三类是有机棉:从种子、土地到农产品,以有机肥、生物防治病虫害、自然耕作管理为主,不允许使用化学制品,全天然无污染生产。在生产纺制过程中也要求无污染。

几十年来，棉花一直是时尚界的主要产品，早在公元前 5000 年就发现了棉纤维（澳大利亚棉花）。2021 年，包括库存在内的全球棉花总供应量约为 247.6 亿包，其中一捆重达 200~300 公斤。近年来，由于有关种植传统棉花的负面影响的信息越来越多，有机棉的需求有所增加。有机棉是在农业生产中，以有机肥、生物防治病虫害、自然耕作管理为主，不许使用化学制品，从种子到农产品全天然无污染生产的棉花。与常规生产条件下的棉花相比，有机棉的纤维素含量为 92％，杂质 8％（油份、腊质）；一般情况下售价是普通白色棉的 3 倍以上。

德国成立了"国际有机农业运动联合会"，澳大利亚有"澳大利亚检疫与检测服务机构"（AQIS），负责对国内市场有机棉销售的认可（王淑民,1995）。2000 年 12 月 21 日美国宣布成立"国家有机作物项目"（National Organic Program），并就此建立了新的有机棉生产标准。新标准中增加了新的规定：在生产中不准使用转基因棉和辐射育种棉花品种。有机棉是可持续性农业的重要组成之一（图 6.1），对生态环保、人类健康发展和绿色自然生态服装具有重大意义。

图 6.1- 有机棉示意图

（Textile Exchange 2017,About Organic Cotton）

⑥.① 有机棉育种的背景介绍

6.1.1 有机棉育种背景

有机棉随着有机食品的发展而逐步兴起，起步于 20 世纪 90 年代，发展于 21 世纪初。由于种植技术不断成熟，世界有机棉产量逐年提高，除极端恶劣气候环境影响外，有机棉质量逐年改善。随着有机棉生产环境和世界有机棉标准的发展，以及人们对环保和健康的追求，有机棉制品越来越受到青睐，提高和改善有机棉产质量成为必然。尤其在棉花种植技术发达的国家和地区，有机棉产量的不断提升激发了农户种植积极性，增加了农户收入，为有机棉赢得了市场拓展的机遇和纺织品加工企业的赞誉。

在有机市场需求的推动下，有机棉育种逐渐崛起。首先，有机棉的经济价值在于其价格高，"无农药""无化肥"的标签和绿色生产方式能够吸引更多消费者选择购买。同时，由于有利于环保和健康，以及有机种植对多数有机农民来说太昂贵和太复杂，也使得有机棉这种种植方式成为盈利和提高竞争力的关键，助力市场需求逐渐崛起。其次，有机棉的生态价值在于减轻农业环境的污染。由于没有任何化学品的使用，有机棉种植可以避免化学品对自然界的侵害和压力，同时保护森林、河流、动植物资源等生态体系以及地下水等水资源保护中的环境要素。此外，有机棉还可以减少绵虫对其他农田的入侵风险。最后，有机棉的社会价值在于保障农民劳动安全和行业减少环境对健康的影响。在有机棉种植过程中，工人不使用任何有害化学物质或工具，就可以对棉花进行有机种植、管理及采摘。"无化肥""零农药"的种植方式可最大程度地保障劳动者的舒适性和安全性，同时确保他们能够从市场中寻找到有机棉花的优势，从而增加收入。采摘后经过清洗加工的有机棉产品能够更进一步证明有机种植的健康和清洁特点。

6.1.1.1 全球有机棉花种植情况

2020 年，全球有机棉市场规模为 5.187 亿美元。预计该市场将从 2021 年的 6.371 亿美元增长到 2028 年的 6.739 亿美元，2021—2028 年的复合年增长率为 40.0%。根据分析，与 2017—2019 年的平均同比增长相比，2020 年全球市场的增长率较低，为 16.9%。

2020—2021 年，全球种植有机棉面积是 906,987.41 公顷（表 6.1），经认证的有机棉种植面积是 621,691 公顷，生产了 342,265 t 有机棉纤维。根据 ICAC 报告的 2020-2021 年度棉花总产量为 24,380,507 吨，这意味着种植有机棉占全球棉花的 1.4%。全球 97% 的有机棉仅由八个国家生产：印度（38%）、土耳其（24%）、中国（10%）、吉尔吉斯斯坦（9%）、坦桑尼亚（6%）、哈萨克斯坦（4%）、塔吉克斯坦（4%）和美国（2%），其他 13 个有机棉生产国 1%~3%。

表 6.1 2020-2021 年有机棉纤维产量统计　　　　　　　　单位：吨

国家	有机棉	认证有机棉	未认定有机棉
全球	522,991	342,265	180,726
印度	283,853	130,849	153,004
土耳其	89,818	80,830	8,988
中国	33,911	33,687	225
吉尔吉斯坦	32,401	30,945	1,456
塔吉克斯坦	25,501	13,648	11,852
坦桑尼亚	20,932	20,932	–
哈萨克斯坦	14,893	14,893	–
美国	5,878	5,821	57
巴基斯坦	5,541	1,925	3,617
希腊	2,696	1,827	869
乌干达	2,551	2,551	–
贝宁	2,132	1,893	239
秘鲁	876	694	182
乌兹别克斯坦	670	465	205
布基纳法索	647	647	–
埃及	437	437	–
巴西	99	70	28
马里	63	63	–
埃塞俄比亚	60	60	–
西班牙	30	26	4
阿根廷	2	2	–

注：数据来源 2022 Organic Cotton Market Report.

6.1.1.2 发展有机棉生产的重要性

（1）保护环境和人体健康。

首先，有机棉采用无化学农药、无合成肥料的种植方法，不使用转基因技术，避免农药残留和土壤污染。这保护了生态系统的平衡，减少了对土地、水源和生物多样性的破坏。有机棉产业化可以推动农业可持续发展，减少对大量化学农药和化肥的需求。

其次，有机棉的生产不仅对环境友好，也对人体健康有益。传统棉花的种植过程中使用的化学物质往往会残留在棉花上，而有机棉避免了这些化学物质对人体的潜在危害。有机棉的纺织品也不含有毒的染料和其他化学添加剂，减少了人体接触有害物质的风险。

同时，有机棉纤维较为柔软，透气性好，对皮肤友好，能够减少皮肤过敏和刺激。

总之，推进有机棉产业化有利于保护环境和人体健康。通过减少化学农药和化肥的使用，有机棉可以降低环境污染和土壤退化的风险。同时，有机棉纺织品对人体皮肤友好，减少了与有害物质接触的风险。通过政府支持、消费者需求和企业发展的共同努力，有望推动有机棉产业化将为社会和经济带来可持续发展的好处。

（2）提高农民收入和就业机会。

首先，推进有机棉产业化可以通过引入先进的种植技术和管理手段，提高有机棉的产量和品质。有机棉种植要求不使用化学农药和化肥，采用更加生态友好的方式进行耕种。这不仅可以减少对环境的污染，还可以提高棉花的品质和价值。有机棉通常具有更好的抗虫能力，棉纤维更细长、柔软，并且不含有害物质。因此，有机棉在市场上通常能够获得更高的价格，进而带动农民的收入增加。

其次，有机棉产业化可以促进农村就业机会的增加。随着有机棉产业链的发展，会涉及原料采购、种植管理、加工制造、销售等多个环节。这些环节都需要大量的劳动力进行操作，因此可以为当地农民提供更多的就业机会。农民可以参与到有机棉的种植、收割、加工等环节中，不仅能够增加收入，还能够提高就业质量和稳定性。

再次，除了直接的就业机会，有机棉产业化还可以带动相关产业的发展，进一步扩大就业。比如，有机棉加工制造过程中需要使用纺织设备、印染设备等技术装备，这就需要相关厂商提供相关设备和技术支持。同时，有机棉产品的销售渠道也需要完善和拓展，这就需要有机棉销售渠道的开拓和运营。这些都为社会创造了更多的就业机会，为农民提供了更多增收的途径。

总的来说：推进有机棉产业化可以通过提高产量和品质，增加农民收入；通过创造就业机会，提供更多的就业岗位。这不仅有助于农民脱贫致富，也能够促进农村经济的发展和社会稳定。

（3）增强国内有机棉产品竞争力。

提高有机棉的生产技术水平。通过加大对有机棉生产技术的研发投入，提高有机棉的产量和质量，降低生产成本，提高产品的竞争力。同时，加强有机棉生产技术的培训和推广，提高生产者的技术水平和管理能力。

建立完善的有机棉生产和认证体系。建立起一套完善的有机棉生产和认证体系，确保有机棉的生产过程符合有机农业标准，并通过认证获得有机认证标志。这样可以提高国内有机棉产品的信誉度和市场竞争力。

加强有机棉品牌建设和市场推广。通过加大对有机棉品牌建设和市场推广的投入，提高品牌知名度和美誉度，扩大市场份额。同时，加强与消费者的沟通和交流，提高消费者对有机棉产品的认知和接受度。

加强与相关产业链环节的合作。加强与纺织、服装等相关产业链环节的合作，建立起有机棉产业链的完整和协同发展机制。这样可以提高有机棉产品的附加值，增强国内有机棉产品在市场竞争中的优势。

6.1.2 有机棉生产发展现状

6.1.2.1 有机棉生产质量情况

有机棉的质量相比普通棉较差。尤其在2001—2005年，有机棉最长纤维长度未超过27 mm，其含杂率均超过3%，等级达到4级以上的很少，且有机棉与普通棉的价格差异很大，致使有机棉的后工序加工难度大、成本高。但在2005—2012年，有机棉的种植技术取得了重大突破，其产量在2001年基础上增加了50%~120%，其采摘和加工技术进一步提高，有机棉的质量指标达到了普通棉的85%~95%；另外，土耳其部分区域和中国新疆有机棉质量接近或达到了当地普通棉的质量水平，给未来从事有机棉生产、加工的企业提供了完整可行的参考标准，为下游有机棉纺纱、织布、染整、成衣打下基础，也为有机棉未来发展提供了切实可行的基本条件。

随着有机棉种植年限的增长，土耳其、印度、中国3个国家有机棉的纤维长度、长度整齐度、强力、等级均在提升，短绒率、疵点数量、含杂率均在下降；相较而言，印度有机棉的质量提升最慢，特别是短绒率、含杂率、疵点数量和长度等关键性指标，而我国有机棉质量在2005年之后基本接近同时期、同地域普通棉花的质量，尤其是含杂率控制得相当低，这可能与我国有机棉种植区域普遍的植棉技术和加工技术水平高有很大的相关性。有机棉纤维长度从23~29 mm、强力从22~29 cN/tex、含杂率从7.5%以上下降到约2.0%，这些都是有机棉发展的有利因素；控制有机棉的转基因问题、投入物质问题，是做好有机棉质量管理的要素；生产面积的逐年增加以及人们消费意识的增强，也是有机棉质量不断提升的主要因素。

6.1.2.2 有机长绒棉发展现状分析

长绒棉具有纤维长、线密度细、强力高等特点，生产的面料轻薄且耐磨抗皱；用有机长绒棉生产的有机纺织品除了具备长绒棉制品的优点外，还具有无农药残留、无过敏反应、无异味刺激等保护皮肤的优势，是家纺用品和贴身服饰安全的基础保障。目前，有机长绒棉不仅能生产2.5 tex特细号棉纱，还可以织造具有轻薄风格、耐磨性能好的织物；有机长绒棉与有机细绒棉、有机长绒棉与普通长绒棉，不同比例混纺产品的需求也会越来越大。

由于长绒棉对生长气候条件的要求比细绒棉苛刻，且其采摘、加工较为复杂，因此种植、生产长绒棉的国家少、种植面积也远远少于细绒棉。全世界长绒棉每年的产量不超过 4×10^5 t，长绒棉年产量超过 7×10^5 t 的国家以埃及、中国和美国。长绒棉产量与棉花产量的比例严重失调，仅占棉花总产量的1.6%。2021年以来，从事有机长绒棉生产的国家主要以埃及、美国、中国和以色列为主。据不完全统计，全世界有机长绒棉年产量不足 3000 t，仅占长绒棉年产量的 0.75%，占世界棉花总产量的 0.01%。与有机细绒棉相比，有机长绒棉的产量不到有机细绒棉的 2%。正因为有机长绒棉种植标准要求高且产量极低，其价格是普通长绒棉价格的 2.0~2.5 倍。世界主要产棉国的有机长绒棉质量指标如表 6.2 所示。

表 6.2 不同国家 2010—2020 年有机长绒棉质量指标对比　（张纪兵等，2021）

年份	国家	2010	2011	2012	2013	2014	2015	2016	2017	2018	2019	2020
纤维长度 /mm	中国	35.9	36.1	36.2	36.8	37.2	37.4	37.5	37.4	36.8	37.7	37.9
	美国	35.4	35.7	35.7	36.6	36.6	36.8	36.6	36.5	36.4	36.9	36.8
	以色列	33.8	34.2	34.4	34.7	34.7	34.9	35.2	35.2	35.6	35.5	35.6
强力 /（cN/tex）	中国	37.7	38.5	39.1	39.4	39.6	39.5	38.9	39.7	38.9	39.9	40.3
	美国	39.2	40.4	40.5	40.3	40.7	40.5	39.9	39.8	40.6	40.3	40.2
	以色列	32.2	33.5	34.3	34.7	35.2	35.6	35.9	36,4	36.8	36.7	37.4
含杂率 /%	中国	5.5	4.5	3.8	3.5	3.5	3.3	2.8	2.8	2.5	2.3	1.9
	美国	6.7	6.1	5.7	5.3	4.9	4.7	4.5	4.2	40	3.6	3.3
	以色列				7.5	7.1	6.7	5.5	5.0	5.1	4.7	4.4

表 6.2 可知 ①有机长绒棉纤维长度与强力基本上逐年提高，含杂率则逐年减小；②有机长绒棉纤维长度，中国最好，美国次之，以色列相对较差；③有机长绒棉强力，美国最好，中国次之，以色列最差；④相对而言，中国有机长绒棉的主要物理指标发展较好、较均衡，符合近年来用户对纺纱质量的要求，且成本较低、性价比最好。

6.1.2.3 有机棉栽培对棉花产量和纤维品质性状影响分析

棉花的种植面积约占世界耕地面积的 24%，消耗的农药约占控制鳞翅目害虫、茉莉和蚜虫总量的 24%。仅在印度，就花费了约 2.4 亿美元防治棉花害虫。生产成本增加了，对环境和农场工人而言也增加了安全风险。欧洲市场对环境污染的认识日益提高，对清洁有机纤维的需求日益增加，使得对有机棉的兴趣增加（ICAC,1993）。为了解决这些问题，1994 年比较了有机栽培系统（OCS）和现代栽培方法（MMC），结果表明，在研究的前 6 年，OCS 的棉籽棉产量低于 MMC 地块（Rajendran et al,2000）。施用有机肥的累积效应在研究的第 7 年和第 8 年（分别为 2000—2001 年和 2001—2002 年）可见。与 MMC 地块相比，OCS 地块的产量增加了 1%~21%。在第 8 年年底收集土壤样品，土壤深度为 0~0.90 m。OCS 地块的营养状况明显好于 MMC 地块（Blaise et al,2004）。此外，OCS 的酶活性也显著高于 MMC 地块（Blaise and Rao,2004）。另一方面，MMC 地块速效磷和速效锌含量较低（不足）。有机系统中较好的土壤肥力可能会改变结铃率。Gerik 等（1996）观察到，随着养分缺乏和土壤水分胁迫的增加，铃潴留率降低。许多研究记录了陆地棉品种（G.hirsutum）的铃分布模式（Constable et al,1991; Davidonis et al,2004）。这些研究表明，大部分结铃出现在第 8~13 果节上，包括冠层的中间部分。在印度，杂交作物在印度中部和南部广泛种植。与其他品种相比，它们的行与行、株与株之间的间距更宽。因此，株距较近的品种与杂交种的棉铃分布模式不同。

在 1994—1995 年和 2004—2005 年的研究期间，我们确定了 3 年（2002—2003 年到 2004—2005 年）的有机和现代种植方法下的棉籽产量和纤维质量（长度、强度、细度和均匀性）。在 2003—2004 和 2004—2005 年确定了棉花植株上棉桃的垂直和水平分布。在第 11 年结束时，我们收集并分析了土壤样本，以了解土壤有机碳含量、水稳定性聚集体（%）和平均质量直径。在 3 年的平均值上，有机种植法比现代种植方法多生产了 94 公斤棉籽 / 公顷，这种差异是显著的。由于降雨分布均匀和病虫害发生率低，2003—2004 年，有机地块的棉籽产量显著高于现代种植方式地块的产量。主茎的 13~22 个节上有最多的棉桃。有机地块的植株在 13~27 个节上的棉桃数量明显（37%~71%）多于现代种植方式的植株。在侧生分枝（结果枝）上，我们注意到结果点 11 的棉桃的水平分布，然而处理差异不显著。对于纤维质量（长度、强度、细度和均匀性），年份之间的差异是显著的。由于播种延迟和降雨早停，2004—2005 年产生的纤维质量较差。平均来看，与现代种植方式相比，有机条件下种植的棉花的纤维长度（25.1 vs.24.0 mm）和强度（18.8 vs.17.9 g/tex）显著优越。有机地块的土壤样本中的 C 含量、水稳定性聚集体和平均质重量直径明显大于现代种植方式地块的，差异主要集中在顶层（0~0.1 m 和 0.1~0.2 m）。在接收到正常降雨和有低病虫害发生率的年份，预计有机系统种植棉花的产量优势将大于现代种植方式。

在无灌溉的情况下，由于降雨量的变化，棉籽产量在各年之间的变化是可以预见的。在降雨量较少的年份，棉籽产量会降低，并且这种情况取决于季节性降雨的分布。2002—2003 年和 2004—2005 年的作物生长季节接收到的降雨量少于正常。2003—2004 年取得的高产量主要是因为在作物生长季节接收到了分布均匀的正常降雨。比较两个降雨量低于平均值的年份（2002—2003 年和 2004—2005 年）可知，尽管 2004—2005 年的种植较晚，但由于棉铃虫（helicoverpa armigera）的发生率非常低，因此该年份的产量更高。顺便提一下，2004—2005 年在 MMC 地块上没有使用任何农药。在 2002-2003 年期间，较大的虫害发生率可能掩盖了治疗效果。然而，预计有机系统的虫害压力和易感性较低（Altieri et al,2003 年）。与 MMC 处理相比，这应该造成了更大的产量差异。然而事实并非如此。这表明，在高昆虫压力加上低于平均降雨量的情况下，OCS 的影响可能很小。

6.1.3　有机棉育种的目标与意义

6.1.3.1　有机棉育种的目的

有机棉育种是一种致力于培育可持续种植的棉花新品种的方法，它注重利用遗传多样性保证棉花产量和品质质量的稳定。此外，有机棉育种更注重生态保护与环境友好性，在产品生产过程中尽可能减少化学农药和化肥的使用，减少对生态的影响，从而可以在一定程度上保持生产系统的自然平衡，保护自然资源。同时，遵循有机农业标准生产出来的棉花素有自然环境基础和健康生态，可以有效减少棉田面临农药残留及其他污染。通过有机棉育种的努力，我们可以生产出品质上乘、环境宜人且受到生物多样性保护和传承推广的有机棉。在有机棉育种过程中，通过遴选适合生态农学方法的种子品种、改进农业技术等手段，来提高棉花的抗病性、耐旱性、适应性，从而增加产量和质量。这样可以减少对生态环境的破坏和化学农药的使用，有效提高土壤质量和生态系统稳定性，同时也保证棉花产品的无公害和无污染。另一方面，有机棉育种还意味着在生产过程中更具社会公义。"有机棉"的概念是建立在保障农民、劳工权利、公平贸易等基础上的。因此，有机棉育种意义不仅在于环保和可持续生产，也在于创造公平、人类化的农业生态系统。总之，有机棉育种是减轻生态环境负担、保护生态系统、推进可持续社会的重要任务之一。

有机棉育种的目标是在保证产品品质优良的基础上，减少对自然环境和人的伤害，提高生产的可持续性。与传统棉花育种的目标相比，这一目标更关注棉花生产环境的健康和可持续性发展。

6.1.3.2　有机棉育种的意义

有机棉育种的推广可以提高棉花的品质和生产效率。首先，有机种植方式采用天然肥料，没有使用农药和化肥，可以改善土壤、水源的质量，促进农作物健康、高产、高质。同时，化学农药对生态环境和人体健康也存在潜在危害。有机棉种植方式可以有效地减少这些危害，提供更安全的环境和更高质量的产品。不仅如此，有机棉育种方式也能够改善农民的劳动条件和生活质量。传统的农业生产方式需要使用大量化学物资，主要的工作是喷洒和施肥，这种繁重的劳动任务往往是耗时且危险的。有机种植方式则强调"自然农业"，鼓励小规模、多样化和手工作业，减轻了农作物种植过程中的工作难度和工作量。因此，有机棉育种方式还可以带来更好的收益，提高农民的经济收入并改善其劳动条件和生活质量。综上所述，推广有机种植方式，可以提高棉花品质和生产效率，改善农民的劳动条件和生活质量，从多个角度促进了棉花产业的认可和发展。

有机棉育种的推广和应用，对于保护环境具有积极作用。因为有机棉育种不使用化学农药和化学肥料，在种植、生长、采摘过程中对土壤、水源和空气不会产生污染。同时，有机棉还能增加土壤有机质含量，提高土壤肥力，减少棉田各种病虫，维护生态平衡。另一方面，有机棉的推广也有助于促进可持续发展。一方面因为有机棉的生产将减少对生态环境的破坏和人类健康的危害，另一方面在消费市场上，推广有机棉也能拉动消费市场发展，因为越来越多的消费者在选择购买商品时会考虑环保和健康的因素。

有机棉育种的目标是培育出更为抗病虫害、适应性更强、更为耐旱以及产量更高的棉花品种。同时，有机棉育种还致力于将棉花生产的环境对生态系统的影响降到最低，促进可持续发展，提高棉花的生态价值，并确保棉农在不使用任何合成化学物质的前提下获得高产量和市场回报。与此同时，有机棉育种还要保护生产者健康和消费者利益，通过遵循有机农业准则的严格执行来确保发展绿色经济。总之，有机棉育种的目标是要找到一种既符合人类生存与发展需要，又具有自然与社会价值的综合解决方案。以可持续发展方式运营的农业模式，同时也可以带来利润和经济增长。因此，有机棉作为一种可持续发展方式的产品，应该得到更广泛的推广和应用。总之，有机棉育种的推广和应用有利于实现人与环境的平衡发展，减少生态破坏，保护自然资源和生态环境，对于保护环境、维护生态平衡、促进可持续发展等方面都具有积极促进作用。

6.2 有机棉育种目标性状的遗传与基因定位

6.2.1 繁殖方式和品种类型

6.2.1.1 繁殖方式

所有棉属的种都可种子繁殖。在其原产的热带、亚热带地区，多数棉种生长习性为多年生灌木或小乔木。棉花为短日照作物，栽培种的野生种系对光照反应敏感。栽培种由于长期在长日照条件下选择，在温带夏季日照条件下能正常现蕾结实。但晚熟陆地棉品种和海岛棉在适当缩短日照条件下能显著降低第一果枝在主茎上的着生节位，提早现蕾、开花。

棉花出苗后，第二、三片叶展平时，在主茎顶端果枝始节的位置开始分化形成第一个混合芽。混合芽中的花芽发育成花蕾，这是棉花生殖生长的开端。随着花芽逐渐发育长大，当内部分化心皮时，肉眼已能看清幼蕾，这时幼蕾基部苞叶约 3 mm 宽，即达到现蕾期。从现蕾到开花需 22~28 d，开花后，花粉落到柱头上，花粉粒发芽，长出花粉管，伸入柱头，穿过花柱进入胚囊，精核与卵核融合，完成受精过程。受精后，子房发育成一个萌果，一般称为棉铃或棉桃。因品种、气温、铃着生位置不同，棉铃成熟过程所需时间不同，为 40~80 d。

棉花为常异花受粉作物，授粉媒介为昆虫，天然杂交率 0~60%，决定于地区、取样小区大小和传粉媒介多少。长期自交生活力无明显下降趋势。

6.2.1.2 品种类型

生产上应用的有机棉品种主要是常规家系品种和杂种品种。

品种熟性是划分棉花类型的一个重要依据。棉花为喜温作物，不同熟性品种霜前花率达 70%~80% 时，由播种到初霜期所需 ≥ 15 ℃的积温要求如下：陆地棉早熟品种为 3,000~3,600 ℃，中早熟品种为 3,600~3,900 ℃，中熟品种为 3,900~410 ℃，中晚熟品种为 4,100~4500℃，晚熟品种需 4,500℃以上；海岛棉早熟品种需 3,600~4,000 ℃，中熟品种需 4,500 ℃以上。各地区按热量条件选用适宜的品种类型，充分利用热量条件，获得最大的经济效益。热量条件并非唯一决定选用熟性类型的因素。在无灌溉条件的春旱地区以及秋雨多、烂铃严重的地区，虽然热量充足，也只宜选用中熟偏早品种。种植制度也影响品种类型的选择。我国主要棉区，人多地少，粮棉争地矛盾突出，近年来不仅南方棉区粮棉两熟发展快，黄河流域棉区麦棉套种发展也很快，在相同气候条件下，种植方式不同，粮棉占地比例不同，播种和共生期长短不同，选用品种的熟性类型也不同。

纤维品质也是划分品种类型的一个依据。棉花纤维发育要求一定的温度、日照、水分等条件，不同生态区的气候条件不同，适于种植不同品质的品种类型。按棉纤维长度可划分为 5 个类型：①短绒棉，绒长 21 mm 以下，包括二倍体亚洲棉和非洲棉，现仅在印度和巴基斯坦有较大面积种植，占这两国棉花产量 5% 左右；②中短绒棉，棉绒长 21~25 mm，多为作陆地棉；③中绒棉，棉绒长 26~28 mm，以陆地棉为主；④长绒棉，绒长 8~34 mm，大多属海岛棉，也有一部分陆地棉长绒类型；⑤超级长绒棉，绒长 35 mm 以上，全部为海岛棉。中国棉纺业及外贸要求多种品质类型品种。大量要求中绒品种，也要求一部分中短绒和长绒陆地棉及超级长绒棉。长度应与其他品质性状相配合。

其他植物性状也可用于品种类型划分，例如铃的大小、株型高低、紧凑或松散、种子上短绒有无及多少、棉酚含量高低、抗病性、抗虫性、抗逆性等。不同地区应按照生态条件、种植制度、市场要求等确定种植的品种类型，以获得最大的社会和经济效益。

6.2.2 主要目标性状的遗传

6.2.2.1 产量性状遗传

皮棉产量是育种首要目标。皮棉的产量构成因素包括单位面积的铃数、每铃子棉重（单铃重）、衣分。衣分是皮棉质量与子棉质量的比率。衣分与衣指有密切关系，衣指是 100 粒种子纤维质量，子指是 100 粒种子的质量，它们之间的关系如下：

$$衣分 = 衣指 /（衣指 + 子指）$$

衣分与皮棉产量呈高度正相关，陆地棉衣分和产量的遗传相关系数在 0.70~0.90，因此可以用衣分来进行产量选择。衣分高低既受衣指影响，也受子指影响，因此衣分高并不一定反映纤维产量高，可能是由于子指小，因此不以衣分而以衣指作为产量构成因素更为准确和合理。衣指的遗传率估计值为 0.78%~0.81%，子指为 0.87%（Meredith,1984），对衣指和子指这两个性状选择进行有较好效果。

Biyani（1983）用通径系数分析方法，研究了不同性状对陆地棉产量的影响。试验结果表明，单株铃数对子棉产量有最高的直接效应（通径系数力 p 为 0.695），其次为铃重（通径系数 p 为 0.682）和衣指（通径系数 p 为 0.386）。朱军（1982）以陆地棉 6 个品种进行产量构成因素对皮棉产量的通径分析，结果表明，单株果枝数对皮棉产量直接作用大，其次是单株结铃数和衣分。北京农业大学育种组（1982）做了类似研究，结果表明，结铃数对皮棉产量关系最大，单铃重次之，衣分对产量的贡献比前两个因素小。Kerr（1996）认为，棉铃大小在近年产量改进上起较小作用，建议在改进产量性状的选择中，重点考虑结铃性（单位面积铃数）。

6.2.2.2 早熟性遗传

品种的熟性是指品种在正常条件下获得一定产量所需要的时间。熟性决定品种最适宜的种植地区，因此在一特定地区育种必须首先考虑育种材料的熟性。近年由于全球气候变暖，在棉花生育种中十分重视早熟性，在两熟地区，适当早熟，可以较好解决茬口矛盾，获得棉粮（油）双增产。对早熟性重视也出于避开虫害，减少农药、肥料、水、能源消耗，以提高植棉效益。早熟与丰产经常矛盾，因此在一特定地区，早熟性应适度，不能因早熟而使丰产性受影响。早熟性与多种因素相联系，包括发芽速度、初花期、开花速度、脱落率、棉铃成熟速度等。

对影响早熟性各因素的遗传很少有精确的研究资料，但通过选择能分别或同时改变影响熟性。棉花植株的生长习性常与早熟程度相关。早熟类型一般第一果枝着生节位低，主茎与果枝节间短，株矮而紧凑，叶较小且薄，叶色浅。晚熟类型株型高大而松散，叶大，叶色深。株型易于选择。铃期长短是影响早熟性的一个重要因素。一般铃较小，铃壳薄的品种，铃期短。

棉花具有无限生长习性，各部位棉铃不同时成熟，因此不能用一个简单成熟期来表示早熟性。目前在育种中常用来表现早熟性的指标有：①吐絮期，50% 棉株第一个棉铃吐絮的日期；②生育期，由播种到吐絮期的天数；③霜前花比例：第一次重霜后 5 d 前所收获的子棉量占总收花量的百分率，在西北内陆棉区，霜前花达 80% 以上为早熟品种，70%~80% 为中熟品种，60%~70% 为中晚熟品种，60% 以下为晚熟品种。在霜期晚的地区以 10 月 5 日或 10 日前收花量百分率表示早熟性，其划分标准与霜前花百分率相同。

6.2.2.3 纤维品质性状遗传

棉纤维是重要的纺织工业原料，棉纤维的内在品质影响纺织品质。棉纤维品质指标主要有长度、成熟度、断裂比强度、细度、整齐度等。

（1）长度：这是纤维伸直时两端的距离。长度指标有各种表示方法，一般分为主体长度、品质长度、平均长度、跨距离长度等。主体长度又称众数长度，指所取棉花样品纤维长度分布中，纤维根数最多或质量最大的一组纤维的平均长度。平均长度，指棉束从长到短各组纤维长度的质量（或根数）的加权平均长度。

（2）整齐度：纤维长度的整齐度表示纤维长度集中性的指标。表示整齐度的指标有：①整齐度指数，即50%的跨距长度与2.5%跨距长度的百分率。②基数，指主体长度组和其相邻两组长度差异5 mm内纤维质量占全部纤维质量的百分数。基数大表示整齐度好，陆地棉要求基数40%以上。③均匀度，指主体长度与基数的乘积，是整齐度可比性指标。均匀度高（1,000以上）表示整齐度好。

（3）成熟度：纤维成熟度指纤维细胞壁加厚的程度。纤维成熟度用成熟纤维根数占观察纤维总数的百分率表示，称成熟百分率；用胞壁厚度与纤维中腔宽度的比表示的，称成熟系数。成熟系数高，表示成熟度好，反之则差。陆地棉成熟系数一般为1.5~2.0。过成熟纤维成棒状，转曲少，纺纱价值低。

（4）转曲：根成熟的棉纤维，在显微镜下可以观察到像扁平带子上有许多螺旋状扭转，称为转曲。一般以纤维1 cm的长度中扭转180°的转曲数来表示。成熟的正常的纤维陆地棉为39~65个，海岛棉为80~120个。

（5）断裂比强度：强度指纤维的相对强力，是衡量纤维抵抗拉伸的能力（拉伸强度）的指标之一。当单根纤维的线密度是Tt（dtex），强力是P（cN），则其计算公式为$Po=P/Tt$ 式中：Po为断裂比强度，cN/tex。在现代棉花育种中，十分重视提高纤维强度和整齐度，纺织技术改进，加工速度加快，给棉纤维更大物理压力，因此要提高纤维强度；末端气流纺纱技术的应用，更要求棉花增加强度和整齐度。

（6）细度：细度即纤维粗细程度。国际上以马克隆值（Micronaire value, m/g）作为细度指标，用一定质量的试样在特定条件下的透气性测定。过细，不成熟纤维气流阻力大，马克隆值低；过粗，成熟纤维气流阻力小，马克隆值大。中国多数采用公制支数表示细度，即纤维的长度。公制支数高，表示纤维细，反之则粗。一般成熟陆地棉细度为5,000~6,500 m/g，海岛棉为6,500~8,000 m/g，马克隆值与公制支数的关系是：公制支数=25,400/马克隆值（25,400为常数）。国际标准通常以特克斯（tex）表示细度，指纤维或纱线1,000 m长度的质量（g）。特克斯值高表示纤维粗，反之则细。

（7）伸长度：测定束纤维拉断前的伸长度，单位为g/tex。棉花纤维的长度、细度和强力都是由微效多基因所控制的数量遗传性状。与棉花产量相比，一般有较高的遗传率，例如纤维长度和强力的遗传率都在60~80%或以上，而皮棉产量的遗传率一般在40~50%或以下。因而在群体选择中，纤维长度、强力以及细度的选择比产量性状的选择易于取得成效。纤维品质各性状之间，以及品质性状与其他农艺性状之间存在相关性。纤维强度和伸长度通常呈负相关。长度和强度呈正相关。在陆地棉中，强力与产量呈负相关（-0.36~-0.69）（Meredith,1984）。在棉花育种工作已成功地打破长度与强力的负相关关系，育成了一些品质优良并丰产的品系和品种（Culp et al,1973）。

自开花前 3 d 起，外珠被的表皮细胞开始分化并形成纤维原始细胞，进而扩展成球状或半球状突起且增大，至开花后 3 d 为止，该过程就是棉花纤维发育的起始期。而表皮细胞分化形成突起的早晚则直接影响到纤维的成熟发育，通常在开花当天或之前 15%~25% 的表皮细胞可最终分化形成长绒纤维（lint），而开花之后才逐渐扩展成突起的纤维细胞最发育为短绒纤维（fuzz）（Graves et al,1988；Tiwari et al,1995）。对于不同的棉花品种，纤维细胞分化和起始发育的时间也不尽相同。在陆地棉品种中，如中棉所 12、鲁棉 1 号等，纤维细胞的半球状突起可在开花前 8h 观察到，而其在开花前 20~24 h 才出现在海 7124、海 416 等海岛棉品种中（董合忠等,1989）。

从开花当天开始，棉花纤维的伸长期一直持续到 20~30 d，而且该过程中纤维细胞的伸长状况对最终成熟纤维长度起关键作用。海岛棉，又称长绒棉，其成熟纤维之所以比陆地棉纤维长，原因可能是海岛棉的伸长期不仅持续时间长，而且纤维的伸长速率也要高于陆地棉。影响成熟纤维长度的主要因素在于伸长期内纤维的伸长时间和伸长速率（董合忠和刘凤学,1989）。通过对比在不同时间点内陆地棉 TM-1 和海岛棉海 7124 的纤维长度，科研人员发现不仅海 7124 的延伸率要高于 TM-1，而且后者的纤维在 23 d 停止伸长，前者则在 33 d 才停止（Chen et al,2012）。此外，还发现初生壁不断合成，因而纤维伸长期又被称为初生壁合成期。起始于纤维发育过程的早期，初生壁的形成一直持续到差不多 25 d。除了占 20%~25% 的纤维素，大部分的初生壁主要由非纤维素的糖类物质构成，而这也使得其具有一定的可塑性，继而可随着纤维细胞伸长期的进程而不断延伸（张辉等,2007）。高尔基体在初生壁合成的过程中发挥着重要的作用，其不仅通过与原生质膜相连参与合成和运输初生壁的合成物质，还可完成对纤维素微纤丝和非纤维素多糖网络间关联的松弛作用，最终为纤维细胞的伸长和初生壁的发生增加细胞的表面积（Fry et al,1992）。

始于 15 d 左右，且伴随着纤维细胞的不断伸长，次生壁开始合成并且一直持续到大约 40 d，因而 10 d 左右的重叠期出现在纤维次生壁加厚期和伸长期指间（Meinert and Delmer,1977）。随着重叠期内的纤维细胞伸长速率和初生壁合成逐渐停止，纤维素的合成速率则不断提高，预示着次生壁合成逐渐开始形成，而对成熟纤维的强度特性起决定性作用的就是纤维次生壁加厚期的纤维素的合成和累积过程（上官小霞等,2008）。根据前人的研究，脱落酸（abscisic acid,ABA）浓度的峰值出现在纤维伸长期结束前，这说明其可抑制纤维伸长，因而 ABA 浓度的跃升可被认为是纤维次生壁加厚期开始的信号（Gokani et al,1998）。同时，有研究发现 ABA，和乙烯（ethylene）的综合作用可引起细胞内活性氧（reactive oxygen species,ROS）水平上升，而 ROS 的升高则可导致纤维细胞伸长的终止，也最终激发了次生壁的合成（Chen et al,2012）。

成熟期，又称纤维脱水成熟期，主要是指次生壁加厚期结束后，从 45 d 左右开始，纤维细胞逐渐脱水成熟并最终完成吐絮（60 d 左右结束）。棉花纤维的细胞结构自内而外依次是中腔、次生壁和初生壁，且成熟期积累的大量残留物集中在中腔内，然而残留物中大量的色素则会导致纤维颜色改变，故称之为有色棉或者彩棉。衡量棉花纤维成熟度的标准在于其细胞壁加厚或者充满的程度，在纤维发育过程中次生壁内纤维素的积累程度越高，细胞壁越厚且纤维成熟度越高；棉花纤维成熟度则决定了纤维细度、强力、弹性、吸湿和染色等性状的好坏，因而其是判断棉纤维的纺纱性能和使用价值的重要指标之一（张辉等，2007）。

6.2.2.4 种子品质性状遗传

近年来受疫情、极端天气及自然灾害等因素的影响，全球食用油价格持续上涨，我国食用油高度依赖进口，国内外市场联动性强，造成国内食用油价格持续上涨，"油瓶子"安全引起了人们越来越多的关注，棉籽在食品和工业加工中也变得越来越重要。

棉花主副产品都有较高的利用价值，据统计，2014—2023 年我国棉花平均种植面积是 4,995.3 万亩，平均籽棉总产量 578.2 万吨（表 6.3）；按照籽棉 6,500 元 / 吨，总价值 375.54 亿元。2021 年全国棉花种植面积为 4542 万亩，棉花产量 573.1 万吨，棉花单产达到了 126.17 kg/ 亩，较 2011 年的 96.06 kg/ 亩，增加了近 31.3%。其中棉籽产量 389.71 万吨，按 3,000 元 / 吨，产值 116.91 亿元；短绒率按 8% 计算，按 5,000 元 / 吨，产量为 31.18 万吨，产值为 15.59 亿元；可产 54.5 万吨棉籽油，按 5,000 元 / 吨，产值 27.25 亿元；可产 274.0 万吨棉籽饼，按 3,000 元 / 吨，产值 82.2 亿元；棉杆按经济系数 40% 计算，全国 1432 万吨，可作微生物能源 716 万吨，潜在的价值为 300 元 / 吨，产值 21.48 亿元。

大量研究表明，棉籽富含饱和脂肪酸和必需脂肪酸，亚油酸高达 46.7%~58.2%，棕榈酸含有大量不饱和脂肪酸，其中，亚油酸占 50%（Konukan et al,2017）。多不饱和脂肪酸在健康在促进和降低疾病风险方面具有作用（Shahidi and Ambigaipalan,2018）。长链多不饱和脂肪酸（LC-PUFA），尤其是 EPA（eicosapentaenoic acid，20:5n-3）和 DHA（docosahex-aenoic acid，22:6n-3），以及适当平衡的 omega-6/omega-3 脂肪酸在细胞和生物体中发生的大多数生理和生化过程中起到决定性作用，在降低许多疾病的风险，能解决其他的炎症状况（Zarate et al,2017）。杨佳宁等（2019）以棉籽油为基料油，添加大豆油、菜籽油、棕榈油进行调配，制成煎炸植物调和油，煎炸寿命延长了 18 h，稳定性提高了 37%，煎炸薯条的平均含油率为 18%，煎炸感官效果好。不饱和脂肪酸对人体健康非常有益，已在各种加工食品中变得越来越受欢迎（Ma et al,2018）。

表 6.3 2014-2023 年我国棉花各省总产量情况 (t)

地区	2014	2015	2016	2017	2018	2019	2020	2021	2022	2023
广西	0.2	0.3	0.3	0.3	0.1	0.1	0.1	0.1	0.1	
上海	0.1	0.04	0.03							
江苏	16	11.7	7.4	5.1	2.1	1.6	1.1	0.8	0.6	0.5
浙江	2.3	1.9	1.6	1.4	0.6	0.8	0.7	0.6	0.5	0.3
安徽	26.3	23.4	18.5	14.3	8.9	5.6	4.1	2.9	2.6	2
福建	0.01	0.01	0.01							
江西	11.9	11.6	11.2	7.7	6.8	6.6	5.3	1.7	2.2	2.2
湖北	36	29.8	18.8	18.2	14.9	14.4	10.8	10.9	10.3	9.6
湖南	12.9	14.5	12.3	10.6	8.6	8.2	7.4	8	8.2	7.6
四川	1.2	1	0.9	0.8	0.4	0.3	0.2	0.2		
贵州	0.1	0.1	0.1	0.1	0.1					
云南	0.01	0.03	0.01							
北京	0.01	0.01	0.01							
天津	3.8	2.7	2.8	2.8	1.8	1.8	1	0.4	0.3	0.1
河北	43.1	37.3	30	30.1	23.9	22.7	20.9	16	13.9	10.4
山西	2.4	1.4	1	0.8	0.4	0.3	0.2			
山东	66.5	53.7	54.8	34.5	21.7	19.6	18.3	14	14.5	12.6
河南	14.7	12.6	9.8	8.7	3.8	2.7	1.8	1.4	1.4	0.7
陕西	4.2	3.7	3.4	2.3	1	0.8				
甘肃	6.4	4.4	2	2.7	3.5	3.3	3	3.1	4	4.2
新疆	367.7	350.3	359.4	408.2	511.1	500.2	516.1	512.9	539.1	511.2
内蒙古	0.2	0.03	0.02							
辽宁	0.01	0.01	0.01							
吉林	0.1									
全国总计	616.1	560.5	534.3	548.6	609.6	588.9	591	573.1	597.7	561.8

注：数据来源国家统计局 http://www.stats.gov.cn

棉花种子经过压榨加工，可生产出高品质的绿色无污染的生物柴油供人们使用（Zang et al,2018）。棉籽油中脂肪酸的碳链长度在 C16~C18 之间，为 99%，而柴油的碳链长度在 C15~C18 之间，它与生物柴油非常相似，转化成生物柴油的效率高达 95%，棉籽油转化成的生物柴油中富含氧，不含硫，被认为是理想的生物燃料原材料（Yesilyurt et al,2020）。生物柴油是一种新型的清洁、环保的可再生能源，可以提高生物柴油产量和质量，从而降低传质阻力。唐凤仙等（2010）以棉籽原油为原料，通过酶法酯交换反应合成生物柴油，转化率保持在80%以上。Wu等（2006）利用合成了磺酸功能化离子液体，结果表明，酯交换法棉籽油在制备生物柴油过程中具有较高的催化活性。张伟等（2022）以柴油馏分与掺炼棉籽油为原料制备生物柴油，结果表明，当棉籽油与柴油馏分混合加氢时，混合的棉籽油掺入的比例不宜超过原料总质量的10%。祁淑芳等（2018）利用等体积浸渍法制备 $K_2CO_3/ \gamma-Al_2O_3$ 负载型固体碱催化剂，用于棉籽油和甲醇酯交换制备生物柴油。Ayegbaa等（2016）在棉籽油甲酯（CSOME, cotton seed oil methyl ester）的生产中使用四氢呋喃（tetrahydrofuran, THF）作为助溶剂的管式反应器，酯交换反应表明，该反应器可用于连续生产生物柴油，无需加热和大量搅拌，产品（生物柴油）在停留时间为 6 min 时获得93.3%的产量，在 14 min 的停留时间内获得99.5%的产量。在全球石油能源危机的背景下，棉籽油生产生物能源燃料具有广阔的应用前景。

棉子品质性状棉仁约占棉子质量的50%。棉仁中含有35%以上高质量的油脂和氨基酸较齐全的蛋白质（37%~40%）。Kohel（1978）对不同的陆地棉材料种子的化学成分进行分析，发现含油量有相当大的变异，但在育种时还没有充分利用这些变异以提高含油量。绝大多数棉花品种在其植株各部分的色素腺体中含有多酚物质。棉酚（gossypol）及其衍生物约占色素腺体内含物的30%~50%。通常棉子种仁和花蕾中的棉酚含量最多。陆地棉棉仁中棉酚含量一般为1.2%~1.4%。多酚化合物对非反刍动物有毒，影响棉子油脂和蛋白质的充分利用。已知色素腺体的缺失受 6 个隐性基因 gl_1、gl_2、gl_3、gl_4、gl_5 和 gl_6 控制，其中 gl_2gl_3 纯合隐性或 gl_2 存在时，棉花无腺体。不论陆地棉还是海岛棉，国内外均已育成棉子棉酚含量低的无腺体品种，有些无腺体品种产量已同有腺体品种相近，但在生产上应用不广。

棉酚是一种黄色多酚羟基联苯二甲醛类化合物，主要存在于锦葵科棉花的根、茎、叶和种子中，棉籽仁中含量最高。Wen等（2018）利用零级药物释放技术，不仅可大大提高棉酚的抗生育作用，而且由于剂量的极大降低，可大大减轻其毒副作用。棉酚的抗肿瘤作用主要表现在抗增殖、干预信号通路、干预能量代谢、磷脂代谢及抑制 Bcl-2 蛋白过度表达等方面（Lan et al,2015）。随着合成生物学的发展，Wang等（2022）发现棉酚可以靶向结合到 RNA 依赖的 RNA 聚合酶（RdRp）的活性口袋区域，通过阻止引物和模板的结合，从而高效抑制 RdRp 的活性，进而阻遏 SARS-CoV-2 及其变异株的复制；棉酚还对猪流行性腹泻病毒、猪急性腹泻综合征冠状病毒、禽传染性支气管炎病毒以及猪德尔塔冠状病毒等多种冠状病毒具有抑制活性，棉酚能够广谱抑制冠状病毒。这些研究对促进棉花天然产物的研究和利用、拓宽棉花副产品的价值具有重要意义。

棉花 At-Gh13LPAAT5 的表达可增加总三酰甘油和其他脂肪酸的产量（Wang et al,2017）。棉花 FAD2 基因催化油酸转化为亚油酸，亚油酸是决定种子油中必需多不饱和脂肪酸（PUFAs）含量的主要因素（Du et al,2019）。FAD2 基因编码的一种种子特异的去饱和酶，它可以催化棉花种子中的油酸转化为亚油酸，该基因在四倍体棉花物种中至少有两个拷贝，通过 CRISPR/Cas9 技术获得高油酸材料（Chen et al,2021）。利用过表达及基因沉默技术获得不同的转 GhFAD2 基因品系间存在显著差异，油酸含量由对照的 19.6％提高到 26.0％~77.8％，其余组分含量则明显下降（刘任重等,2001）。GhWRI1 是一个参与种子成熟过程的关键转录调控因子，可以上调种子发育过程中脂肪酸生物合成（Zang et al,2018; Zhao et al,2018）。

GhDof1 基因过表达表明该基因可以提高陆地棉的非生物耐受性和种子含油量（Su et al,2017）。GhCPS1、GhCPS2 和 GhCPPS3 编码棉花环丙烷脂肪酸合成酶家族的环丙烷合成酶同源物，其中，GhCPS1 和 GhCPS2 的表达与种子中总环状脂肪酸含量相关。异构体 GhACCase（乙酰辅酶 A 羧化酶）基因可以提高陆地棉种子中的含油率（Yu et al,2011）。Liu 等（Liu et al,2018）通过花粉管通道法将构建的 Pro35S:WRI1 载体导入苏棉 20 中，半定量和定量 RT-PCR 分析表明，与野生型相比，转基因植株中 GhWRI1 基因表达增加，籽粒脂质含量增加，蛋白质含量下降。Zhao 等（2018 年）利用 PEPC2-RNAi 载体沉默 GhPEPC2 基因，研究发现其可以调控棉籽油和蛋白的积累，转基因植株中，未成熟胚中的 PEPCase 活性显着降低，籽粒含油量增加 7.3％，总蛋白含量减少 5.65％。此外，利用 RNA-seq 技术对转基因 GhPEPC2 种子的基因表达谱进行分析结果表明，大多数脂质合成相关的基因被上调，但与氨基酸代谢相关的基因被下调。

6.2.2.5 抗病虫害性状遗传

作为世界性的重要病害之一，棉花黄萎病最早是由美国学者 Carpenter 在 1914 年的美国费吉尼亚州发现的，随后扩散至世界各地的棉花种植区，继而导致连年严重的棉花减产（Cai et al,2009）。而我国在 1935 年引进美国"斯字棉 4B"时，由于未对该棉种进行处理就种植于多个植棉区，由此棉花黄萎病传入中国（陈其瑛,1983）。从二十世纪五六十年代开始危害我国的部分省份，棉花黄萎病在 90 年代后已然蔓延至我国各大主棉区，而多次爆发的大面积棉花黄萎病害不仅引发了每年大约三百万公顷的发病面积，还直接造成了每年 12 亿人民币左右的经济损失（简桂良等,2003; 徐理等,2012; 朱荷琴等,2012）。近十几年来，随着抗虫棉在我国的大面积推广，再加上棉花枯萎病逐年得到控制，黄萎病成为目前制约我国棉花生产的最主要病害，因为其不仅严重影响了棉花产量，还对棉花纤维品质造成极大地威胁（Zhang et al,2012），因而是我们现阶段棉花育种研究的重中之重。

（1）抗病性状遗传。 在中国为害最严重的病害是棉花枯萎病和黄萎病，选育抗病品种是最有效的防治方法。对枯萎病和黄萎病抗性遗传至今没有得到较一致的结论。

棉花对枯萎病的抗性是受显性单基因控制，有的研究者认为是受多基因控制，其遗传以加性效应为主（Kappehnan,1971；校百才,1989）。Netzer（1985）、Smith 等（I960）在海岛棉 Seabrook 品种中确定了两个高抗枯萎病的基因，其中一个基因已转育到陆地棉中。棉花对枯萎病抗性和对线虫病抗性有关联，特别是与抗根节线虫病有关。线虫侵害棉花根系，造成深伤口，使枯萎病菌侵入棉株。在陆地棉中还没有发现对棉花黄萎病免疫和高抗的类型。

海岛棉中的埃及棉和秘鲁种植的 Tanguis 高抗黄萎病，已用来作为提高陆地棉耐病性的抗源。Fahmy（1931）首先报道了棉花黄萎病抗性遗传研究结果，以后曾有不少学者进行过研究，但没有得到明确的结论。国内外的研究结果证明，在陆地棉和海岛棉种间杂交研究中，海岛棉的抗病性对陆地棉的感病性受显性或不完全显性单基因控制。在陆地棉种内杂交从而进行的黄萎病抗性遗传研究存在两种结论，一种认为陆地棉的抗（耐）病性为质量性状遗传，另一种认为属于数量性状遗传。不论是在温室中人工接种还是在田间病圃条件下，海岛棉的抗病性对陆地棉的感病性为显性，表现为单基因显性或部分显性控制的质量性状遗传方式。陆地棉种内杂交而言，陆地棉的抗性遗传规律较为复杂。温室或生长室单一菌系苗期接种鉴定时，多倾向于抗性由显性单基因控制；而田间病圃鉴定并在生长后期调查时，多倾向于抗性呈数量性状遗传，加性和上位性基因效应都存在，但以加性效应为主。

植物病原菌的致病过程始于其突破植株细胞壁，侵染植物细胞，最终完成系统性侵染，而棉花黄萎病菌侵染过程也是如此，即棉花在一系列复杂的信号分子和转录调控因子作用下激发的抗病防御反应，也在这些关键点形成相应的防御机制（Smit et al,1997）。棉花防御黄萎病的侵染过程主要是通过加厚细胞壁和阻塞导管来完成。黄萎病菌侵染棉株后，首先会引起植株产生诱导组织抗性，诸如发生表皮木质化和内部组织木栓化，进而导管壁增厚，并形成胶状物和侵填体堵塞导管等一系列的防卫反应，而这样便可将入侵的黄萎病菌限制在局部区域，防止病菌在植株内继续扩展蔓延危害棉株（Davay et al ,2007）。相较于耐病甚至是抗病品种，棉花感病品种的维管束组织导管细胞排列比较松弛，且病菌菌丝占有细胞数多，这说明不管是抗病品种还是感病品种都不能阻止黄萎病菌的侵入，只是抗病品种才能显著抑制病原菌的繁殖和扩展，且其并不表现出明显的病症（吴翠翠等,2010）。

黄萎病菌侵染棉花后，随之发生变化的是棉株体内新陈代谢，进而形成多种诸如植保素、单宁、多糖、棉酚和脂类等增强机体自身抵抗力的抗菌相关的物质。这些物质或是通过抑制黄萎病菌产生的水解酶的分泌和合成，保护木质部中的胶质不被分解，以避免导管堵塞，或是抑制黄萎病菌丝生长，或是将病原菌包裹在导管中的一定区域以限制其扩大（房卫平等,2003）。结合 RNA 转录组测序结果和组织化学分析技术发现，木质素代谢途径在棉花防御黄萎病侵染和抑制扩增过程中起关键作用（Xu et al,2011）。抗病反应过程中，植株会产生并积累包括醛类化合物、类黄酮抗生素等植物抗毒素，还会产生一种可在较低浓度下杀死菌丝体的脱氧半棉酚（dHG），而其还是植株产生的一系列萜醛化合物中最有效的一种（James and Dubery,2001）。植株的先天免疫反应是由大丽轮枝菌的分泌蛋白 PevD1 引起的，可产生大量的可促进木质素沉积和维管束增固的防御性酶类，诸如过氧化氢、一氧化氮和苯丙氨酸脱氨酶、过氧化物酶、多酚氧化酶等。PevD1 同时也可促进 β-1,3- 葡聚糖酶、几丁质酶和杜松烯合成酶 3 个病程相关基因及苯丙烷代谢途径中 PAL、C4H1 和 4CL 3 个关键基因的表达,最终提高植株抗性（Bu et al,2014）。总而言之，棉花抗黄萎病菌防御反应主要是信号转导、转录调节、R 基因表达、蛋白质加工与降解多途径、多基因的联合效应（Zhao et al,2012）。

（2）有机棉抗虫性状遗传。 棉花的生育期较长，一般生产上利用的棉花品种种植期都超过一百天。棉花生长发育的各个时期都会受到各种各样的外界环境胁迫，其中虫害是影响棉花生产，导致品质降低的重要因素之一。我国棉花种植田间害虫有 300 多种，主要虫害有三十余种，其中危害较重的有棉铃虫、蚜虫、盲蝽等十几种害虫常年危害棉花的生产（雒珺瑜等，2017）。为了有效地防治虫害减轻经济损失，田间化学农药的投入和使用量不断提高，但是农药的大量投用不仅会造成田间污染，而且会导致田间害虫产生较强的耐药性。这进一步提高了虫害防治工作的难度和投入费用，因此进行抗虫育种研究显得尤为重要。

有机棉形态抗虫育种阶段。 我国棉花形态抗性育种阶段主要在 1986 年以前，利用棉花植株本身表现出的特殊形态结构，可以对棉花害虫产生趋避或提高耐受性的优势进行品种选育研究。不同的棉花材料具备的抗虫形态结构主要有光滑叶、多毛、无蜜腺、鸡脚叶、厚叶片、高蜡质、红叶表型以及早熟性等特征。其中光滑叶性状不利于害虫的附着以及害虫产卵，这使棉株对棉铃虫、盲蝽等害虫的抗性提高。多毛性状可以很大程度阻止刺吸式口器害虫吸食棉花植株的汁液，对刺吸式口器害虫如蚜虫、叶蝉等具有很强的抵抗作用。无蜜腺这一特性可以减少害虫对棉株的取食量，使得害虫产卵量减少，最终达到减少害虫种群数量的目的。窄卷苞叶性状对幼虫的危害及成虫产卵都有驱避作用，叶面积和密度降低，并可提高化学杀虫剂的使用效果，从而减轻棉铃虫、金刚钻等棉田害虫产生的影响。种植鸡脚叶表型棉株时，种植田间容易形成高温低湿度的小气候条件，这会影响害虫的生长和发育，也可提高农药的施用效果，一定程度上可有效减轻棉铃虫、卷叶螟等危害。厚叶片和高蜡质不利于害虫的取食，从而增强棉株的抗虫表型。具有红叶性状的棉花植株中类黄酮以及紫苑苷物质等物质的积累量较高，产生阻碍害虫取食的功能（戴小枫等,1995），可以达到驱避棉铃虫、棉铃象甲等害虫的作用，但红叶材料中叶绿素与正常植株相比含量降低，这导致棉花的品质和产量下降，因此红叶性状在应用上一直存在困难。早熟性性状可以明显缩短棉花生产过程中的种植时间，使棉花避开生长前期和生长后期棉田中的虫害影响。高致密的生理性状结构性状可以影响红铃虫对棉铃的入侵，粗糙的叶脉可影响叶蝉等害虫的取食情况，厚角质层及发达的海绵组织等性状都可以产生抗虫表型（戴小枫等，1995）。

形态抗虫研究阶段为棉花育种工作奠定了很好的物质基础，并且培育出了很多抗虫品质，如从引进材料中选出的具有多毛性状且对棉蚜有明显抗性的 J336-2 品系；从岱字棉中获得的具有密生茸毛特征的抗 77 品系可以对蚜虫产生显著抗性（郭香墨等，1990）；华中农业大学培育成功的具有鸡脚叶、光滑叶表型的华 4101 品系（刘海涛等，1997）。

虽然该棉花育种阶段所选育的抗虫棉花品系大多数只针对单一的形态抗虫特征，抗虫谱相对狭窄，抗虫效果也有限，但是本阶段工作筛选和鉴定出了许多有研究价值的抗虫棉花种质资源，使棉花的种质资源得到了进一步丰富，为我国后期棉花育种研究积累了重要的物质基础。

有机棉生化抗虫育种阶段。 我国棉花生化抗虫育种阶段集中在 1986 年以后。此阶段利用棉花植株内产生的特殊代谢物质对害虫表现出的抗性特点进行了育种和选育。这些特殊的代谢产物可能对害虫产生趋避作用，也可能会影响棉花害虫的消化系统，导致其厌食，影响发育，严重时会使害虫中毒死亡（肖松华等,1999）。棉花植株体内已经明确的有抗虫作用的物质主要有萜烯类、黄酮类、单宁类等次生代谢物质以及营养类物质。其中萜烯类化合物主要有棉酚、半棉酚酮等，会对棉花害虫的取食以及消化过程产生负面影响，进一步达到抑制害虫生长发育的目的，对蚜虫、红铃虫、棉叶螨等有明显控制效果。黄酮类化合物主要包括儿茶酸、芸香苷、花青苷、芦丁等物质，可以对害虫的发育和化蛹起到抑制作用（肖松华等,1999），从而提高棉株对棉铃虫、棉叶螨等棉田害虫的抗性。单宁类化合物主要有水解单宁、缩合单宁等化合物，这类化合物可以抑制害虫消化酶的活性，使害虫取食的蛋白质类物质发生沉淀作用，从而达到影响害虫取食及消化的作用，对蚜虫、棉铃虫、红铃虫等产生抗性效果。营养类物质涉及棉花植株中可溶性糖、游离性氨基酸以及脂肪酸等物质成分，这些化合物可以影响害虫对营养成分的获取，从而破坏虫体代谢稳态，对蚜虫、棉叶蝉等多种害虫表现出广谱的抗虫效果（戴小枫等,1995; 刘海涛等,1997）。本阶段培育出一批优质的有利用价值的棉花抗虫新品系，如冀 83（10）-1 材料中单宁、棉酚等抗性物质含量高，对蚜虫以及棉铃虫均可以产生驱避效果；华 103 材料中富含单宁和萜烯类物质且棉叶光滑，对棉铃虫以及红铃虫产生较强的驱避效果；中国农科院棉花研究所培育的中 99 材料叶片外渗氨基酸含量低且具有多茸毛的形态抗性。棉花生化抗虫育种阶段打破了过去单一形态抗虫研究的局面，抗虫效果有了较明显提升，部分材料抗虫效果达到 20% 以上，育种方法也从过去简单的系统选择和杂交选育向回交、聚合杂交等多种方法的综合应用方向发展。虽然本阶段在棉花生化抗虫方向取得了一定程度上的进展，但对一些生化抗虫物质的遗传和机理仍需进行深入研究，且未发现棉花抗虫相关的主效抗性因子。

棉花抗虫基因工程育种阶段。基因工程育种指运用分子生物学先进技术，使外源性的目的基因片段导入到相关的受体材料中，然后在受体植物细胞基因组中进行重组和表达，通过筛选并获得有价值的重组工程植株，进一步达到创新植物品种的一种新型育种技术。目前已有多种外源抗虫基因被开发利用。①蛋白酶抑制剂基因控制合成的产物可以与昆虫体内的蛋白消化酶进行联合形成相关复合物产物，对消化酶的功能产生影响，还可以导致害虫体内超量地产生消化酶，让昆虫在取食时产生厌食的效果，阻碍昆虫的健康发育，甚至造成其死亡，主要作用目标有鳞翅目、鞘翅目等昆虫（孙璇等，2016）。②淀粉酶抑制剂基因能够控制合成影响害虫体内淀粉酶功能的淀粉酶抑制剂物质，使害虫无法吸收的淀粉类物质，阻碍害虫对能量的吸收。这种淀粉酶抑制剂可以与淀粉酶直接发生相互作用而形成复合产物，致使昆虫体内产生超量的消化酶，导致害虫产生厌食表现，减少害虫对植物材料的取食量，从而影响害虫的生长发育过程或严重致其死亡，对谷仓类害虫等起毒害作用（周兆斓等，1994）。③昆虫神经性毒蛋白基因调控合成的毒蛋白产物可以引起昆虫发生神经性的麻痹，影响昆虫的蜕皮以及其生长发育过程。该毒性基因可以对部分鳞翅目害虫产生抑制作用（姚斌等，1996）。④外源凝集素基因合成的凝集素产物是一种可以在昆虫的体内释放并与其肠道内的糖蛋白进行结合的毒性物质，可使昆虫对取食后的吸收过程产生阻碍，同时还可能引起害虫消化道系统相关疾病，影响害虫的生长发育或导致其死亡，其作用的目标害虫涉及鳞翅目和同翅目中的一部分（Saha et al, 2006）。Bt 基因在植物转基因抗虫育种研究中应用广泛，并且效果显著。

为减少杀虫化学药剂的使用，保护环境，减少农副产品残毒，保护有益昆虫，降低生产成本，抗虫育种日益受到重视。已经研究过十几种植物性状对棉花害虫的抗性。有些性状对某些害虫的抗性已经证实，有些则证据不充分或缺少证据。有些抗虫性遗传较复杂，例如对棉铃虫、棉红铃虫幼虫有抗性的花芽富含糖烯醛类化合物的遗传，由 6 个位点上的基因控制；对棉铃虫、棉红铃虫有抗性的叶无毛或光滑叶性状受 3 个位点、4 个等位基因的控制；对棉叶蝉有抗性的植株多毛性状由 2 个主基因和修饰基因的复合体控制。虽然已知很多抗虫性状，但实际应用时有困难，如对产量、品质有不利影响等。具有无蜜腺性状的品种已在生产上应用；早熟和结铃快的品种可以避开害虫危害，也已在生产上作为减少虫害的措施应用。

随着 Bt 转基因棉花种植区域的扩大和种植时限的不断延长，害虫对 Bt 转基因棉花产生抗性，由此带来的风险也不容忽视。研究人员在室内研究筛选出了抗 Bt 的棉铃虫品系并进行了研究（Liang et al,2008）。吴益东研究团队发现，棉铃虫基因组中 HaTSPAN1 基因发生了 T92C 点突变，对我国 Bt 转基因棉花中应用的 Cry1Ac 蛋白表现出明显性抗性，并且在我国华北棉区的棉田中，棉铃虫的种群抗性突变频率加速提高，从 2006 年开始的十年间，棉铃虫的抗性提升了 100 倍（Jin et al,2018）。

Bt 转基因棉花的推广种植可以一定程度控制棉铃虫等棉田害虫对生产带来的危害，但存在一定的风险，随着种植范围扩大及种植时间的延长，棉铃虫抗性随之进化。除此之外，棉田害虫的优势种也在随之发生变化。Bt 棉对蚜虫、棉盲蝽、烟粉虱等非 Bt 基因靶标害虫没有毒杀作用（Tang et al 2006,Palma et al ,2014），这导致非 Bt 基因靶标害虫田间的发生量和危害变得日益严重，原棉田中的次要害虫造成的危害逐渐加重。而且为了防治非 Bt 基因靶标害虫，相应的杀虫剂广泛应用，导致多种害虫对化学农药产生的抗药能力增强。我国研究人员在对华北棉区害虫抗药性研究中发现，棉蚜对吡虫啉等多种杀虫剂都表现出很强的抗药性，其抗性倍数甚至超过 100 倍；绿盲蝽对吡虫啉等农药的抗性倍数也持续上升（张帅等,2016）。在此我们以棉花种植面积占全国近 80% 的新疆棉区为例，2020 年蚜虫的发生面积达到 41.34 万公顷次，危害明显超过棉铃虫的影响（热依汗古丽·阿布都热合曼等,2021）。由此可见，转基因抗虫棉的种植使得刺吸式害虫等非靶标昆虫的危害日益加重，导致防治非靶标害虫的压力进一步增大。目前急需寻找一种新的策略应用于棉花防御刺吸式口器害虫研究以及预防棉铃虫对 Bt 转基因抗虫棉产生抗性方向的研究。

唐中杰等（2023）为了给转 Bt 基因棉花在科研和生产上多世代可持续利用提供依据，以转 Bt 基因棉花品种银山 8 号为试验材料，从 2005 年开始，连续 16 年进行跟踪研究表明，随种植世代的增加，生物测定第 2~4 代棉铃虫幼虫校正死亡率、铃期叶片和铃期小铃杀虫蛋白表达量均有不同程度的线性上升趋势，同时皮棉产量线性回归曲线也呈增长趋势；苗期叶片、蕾期叶片和蕾期小蕾杀虫蛋白表达量呈线性下降趋势。相关性分析表明，抗虫棉的抗虫性与皮棉产量间均呈正相关，株铃数和衣分是构成皮棉产量的重要因子，与皮棉产量的相关性分别达到极显著和显著水平。外源 Bt 基因转入棉花后能稳定遗传给后代，通过卡那霉素鉴定和系统选择可以持续保持转 Bt 基因棉花多世代的抗虫性，甚至通过提纯复壮逐年优选，可实现转 Bt 基因抗虫棉特定生育时期或部分棉花器官抗虫性的提高。

彩色棉育种。 目前，天然彩色棉以棕色和绿色为主，拓展新的彩色棉种质资源是培育彩色棉新品种亟待解决的问题。我国早在 1994 年便开始了彩棉育种研究和开发，彩棉研究目前居世界领先水平。彩棉即天然彩色棉花，是采用杂交、基因转导等现代生物工程技术培育出的一种在吐絮时就具有红、黄、绿、棕等天然色彩的棉花。中国农科院棉花研究所培育的棕絮 1 号，在国际彩棉品种改良中处领先地位。棕絮 1 号纤维品质优良、产量高、抗病虫、早熟、综合农艺性状好，适应性广，该品系促成了中国第一批有色棉纺织品问世，并使九采罗彩色棉系列纺织品进入了规模化开发阶段，这在世界彩色棉改良中是一大突破。将其用于纺织，可以免去繁杂的印染工序，降低生产成本，减少化学物质对人体的伤害，是名符其实的绿色环保产品。但我国现有的彩色棉主要是棕色和绿色棉花，颜色相对单一，难以满足人们丰富多彩的生活需求。

2010 年起，浙江理工大学生命科学与医药学院孙玉强教授团队就利用农杆菌介导的棉花转基因技术，创制棉花突变体，其中一个紫化突变株系 HS2 从种子萌发到植株衰亡，整个生育期茎、叶、蕾等组织器官都呈紫色，并稳定遗传。2012 年开始，利用紫化突变体 HS2 分别与 9 个棕色棉和绿色棉的品种进行正反交，并利用紫化性状、纤维颜色结合分子标记选择稳定的杂交后代株系。经过连续多代的选育，孙玉强团队已经获得纤维色泽稳定、颜色显著改变的多个杂交组合，包括深棕色至咖啡色，绿色、军绿色和深绿色，橙色，还有深浅不一的蓝色。在此研究基础上，该研究团队提出彩色棉纤维颜色分子改良的新策略：在 HS2 紫化突变体提供大量花青素合成的基础上，通过遗传操纵不同基因，改变花青素种类、含量和比例。2022 年孙玉强团队通过基因工程创制一个棉花紫化突变体，解析了突变体 GhOMT1 基因的功能缺失调控花青素累积的内在机理，由此团队通过杂交育种技术提高纤维中原花青素含量，开辟出培育多种颜色的彩色棉新途径。分析花青素含量和成分发现，导致植株紫化突变的主要原因是 HS2 中积累了大量游离态无色花青素、有色花青素及中间产物，并且花青素的组成和含量也发生改变。HS2 突变体从茎、叶到花、铃等器官都呈现紫色，唯独纤维颜色没有改变。这可能与突变体中原花青素合成的 GhANR 和 GhLAR 两组通路表达水平比较低有关，导致纤维中原花青素累积不够，因此棉花纤维仍然呈现白色。

2022 年中国农业科学院棉花研究所棉花分子遗传改良创新团队成功将甜菜红素在棉花纤维中富集，创造出纤维粉红色的棉花，为利用基因工程方法培育多类型彩色纤维棉提供了新思路。该研究首先将甜菜红素合成相关的 3 个关键基因进行密码子优化，以棉花品种"中棉所 49"为受体获得了富含甜菜红素棉花新材料。在组成型启动子驱动下，棉纤维及其他组织均呈现粉红色表型。在纤维特异性启动子驱动下，只有棉纤维呈现粉红色。成熟纤维中甜菜红素的含量随着液泡的裂解而降低，导致颜色变浅。

2022 年华中农业大学作物遗传改良团队，在海岛棉 3-79 与陆地棉 E22 杂交后代中发现了一个红株突变体。突变体全株呈现紫红色，但成熟纤维依旧保持正常白色。经过 9 代连续自交后，得到纯合突变体（ReS9）。团队利用 ReS9 与 E22 构建含 1899 株 F_2（杂交二代）隐性单株的群体，通过图位克隆，将目标锁定在 D 亚基因组的第 7 号染色体上（D07），以寻找与棉花颜色有关的目标基因。通过代谢路径分析、表达量检测与 TA 克隆，最终确定目标基因为 MYB113 类的转录因子，并将其命名为 Re。证明突变体中 Re 的表达受自然光的诱导。利用突变体、35S 启动子超表达系以及纤维特异表达系在自然光和温室两种条件下的转录组数据，团队构建了陆地棉中参与色素代谢的核心基因集，并初步构建 Re 参与的色素代谢网络。通过纤维特异表达启动子 GbEXPA2 的驱动，团队成功获得植株为正常绿色而发育中纤维呈紫红色的转化系。随着纤维发育，紫红色逐渐变浅，最终成熟纤维呈现出不同深浅程度的棕色。通过检测纤维中花青素的含量，研究人员发现，Re 可以直接调节类黄酮代谢路径下游 ANS 和 UFGT 的表达，从而影响原花色素（PA）与花青素积累，而 PA 的大量积累是成熟纤维呈棕色的主要原因。

2022 年澳大利亚联邦科学与工业研究组织农业与食品部的 Filomena Pettolino 团队通过在棉花中同时超表达甜菜红素合成途径的多个基因，培育出了在纤维发育的最后阶段一直保持粉红色的新型棉花材料。

6.2.3 我国棉花的育种历程

1900 年以来，我国棉花育种经历了从引种到自育的发展历程，完成了主要品种的 6 次更新换代，实现了种子供给从短缺到基本平衡的转变，棉花育种取得了举世瞩目的成就。从品种类型上，由种植亚洲棉到引进国外陆地棉品种，直至种植自育品种；从育种技术上，由系统选育发展到杂交育种，由常规育种发展到转基因育种，创新能力持续增强。

（1）国外引种，第一次更换。

从 1904 年开始，历时 54 年，这期间的主要特征是引进美国岱字棉 15、斯字棉、珂字棉等以及苏联 108 夫、克克 1543、2 依 3 等陆地棉品种，逐步替代了我国长期种植的亚洲棉和草棉。其中，岱字棉 15 的种植面积一度占中国棉花种植面积的 84.1%。这些美国棉花的大量引进，对我国棉花产业的发展及品种的改良起到了巨大的推动作用。

（2）系统育种，第二次更换。

随后的十年（1959—1969）期间，我国利用系统育种技术改进国外陆地棉品种，自己选育的棉花新品种得到了推广，例如在岱字棉 15 群体中选育出中棉所 2 号、中棉所 3 号，从斯字棉 2B 群体中选育出徐州 1818、邢台 6871 等。这次更新，中国棉花单产在之前的基础上增加了两成，自育品种表现丰产、稳产且生育期短、适应性广，纤维长度有所增加，但综合品质仍然较低。

（3）杂交育种，第三、四次更换。

20 世纪 70 年代，我国采用杂交育种技术培育出一系列新品种。鲁棉 1 号是我国推广面积超"亿亩"的大品种之一，结束了美国岱字棉品种在黄河流域棉区的主导地位。中棉所 5 号因耐旱耐涝性强成为 20 世纪 70 年代主要种植品种。军棉 1 号成为南疆 20 世纪 80 年代主要种植品种，完全取代了从原苏联引进的棉花品种，对新疆棉区的品种更替起到了重要的作用。20 世纪 70 年代末到 90 年代初，中棉所 10 号因早熟成为我国短季棉育种的开创性品种，缓解了黄河流域棉区粮棉争地矛盾，实现了麦棉两熟双高产。经过这两次换种，我国自育陆地棉品种基本普及，品种的丰产性有较大提高。

（4）抗性育种，第五次更换。

针对棉花枯萎病和黄萎病危害日益严重的问题，我国在 20 世纪 80 年代中期至 90 年代中期以控制病害为主要育种目标之一。通过打破高产与抗病性和纤维品质的遗传负相关关系，育成高抗枯萎病耐黄萎病品种中棉所 12 和 86-1 等。此外，中棉所 17 具有早熟、高产、优质、抗病、适于麦棉套种等优良特性，成为黄淮海棉区麦棉套种的主导品种。这一阶段育成的品种极大地促进了棉花丰产、抗病性、纤维品质的提升。自育品种完全取代了国外品种，结束了美棉一统天下的局面。

（5）转基因品种引进与自育，第六次更换。

从 90 年代至今，我国棉花种植的主要工作是抗虫棉的推广。针对 1992 年和 1993 年黄河流域棉区棉铃虫的猖獗危害，我国培育出 R93-1 到 R93-6 等抗虫棉新品系，但因经济性状的缺陷未能推广。1996 年和 1998 年我国先后引进美国转 Bt 基因抗虫棉分别在黄河和长江流域棉区种植。这次引进品种不仅解决了我国抗虫棉品种的短缺，还推动了基因检测方法、良种繁殖、精加工和包装技术的进步，使商品种子价格大幅提高。

1999 年我国成功构建具有自主知识产权的 Bt 基因，成为世界上第二个拥有抗虫基因自主知识产权的国家，育成了转基因抗虫棉 SGK321、中棉所 41、鲁棉研 15 等，至 2006 年我国自主培育的抗虫棉品种种植面积占全国植棉面积的 80% 以上，到 2010 年我国自主培育的抗虫棉品种全面替代美国品种。2019 年，由中国农业科学院棉花研究所培育的中棉所 41 种子搭载嫦娥四号在月面上完成了人类首次生物试验，并在月面长出了世界上第一株嫩芽。在月面成功发芽必须适应月球低重力、强辐射、高温差等严峻环境条件考验，"中棉所 41"面对月面的各种恶劣环境，显现出强大的生命力，具有良好的广谱抗逆能力，对人类探索生命如何在地外星球生存具有重大意义。这是人类首次在月面的生物生长培育试验成功，而这一片震惊世界的嫩叶背后的棉花种子，却蕴含着中国众多农业科研人员几十年的心血，代表着中国棉花育种水平提升到新的高度。

6.3 种质资源研究与利用

棉花的种质资源是棉属中各种材料的总称，包括古老的地方栽培种和品种、过时的栽培种和品种、新培育的推广品种、重要的育种品系和遗传材料、引进的品种和品系、棉属野生种、野生种系，以及棉属的亲缘植物等。它们具有在进化过程中形成的各种基因，是育种的物质基础，也是研究棉属起源、进化、分类、遗传的基本材料。

6.3.1 棉属的分类

棉花属于锦葵科棉属（*Gossypium* L.）。棉属中包括许多棉种，根据棉花的形态学、细胞遗传学和植物地理学的研究，历史上曾对棉属有多种分类方法。1978 年 Fryxell 总结前人研究，将棉属分为 39 个种，4 个是栽培种，其余为野生种，随着生物科学的发展，棉属分类还会改进。该研究去除了分类中人为因素，使其能更真实地反映棉属各种群在其自然进化中所形成的亲缘关系。

棉花是世界上最主要的天然纤维来源，占世界年纤维需求总量的 35%，也是非常重要的油料作物，具有极高的经济价值。全球有 75 多个国家种植棉花。棉花属于棉属（*Gossypium*），棉属是棉族（*Gossypium*）里最大的属，共包含 52 个种。按照基因组类型，可以分为 A、B、C、D、E、F、G 和 K 八个不同的类型。除了草棉（*G.herbaceum*; A1）、亚洲棉（*G.arboreum*; A2）、陆地棉（*G.hirsutum*; AD1）和海岛棉（*G.barbadense*; AD2）四个栽培种外，其余均是野生棉。Wang（2018）将棉属分为 57 个种，将二倍体棉种划分为 A、B、C、D、E、G 和 K7 个组，其中四个为栽培种。同一染色体组的棉种杂交可获得可育的 F_1，对 *G.tomentosum* 的 A_u 和 D_u 进行了区分。在二倍体物种中，个体染色体的标识符对应于个体基因组，*G.armouriamum* 和 *G.harkessit* 存在另一种例外，这是由于历史上对这两个物种都使用基因组标 D_2。因此，"a" 和 "h"，作为它们特定学名的首字母，被用来解决这种混淆，以便这两个物种的个体染色体分别被命名为 $D_{2a}1$-$D_{2a}13$ 和 $D_{2h}1$-$D_{2h}13$。另一种打破传统的情况是对 *G.herbaceum sub. Africanum*，*G.sturtianum var.mandewarense*，*G.armourianum*，*G.harknessii*，*G.davidsonii* 以及 *G.klotzschianum* 中的个体染色体采用简化的方式命名，即省略连字符。

棉花也有着让学者着迷的亲缘关系网，锦葵科系统发育树表明（图 6-2），棉属最接近 Gossypioides/ Kokia 属，D5 基因组大小与木棉（*Bombax ceiba*）（895Mb）和榴莲（*Durio zibethinus*）（715Mb）相似。二倍体 D- 基因组棉花起源于 ~660 万年前，随后在千叶期（~50—200 万年）产生多元化。

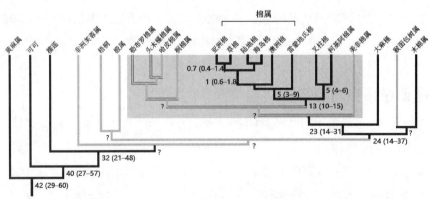

注：淡线表示预测可能的关系，没有该属的基因组序列信息；阴影代表棉花

图 6.2- 锦葵科系统发育树

（Huang G et al,Annu Rev Plant Bio,2021）

棉属很多野生种具有某些独特的有利用价值的性状，其中很多特性是栽培种所不具有的，因此野生种具有改良现有栽培种有价值的种质来源。野生种质在利用上存在困难：二倍体野生种与四倍体栽培种倍性不同，存在杂交困难和杂种不育等问题；相同倍性不同种之间，由于染色体组结构上和遗传上的差异，也存在杂交困难问题。现在已有一些方法克服这些困难，成功地将一些野生种质特殊性状转育到栽培种。辣根棉的 3 光滑性状转育到栽培陆地棉后，表现为植株、叶和苞叶光滑无毛，有助于解决机械收花杂质多及清花问题。毛棉无蜜腺性状转育于陆地棉获得无蜜腺品种。由于无蜜腺，棉铃虫失去了食物源，寿命和生育能力降低，减轻了对棉花的危害。陆地棉、亚洲棉和辣根棉的三元杂种中出现苞叶自然脱落类型，这一性状有利于减少收花杂质，并对棉红铃虫产生抗性。亚洲棉、瑟伯氏棉与陆地棉三元杂种与陆地棉品种、品系多次杂交回交，在美国培育出一系列具有高纤维强度的品系和品种。亚洲棉、雷蒙德氏棉与陆地棉的三元杂种与陆地棉杂交、回交，在非洲科特迪瓦培育出多个纤维强度高、铃大、抗棉蚜传播病毒的品种。

野生种及亚洲棉野生种系（race）细胞质也有利用价值，陆地棉与哈克尼西棉杂交并与陆地棉多次回交育成了具有哈克尼西棉细胞质的不育系和恢复系；陆戒棉细胞核转育于其他野生种细胞质，表现出对棉盲蝽、棉铃虫及不良环境（高温）的抗性差异。

6.3.2 棉属种的起源

6.3.2.1 二倍体种的单源起源

尽管棉属种间的差异很大，且分布于世界各地的热带、亚热带地区，形成了各自的分布中心，但不论野生二倍体还是栽培的二倍体棉种，染色体数均为 $2n=26$，这从细胞学上证明：棉属各个种是有共同起源的，是单元发生的。同时，尽管各棉种间杂交困难或非常困难，但仍然在许多种之间可以配对，说明染色体在一定程度上具有同质性，这也可作为棉属种共同起源的佐证。

6.3.2.2 异源四倍体棉的起源

Baranov（1930 年）、Zhurbin（1930 年）和 Nakatomi（1931 年）报道了亚洲棉和非洲棉 × 美洲四倍体棉种 F_1 杂种的染色体配对成 13 个二价体和 13 个单价体；但 Skovsted（1934）发现，亚洲棉的 13 个大染色体和美洲四倍体棉种的 13 个大染色体相配对，其余 13 个小染色体则保留单价体状态。他认为，新世界棉是由两个具有 $n=13$ 的种的非同源染色体加倍而形成的双二倍体。其中一个二倍体种的细胞学特征和具有大的 A 染色体的亚洲棉相似，另一个可能是具有小 D 染色体的美洲二倍体种。Skovsted（1934 年）和 Webber（1934 年）根据美洲野生二倍体棉种和四倍体棉种之间杂种染色体配对的细胞学观察证实了这一假设。

据研究，异源四倍体棉来自新世界二倍体棉与旧世界棉杂交的后代。至于旧世界二倍体棉是如何远隔重洋到达新大陆，与新世界棉杂交，一直存在争议。Harland（1935年）根据亚洲棉的栽培分布，认为亚洲棉是通过横贯太平洋的大陆桥传播至新大陆的波里尼西亚群岛，在白垩纪或第三纪时期发生了杂交。Stebbins（1947年）则认为含A染色体组的棉种在第三纪早期通过北极路线传到了北美洲。

Hutchinson等（1947,1959年）认为亚洲棉是人们通过太平洋路线传入新世界并进行栽培后与美洲二倍体种发生了杂交。但Gerstel（1953年）的研究表明异源四倍体A染色体亚组更接近非洲棉的A染色体组而不是亚洲棉的A染色体组时，亚洲棉通过太平洋传播的这一说法便被人抛弃了。非洲南部现存的非洲棉野生类型（*Gossypium herbaceum var.africanum*）是A染色体组惟一的野生类型，因而Gerstel（1953年）和Phillips（1963年）提出了非洲棉通过太平洋传播的途径。而Hutchinson（1962年）据此认为两个野生二倍体种是通过天然分布接触的，但新世界A染色体组种的天然起源尚缺乏证据。

Sherwin（1970年）认为新世界棉不存在野生类型，栽培的非洲棉是由人带至南美洲北部来的，或由放弃的木筏或被封在葫芦中通过海洋漂流至该处的。但Stephens（1966年）根据非洲棉及其近缘种异常棉缺乏充分的耐盐性，认为海洋漂流可能难以保存其生活力。Johnson（1975年）也认为由人类把非洲棉带至新世界的热带地区，在那里成为栽培种，并且和不止一个D染色体组杂交形成了天然杂种。

至于人类携带祖先A染色体组种，使其成为异源四倍体新近起源的假说，从分类的多样性以及新世界棉花化石标本时期（公元前4000—公元前3000年，距非洲已知的棉花化石标本早2000年，较非洲农业早1000年，距人类在非洲地区远洋航行早3000年）来看，这一假说是值得怀疑的。

Phillips（1961年）基于细胞遗传学的数据，认为异源四倍体不是古老起源的，因为其染色体亚组A和D与相应的二倍体种的染色体组A和D存在高度的结构相似性；但也不是不久以前起源的，因为异源四倍体含有大量的形态和生理变异性，彼此在遗传学上和细胞学上因分化而有差异（分离为不同的种），呈现高度的遗传二倍体化。Fryxell也赞同这一观点，认为极大可能是在更新世时期（距今约100万年），祖先A染色体种是通过大西洋传播到新世界后才发生的。

四倍体类群（$2n=4x=52$）有6个棉种，分布在中南美洲及其临近岛屿，均是由二倍体棉种的A染色体组和D染色体组合成的异源四倍体，即双二倍体AADD。根据棉花种间杂种细胞学研究，证明异源四倍体的A染色体组来自非洲棉种系（*Gossypium herbaceuin g.africanuni*），D染色体组来源还不确定，但已知美洲野生种雷蒙德氏棉同 D 染色体组亲缘最近（Erdrizzi et al,I960）。Beasley 划分染色体组时将这一类群棉种划为（AD）组。这一染色体组种有两个栽培种，其余 4 个为野生种。大约 150 万年前，起源于非洲的二倍体棉和美洲的二倍体棉杂交、基因组加倍形成五个异源四倍体种，分别是陆地棉、海岛棉、毛棉、黄褐棉和达尔文氏棉。其中，陆地棉和海岛棉被驯化成为栽培种，毛棉、黄褐棉和达尔文氏棉是野生种。Chen 等（2020 年）研究发现，不同棉种在 150 万年的杂交、多倍化和进化过程中，基因数量和排列结构并没有显著变化。而在 8000 年左右的人工驯化过程中，陆地棉和海岛棉的纤维长度和品质等发生了显著改变。虽然陆地棉和海岛棉是独立驯化，但驯化促使两种栽培棉花的纤维发育基因共表达网络趋向一致。这表明，即便身处两地，人类祖先却巧合地优化出了相似的基因表达模式，从而使得这两种栽培棉的纤维长度增加，颜色也发生了改变。四倍体棉种的祖先来源及演化研究，也是一直以来的核心话题。对棉花进行驯化遗传学机理进行研究，有利于野生资源种的利用及栽培品种的改良和新种质的创造。异源四倍体棉花由 At 亚基因组和 Dt 亚基因组杂交而来，包含野生陆地棉（wGh）、野生海岛棉（wGb）、毛棉（Gt）、达尔文氏棉（Gd）、黄褐棉（Gm）。野生材料经过自然选择和人工驯化，形成栽培陆地棉（cGh）和栽培海岛棉（cGb）（图 6.3）。

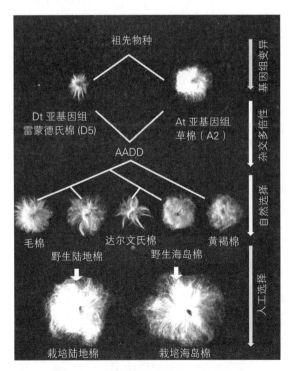

图 6.3- 异源四倍体棉花进化过程

（Song Q et al,Genome Biology,2017）

早在 2014 年，朱玉贤团队便解析了全长 1700 兆碱基对的亚洲棉基因组；2019 年，他们进一步通过系统地、全方位地转录分析阐释亚洲棉基因组，获得了迄今为止科学家对亚洲棉基因组的复杂转录全貌所进行的最准确的注释，为进一步的功能基因组研究提供了宝贵的资源。2019 年，朱玉贤开始组织团队解析亚洲草棉基因组。2020 年研究人员利用 PacBio 长片段测序技术和染色质高级结构捕获技术（Hi-C）解析了世界上首个高精度的草棉参考基因组，并对陆地棉和亚洲棉基因组进行质量升级。升级后基因组在准确性和完成度等方面具有明显的提高，填补了大量的基因组漏洞，可作为参考基因组。接着，研究人员通过构建物种系统发育树发现，A 亚基因组的供体可能来源于 A1 和 A2 的共同祖先 A0。随后，研究进一步证实了陆地棉 At、草棉 A1、亚洲棉 A2 来源于共同祖先 A0。朱玉贤等（2020 年）团队通过高斯概率密度的全长和片段化的 LTR 时间评估，发现异源四倍体棉花可能在 200 万年前产生，A1 和 A2 可能在 61 万年前产生。通过染色体结构变异分析进一步说明两个 A 基因组是独立起源。以上结果说明异源四倍体比 A1 和 A2 先形成，并且两种 A 基因组都是独立进化的，没有祖先与后代的关系。A1- 和 A2- 基因组分支的祖先可能是一个已经灭绝的 A0 基因组，而 A0 可能是四倍体 A 亚基因组的供体 A0 基因组与 D5 基因组杂交产生了当前的异源四倍体棉花，随后又分化成现在的 A1 和 A2 基因组（图 6.4）。从进化关系上看，A1 基因组比 A2 基因组更接近于 A0。研究揭示出，A0 与 D5 基因组雷蒙德氏棉大约在 160 万年前（MYA）形成异源四倍体，随后，A0 基因组在大约 70 万年前分化形成现存的 A1 和 A2 基因组。阐明了亚洲棉与草棉独立起源的问题，即亚洲棉不起源于草棉，而是与草棉同时起源于 A0，并独立驯化。值得一提的是，该研究还发现位于基因区附近的变异位点改变了重要基因的表达，可能最终导致四倍体陆地棉相较于二倍体棉在纤维品质等性状上有明显的改良与提升。

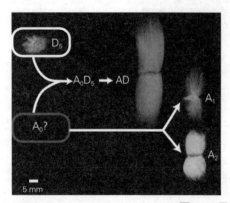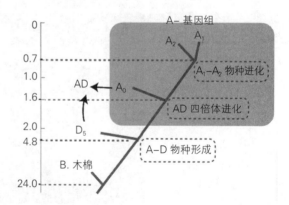

图 6.4　异源四倍体棉花基因组的进化

（Huang et al,Nature Genetics,2020）

6.3.3 种质资源研究与利用

6.3.3.1 国内外棉花种质资源考察和收集概况

我国不是棉花的起源中心，虽然通过引进收集，逐渐完成了数量的积累，但棉花遗传基础仍比较狭窄，棉花基因资源的多样性较低。棉花纤维品质较差，棉花黄萎病大流行，棉花不耐盐碱、干旱和高温等因素严重制约了棉花产业的发展，因而迫切需要对国内外棉花资源进行考察收集。世界各主要产棉国家都十分重视种质资源工作，其中以美国和前苏联的种质资源工作历史较久，搜集资源数量较大，研究较深。

6.3.3.2 国内棉花种质资源考察和收集概况

新中国成立前，已进行棉花种质资源搜集和保存工作，主要搜集国内的亚洲棉品种和引进一些陆地棉品种。新中国成立后，多次在全国范围内搜集亚洲棉和陆地棉栽培品种，并从国外大量引种。二十世纪七八十年代，先后几次派人赴墨西哥、美国、法国、澳大利亚等国考察，除了搜集一般品种和品系外，重点收集棉属野生种、半野生种及一些遗传标记品系。我国建有国家种质资源长期库、青海复份库和安阳棉花种质资源中期库，野生棉主要保存在海南棉花种质资源圃。

国内棉花种质资源的收集主要通过考察和征集来完成。"十一五"以来，我国先后进行了 3 次大范围的棉花种质资源的考察，对分布在西南地区、南海诸岛屿的棉花地方品种、品系等进行了收集。2005 年 11 月中棉所刘国强、贾银华对云南、广西进行了考察，收集到亚洲棉 3 份，海岛棉 1 份，陆地棉 10 份。2008—2009 年杜雄明等 3 个小组对贵州黔东南地区、黔南地区分布的棉花地方品种进行了考察，发现贵州不少地方的少数民族一直从事自给自足的农业生产，仍有农家零星种植"土棉花"，并利用古老的木制纺织机，手工轧花、纺线、织布、印染、缝制服装等。第三次大范围的棉花种质资源考察收集自 2012—2015 年启动，考察了广西、云南、贵州、广东、海南、西藏、新疆等六省（自治区）共 107 个县市的棉花地方品种，收集到棉花种质资源 262 份，其中陆地棉 131 份、海岛棉 110 份、亚洲棉 21 份，陆地棉中包含退化陆地棉 35 份和地方品种蓬蓬棉（*Gossypium purpurascense*）55 份，并鉴定了所收集的棉花种质资源的主要农艺经济性状。目前，中期库共保存棉花种质 12,339 份，数量居世界第 2 位，其中陆地棉 10,317 份、陆地棉野生种系 350 份、海岛棉 1,012 份、亚洲棉 603 份、草棉 25 份、野生种 32 份。通过开展棉花基因组组装和种质资源群体测序研究，从 2012 年至今，我国科学家在世界顶级学术期刊 Nature 系列刊物上发表了多项重要研究进展，为解析棉属基因组进化和发掘利用棉花种质资源优异基因奠定了关键的理论基础。为了长期保存活体，在海南省崖县设有专门种植园保存。

搜集到的各种类型的种质资源，首先进行整理和分类，观察研究各个材料的植物学性状、农艺性状和经济性状，然后进行单个性状的鉴定，如抗病、抗虫、耐旱、耐盐碱、耐湿、耐肥、纤维品质等性状的鉴定，分析比较其遗传和生理特性等。将经过观察鉴定所得的资料建立种质资源档案，每份种质一份档案。为了便于利用种质档案，可根据需要建立各种检索卡片或将信息输入电子计算机储存，建成种质资源数据库，便于种质资源利用。

6.3.3.3 国外棉花栽培棉种质资源收集情况

我国棉花种质资源数量位居世界第四，然而资源的遗传多样性并不高，因此在世界范围内广泛开展合作，同棉花种质资源富集国进行棉花种质资源的交流与交换十分必要。2008—2017年引进俄罗斯、塔吉克斯坦等国资源材料706份，其中引进俄罗斯材料479份，塔吉克斯坦材料174份，乌兹别斯坦材料5份，巴基斯坦材料9份，吉尔吉斯斯坦材料5份，从俄罗斯引进材料中分离纯化出34份，包括海岛棉93份、陆地棉567份、亚洲棉17份、草棉11份、远缘杂交低世代种系18份。2011—2013年收集到巴西棉花种质资源16份，墨西哥棉花种质资源45份，美国材料239份。巴西引进材料中有3份为光温敏性的海岛棉，其他材料为陆地棉，其中部分为大铃材料。墨西哥引进的材料中有1份来自于美国，13份是杂交后系统选育的品系，墨西哥材料抗病性较好，其中有2份高抗黄萎病、4份高抗枯萎病，优质材料18份。美国材料中有148份从墨西哥州立大学引进，17份从美国农部密西西比农业试验站引进，74份从南方平原中心引进。

6.3.3.4 棉花种质资源鉴定评价方法

（1）表型鉴定与分析方法。挖掘现有种质资源、评价各种质资源特征特性，对棉花育种、科研和生产具有重要的促进作用和现实意义。为了实现对种质资源的高效利用，必须对保存的种质资源的遗传性状进行鉴定评价。收集到的棉花品种资源首先经农艺、经济性状、纤维品质的初步鉴定，随后组织有关的研究单位，对每份种质的农艺性状、抗枯、黄萎病性、抗逆性、纤维和种子品质等按照统一的标准进行系统鉴定，最后建立中国棉花品种资源信息库以供检索。表型精准鉴定：在不同试验点不同年份，种植大量棉花种质资源，采用相同的技术规范（"农作物种质资源评价技术规范棉花"NY/T2323—2013）统一进行表型调查。对每份材料的播种期、吐絮期、生育期、株型、株高、第一果枝节位、果枝类型、果枝数、铃数、铃型、铃重、叶片颜色、叶片形状、叶片面积、叶片厚度、叶背主脉茸毛、主茎茸毛、衣分、纤维品质等重要农艺性状进行精细鉴定。获得表型数据后，需要系统分析样品间表型遗传相似程度，群体聚类，并进行表型遗传多样性分析，建立包括种质名称、分类学、地理和生态来源等信息的表型数据库。为达到"精准"的目标，调查性状尽可能做到从定性到定量，从表型到生理生化的量化鉴定。抗病、抗虫、抗逆等鉴定方法的完善。除盐池模拟实境外，初选的抗盐种质还要经沿海盐碱滩涂的实境鉴定，例如，鉴定到的高耐盐种质中，中棉所35耐盐相对成活率161.5%。抗病鉴定为重病田间、苗期和病圃相结合，筛出的抗黄萎病种质抗性稳定性和抗性水平明显优于目前推广品种，并及时提供育种利用。利用这种方法，我们鉴定到了高抗黄萎病种质 CS-B07，该种质为国外引进种质，黄萎病相对病指 7.1，枯萎病相对病指 36.8。陆地棉野生种系又称半野生棉，原产于美洲墨西哥等地，是未栽培驯化的野生材料，具有良好的抗病性和抗逆性，是棉花育种的重要遗传资源。通过对 220 份陆地棉野生种系材料的黄萎病抗病筛选发现，抗病材料 18 份、高抗材料 1 份、耐病材料 30 份，其余为感病材料（付慧娟等，2011）。18 份抗病材料中，阔叶棉（*G.rotundifolium Fryxell,Craven & Stewart*）16 份，尤卡坦棉（*G.yucatatum stephens*）1 份，尖斑棉（*G.punctatum Schumachn and Thonming*）1 份。30 份耐病材料中，阔叶棉 28 份，尖斑棉 1 份，马利加兰特棉（*G.marie-galante*）1 份。此外，针对目前棉花生产和育种中存在的突出问题，除传统的抗病、抗虫、抗逆鉴定项目外，还增加了脂肪含量、脂肪酸成分（油酸、亚油酸等）、蛋白质含量的测定。使用近红外分析仪对 89 份半野生棉在 3 个年份、不同环境下的棉仁含油量、蛋白质含量和 17 种氨基酸含量进行了测定，分析发现阔叶棉 141 的棉仁含油量（41.90%）最高，可作为高油分的研究材料，为高油品种的遗传改良提供材料。马利加兰特棉 66 的棉仁蛋白质含量最高，平均含量为 53.17%，可作为高蛋白育种的研究材料。

（2）基因型鉴定。早期棉花基因型主要是通过细胞学、同工酶（isoenzyme）标记基因。利用细胞学方法可根据染色体数目和形态特征对棉属不同种进行分析，从而区分一些形态上不易辨别的材料。通过同工酶标记则可以对棉属种内遗传多样性进行更详细地研究，从而分析种内的遗传多样性。随着 DNA 分子标记技术的快速发展，RFLP（restriction fragment length polymorphism）、RAPD（random amplified polymorphic DNA）、AFLP（amplified fragment length polymorphism）和 SSR（simple sequence repeat）等标记迅速在棉花中得到应用。理想的 DNA 分子标记应具备多态性高，基因组覆盖均匀、共显性，特异性、物理位置明确等特征。RFLP 和 AFLP 均是基于酶切技术的方法，技术复杂成本较高，特别是酶切存在随机性，因此在使用受到一定的限制。而基于简单重复序列开发的 SSR 标记，由于其良好的多态性，成为棉花遗传多样性、遗传图谱构建和 QTL（quantitative trait locus）定位等相关研究中应用最广的分子标记。为此，利用不同类型的分子标记技术建立了快速有效的种质资源生物技术鉴定方法，并开展了陆地棉野生种系遗传多样性、农艺经济性状的全基因组关联分析，对抗黄萎病、大铃、高衣分、优质纤维、棕色纤维、显性无腺体等基因进行了标记定位，找到了与优质、抗病、棕色棉紧密相关的 QTL 或基因，并用于分子标记，辅助选择育种。制定了利用分子标记高效筛选具有外源基因特异种质的策略，并筛选了苏远 7235 等 18 份优质纤维特异种质和 4 份耐枯黄萎病特异种质。

传统的 QTL 标记技术是通过利用 2 个性状差异较大的材料配制分离群体，通过筛选差异标记构建遗传图谱，从而对目标性状进行 QTL 定位。这种方法需要构建 F_2 甚至 RIL 群体，如果需要进行精细定位，还需要扩大群体规模，因而耗时费力。全基因组关联分析通过利用全基因组范围的分子标记对自然群体（种质资源群体）中所包含的历史重组事件进行检测。与分离群体相比，如果材料选择合适，即可最大程度地检测到某个物种中存在的所有重组事件。利用全基因组关联分析，可以快速地从上百万个 SNP（single nucleotide polymorphisms）标记中筛选出与重要农艺性状密切关联的标记，极大地加速功能基因的鉴定和筛选，在其他作物中已经获得了广泛的验证和应用。在棉花中，早期的关联分析主要是利用 SSR 标记完成，同样由于 SSR 标记本身的局限性，虽然可以找到一些和目标性状关联的 SSR 标记，但是标记覆盖密度和数量的低，同时缺乏参考基因组的信息，导致对目的 QTL 的精细定位和图位克隆难以深入进行。因此棉花相关研究进展缓慢。近年来，二代测序技术已经趋于成熟，特别是全基因组重测序在作物中广泛开展，使得全基因组范围内大规模开发 SNP 标记成为可能，SNP 标记是基因组上单碱基突变形成的标记，具有目前所有分子标记中最高的分辨率和基因组覆盖度，往往能够一次性开发上百万个分子标记，极大地加深了人类对物种基因组结构和群体遗传多样性等认识。随着测序成本的降低，通过对高深度（大于 $10\times$）的全基因组重测序，理论上可以将 SNP 的基因型准确率提高接近 100%。随着陆地棉参考基因组的发表，陆地棉基于重测序、简化基因组测序和 SNP 芯片的关联分析项目相继开展起来。目前较流行的是基于 Illumina 技术测序平台，利用双末端测序（paired-end）的方法，进行棉花种质资源自然群体的第二代高通量重测序，其变异检测流程包括 GATK 和 SAMtools 2 套工具包均已经成功地用于棉花测序项目，成熟的流程能够快速准确地对测序材料进行基因分型，从而构建棉花全基因组精细变异图谱，建立变异数据库用于下游的应用。通过筛选 tagSNPs，定制针对性应用的 SNP 芯片，将这些标记以更低的成本在分子标记选择育种中进行利用。另外，针对少量目的标记在大规模分离群体或自然群体中的基因型鉴定（SNPs 和 InDels），可以利用基于荧光系统的 KASP（kompetitive allele-specific PCR）平台进行高通量分型鉴定。

6.4 棉花育种途径与方法

6.4.1 引种

引种主要是指从国外引进品种直接在生产上应用。中国不是棉花原产地，棉花从境外引入。据文献记载，早在 2000 多年前在海南岛、云南西部、广西桂林和新疆吐鲁番都已有棉花种植。但在福建崇安县山区崖洞古墓中发掘出的棉织布片，距今已有 3300 年，因此棉花引入中国历史远于文献记载。公元 13 世纪棉花传入长江流域，然后传到黄河流域种植，当时种植的主要是亚洲棉和一部分非洲棉。19 世纪中叶，中国棉纺工业兴起，由于亚洲棉纤维粗短，不能适应机器纺织需要，从 1865 年开始多次从美国引进陆地棉品种，规模较大的有以下几次。1919—1920 年先后引入金字棉、脱字棉、爱字棉等品种。1933—1936 年引入德字棉 531、斯字棉 4、珂字棉 100 等品种。试种结果表明，其中金字棉在辽河流域棉区，斯字棉在黄河流域棉区，德字棉在长江流域棉区表现良好，增产显著。但由于缺乏良种繁育和检疫制度，品种退化严重，并且带来了棉花枯萎病和黄萎病的侵害。1950 年以后开始有计划的引入岱字棉 15，经全国棉花区域试验，明确推广地区，集中繁殖，逐步推广，并加强防杂保纯工作。1958 年全国种植面积曾高达近 3.5×10^6 hm^2（5,248 万亩），占当时中国植棉面积的 61.7%。自 1985 年以后，陆地棉品种基本取代了曾广泛栽培的亚洲棉。二十世纪六七十年代又先后从美国引入一些品种，并开展引种联合比较试验。其后中国棉花育种工作有显著进展，育成和推广了一些适于各棉区种植的优良品种，逐渐取代了引进品种，国外引进品种很少在生产上直接推广应用，多作为育种亲本。此外，20 世纪 50 年代曾从苏联、埃及、美国引入一年生海岛棉试种。苏联海岛棉品种适合于新疆南部地区种植，并已育成一些新的优良品种进行推广。引种在我国棉花生产中曾起过很大作用，但随着我国育种工作的开展和进步，其作用逐渐降低，因为国外品种毕竟是在当地的环境条件下育成的，不可能完全适应引入地区的自然条件和栽培条件，只能在我国育种工作一定阶段起过渡和补充的作用。

6.4.2 自然变异选择育种

选择育种法都是从原始群体中选择符合育种目标的优异单株，根据入选单株后代的处理方法不同，可以分为单株选择法和混合选择法两种基本方法。

（1）单株选择法。从原始群体中选择符合育种目标要求的优异单株，分收、分轧、分藏、分播，进行单株后代的性状鉴定和比较试验，由于所选材料性状变异程度不同，又可以分别采用一次单株选择法和多次单株选择法。

①一次单株选择法在原始群体中进行一次选择，当选的单株下一年分株种植在选种圃中，以后不再进行单株选择。棉花经天然杂交后，多数个体是经过连续自交的后代，或者是剩余变异和基因突变的高世代，性状已经比较稳定，通过一次单株选择，比较容易得到稳定的变异新类型。

②多次单株选择法棉花是常异花授粉作物，当选的优异单株中可能有一部分基因型为杂合体，有些优良性状不容易迅速达到稳定一致，有继续进一步得到提高的可能。为了使这些优良的变异性状迅速稳定和进一步提高，在选种圃至品系比较试验各阶段，可以再进行一次或多次的单株选择。入选的优良单株下一年继续种在选种圃，直到性状稳定一致，基因型趋于纯合状态。以后的方法和程序与一次单株选择法相同。但连续选单

株的世代不宜过多，以免丧失异质性，遗传基础过于贫乏。中棉所 10 号、冀棉 15、鲁抗 1 号、宁棉 12 以及海岛棉军海 1 号都是用该法育成的。

（2）混合选择法。混合选择法是按照预定目标从原始群体中选择优良单株，下一年混合播种，和原始群体、对照品种在同一试验地上进行鉴定、比较，如确定比原始品种优良，便可参加多点鉴定、区域试验和生产试验等。表现好的便可申请审定并繁殖推广。这样，经过连续几代的比较选择，可育成纯度较为一致，产量等性状有所提高的新品系。这一选择育种法手续比较简单，收效快，对遗传异质性不高的原始群体采用比较合适。

我国于 1920 年从美国引进脱字棉（Trice），该品种原来纯度较低，又由于生态条件的改变，推广种植后出现较多的变异类型。当时金陵大学和东南大学对其进行混合选择法选育，经过多年的去杂保纯，品种纯度从引进时的 80% 左右，到第 3 年即达 95% 以上，分别育成金大脱字棉和东大脱字棉，曾经是黄河流域最早大面积推广的陆地棉品种。中棉所 3 号在良种繁育过程中经过分系比较，淘汰不抗病的株系，将抗病株系混合繁殖，增强了对枯萎病的抗性。另外，海岛棉新海棉和新海棉 3 号（混选 2 号）也都是用混合选择法育成的。

由于利用自然变异的选择育种法具有一定的局限性，有时较难实现育种综合要求，因此在棉花育种中应用这一方法越来越少。但是，只要制定明确的、符合选择育种特点的育种目标；取材恰当，实行优中选优；最大限度地保证试验、鉴定条件的一致性，搞好试验地的选择和培养，正确安排试验区组和小区的排列方向以减少土壤肥力差异的影响；采用合理的田间试验设计和相应的统计分析，严格控制试验误差；棉花选择育种仍将在棉花育种上发挥其重要作用。

6.4.3　突变材料创制

不管是对基因功能进行研究，还是对作物新品种进行选育，都离不开突变体材料。突变体是开展遗传学研究特别是功能基因组学研究的基础，可以利用突变表型与突变基因之间的关系展开相关基因功能鉴定。部分农艺性状表现突出的突变体材料可以直接投入到农业生产，也可以作为优良种质资源被间接应用解决育种等问题。随着越来越多个物种的基因组数据被破解，再结合巨大规模的转录组等数据，加之研究人员通过生物信息学方向的分析，可以对基因的功能进行一定程度上的预测。但是预测的相关功能也必须依赖于相应基因突变体材料，通过一定的生物学方法进一步进行验证。获取有机棉突变体的途径主要有筛选自然突变、人工诱变和基因编辑技术，这些途径都已经在新种质资源创制、基因组学研究中广泛应用。

（1）自发变异。在自然条件下，生物都存在一定比率的自然变异，但自发变异发生的频率非常低，通常对于单植株单基因发生自然变异的频率只有十万分之一至百万分之一左右，因此在自然界发现突变体的概率非常低。对自然变异突变体进行鉴定通常需要先进行遗传学分析，定位突变位点，然后利用图位克隆技术才可能获得相关基因，从而进一步进行功能方面研究。由于遗传背景的复杂性对发生自发变异的突变体进行研究常存在困难。

（2）物理诱变。1927 年，昆虫学研究者们发现 X 射线辐射可以使果蝇发生多种突变表型（Muller,1927），因此开启了人工诱导获得突变体的新时代。1928 年，科学家利用 X 射线和镭引起大麦突变（Stadler,1928），1934 年人工通过使用 X 射线诱导突变产生了烟草叶色相关突变体并培育出相关的新品种材料，因此烟草上人工诱变的成功应该开启了作物诱变育种的新篇章。物理诱变方法一般是采用射线、快中子等对材料进行辐射处理诱导突变。射线携带的能量高且穿透力强，可诱导生物体内染色体产生结构的颠换及缺失异位等突变。X 射线、γ 射线等在水稻、木薯、棉花、花生等作物都成功应用于诱导突变表型（刘道峰等，2003；彭振英等，2016；曾文丹等，2019；刘喜燕，2020；张莉等，2021）。快中子在与原子核发生碰撞后可以导致能量交换，从而使生物体基因组发生序列或结构上的改变。快中子辐射在拟南芥、花生、玉米、水稻、苜蓿等许多植物中有所应用（Oldroyd et al,2003; Wu et al,2005; Zhang et al,2006; 刘忠祥等,2016; 王霞等,2018）。

（3）化学诱变。化学诱变是利用亚硝基胍（NTG）、乙稀亚胺（EI）、甲基磺酸乙酯（EMS）等分子结构不稳定的化学物质进行处理而引起的生物体基因组上的突变。化学诱变剂可以直接与基因组中嘌呤、嘧啶及磷酸基团等结构发生反应，从而造成突变。其中 EMS 的作用形式相对柔和，诱变过程中发生点突变的概率较高，可使体内鸟嘌呤转化成腺嘌呤，该方法在农作物的诱变育种中应用比较广泛。利用 EMS 进行诱变主要有三种途径：①使编码区的密码子突变成终止密码子，影响蛋白翻译的过程；②影响氨基酸正常编码顺序；③在基因编码区域以外的位点发生突变，导致沉默突变。该方法在小麦、花生、玉米、水稻等作物中已成功用于农艺性状改良等研究（杨秀丽等,2018；曹亚萍等,2019）。

（4）基因编辑技术。基因组编辑技术指能够实现对目的基因位点进行突变，达到对目的基因片段的敲除、插入、替换等改造。目前，植物中成功应用的基因编辑技术有：①锌指核酸酶（ZFN）基因编辑系统；②类转录激活因子核酸酶（TALEN）基因编辑系统以及第三代规律成簇的间隔短回文重复序（CRISPR）基因编辑系统。

ZFN 基因编辑系统主要包括 DNA 识别结构域锌指蛋白及非特异性核酸内切酶 Fok1 两个组成成分。1981 年，Sugisaki 等在海床黄杆菌（*Flavobacterium okeanokoites*）中成功分离获得 Fok1（Sugisaki et al,1981）。与原先已知的限制性内切酶相比，Fok1 有自己独立的 N 端的结合结构域和 C 端剪切结构域。因为 Fok1 的识别序列过短，不能直接将其用于基因编辑对 DNA 进行切割，然而它具备的独立的剪切功能可以使其与一些具有 DNA 识别功能的元件共同发挥作用，从而进行特点位点 DNA 切割。

TALEN 基因编辑系统由一段人造的具有识别目标 DNA 序列作用的 TAL 效应因子（TALE）和核酸内切酶 Fok1 融合而成。2009 年，Moscou 和 Bogdanove 阐明了 TALE 对特异 DNA 的识别以及结合的相关机理，为 TALE 生物技术及研究中的应用开辟了前景（Moscou et al,2009）。2011 年，科学家首次将改造的 TALE 蛋白与非特异性核酸内切酶 Fok1 结合构建了 TALEN 技术用于基因组编辑（Cermak et al,2011）。此后大量研究证明，TALEN 技术在人类细胞、小鼠、斑马鱼、水稻、玉米等物种中都可以成功发生基因组编辑（Miller et al,2011; Sander et al,2011; Tesson et al,2011; Li et al,2012; Char et al,2015）。

CRISPR 系统存在于细菌和古细菌基因组中，是在抵抗外源入侵过程中所形成的适应性免疫防御系统。CRISPR 附近包含一类非常保守的 CRISPR 相关基因，这一类基因可以表达 Cas 蛋白（Jansen et al,2002）。Cas 蛋白在细菌体内可与 CRISPR 转录的产物形成复合体后具备识别和切割外源入侵 DNA 的能力，使细菌达到抵抗外来病毒入侵的目的（Jinek et al,2012）。近年来，CRISPR 技术已得到广泛应用，并且成为最主流的基因组编辑技术（图 6.5）。

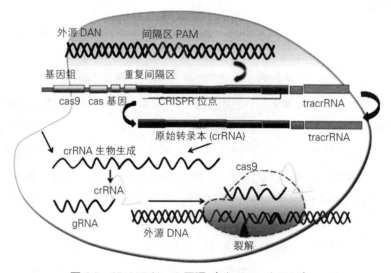

图 6.5 -CRISPR/Cas9 原理（Khan et al,2016）

6.4.4 杂交育种

6.4.4.1 杂交亲本的选配

杂交育种的基本原理是不同亲本雌雄配子结合，产生不同遗传基因重组的杂合基因型。杂合基因型的杂合个体通过自交，可导致后代基因的分离和重组，并使基因纯合。

对这些新合成的基因型进行培育和选择，便于产生符合育种目标的新品种。因此，选择杂交亲本是直接影响杂交育种成败的关键。因为好的亲本不仅是得到良好重组基因型的先决条件，而且也决定杂交后代能否尽快稳定下来育成新品种。杂交亲本的选配应该遵循下列几个原则。

（1）杂交亲本应尽可能选用当地推广品种。生产上已经推广应用的品种，一般都产量高、适应当地自然生态和栽培条件的能力强、综合农艺性状好，为杂交后代具备产量高、适应能力强、能成为当地新品种提供基础条件。据周有耀统计（2002 年），我国 20 世纪 50—80 年代用品种间杂交育成的棉花品种中，用本地推广良种作为亲本之一或双亲的占 78.0%。在 20 世纪 50—90 年代，年推广面积在 6,700 hm^2 以上，由品种间杂交育成的陆地棉品种用当地推广良种作为亲本之一或双亲的占 69.3%。可见，选用当地推广良种作为亲本在杂交育种中的重要性。

（2）双亲应分别具有符合育种目标的优良性状。双亲的优良性状应十分明显，缺点较少，而且双亲间优缺点应尽可能地互补。例如，中棉所 12 就是将乌干达 4 号和冀棉 1 号的优点聚集于一体而成的品种。

（3）亲本间的地理起源、亲缘关系等应有较大差异。亲本应该选择双方亲缘关系较远或地理起源相距较远的品种，因为这样亲本的杂交后代的遗传基础比较丰富，变异类型较多，变异幅度大，容易获得性状分离较大的群体，选择具有优良基因型个体的机会较多，培育符合育种目标品种的可能性较大。可采用不同生态区（例如长江流域棉区与黄河流域棉区）、不同国家（例如中国与美国）、不同系统（如岱字棉与斯字棉）棉花的品种进行杂交。例如，湖北省荆州地区农业科学研究所用特早熟棉区的锦棉 2 号和本地品种荆棉 4 号杂交，于 1978 年育成鄂荆 92，其产量高，品质好。其后他们又以鄂荆 92 为母本与来自美国的安通 SP21 杂交育成鄂荆 1 号。与鄂荆 92 相比，鄂荆 1 号早熟性、铃重、衣分和产量都有所提高（黄滋康，1996 年）。此外，岱红岱、鄂棉 22、鲁棉 5 号、中棉所 12、陕 1155 等的亲本之一都是来自非洲。江苏泗阳棉花原种场用来自墨西哥的 910 与本地品系泗 437 杂交育成了泗棉 2 号等。

（4）杂交亲本应具有较高的一般配合力 研究和育种实践证明，中棉所 7 号、邢台 6871、中棉所 12、苏棉 12 等都是产量配合力较好的品种。冀棉 1 号不仅本身衣分高（41.2%），而且遗传传递率强，配合力高，以它作为亲本育成的品种衣分均达 40% 以上，如中棉所 12、冀棉 9 号、冀棉 10 号、冀棉 16、冀棉 17、鲁棉 1 号、鲁棉 2 号等。

6.4.4.2 杂交方式

根据育种目标要求，不仅要选用不同杂交亲本，还要采用不同杂交方式以综合所需要的性状。常用的杂交方式如下。

（1）单交。用两个品种杂交，然后在杂交后代中选择，这是杂交育种中最常用的基本方式。大面积种植的品种中很多是用这一方式育成的。如鲁棉 6 号（邢台 6879×114）、冀棉 14 号（75-7×7523）、豫棉 1 号（陕棉 4 号 × 刘庄 1 号）、中棉所 12（乌干达 4 号 × 邢台 6871），徐州 514（中棉所 7 号 × 徐州 142）等。

单交组合中，两个亲本可以互作父本或母本，即正反交。正反交的子代主要经济性状一般没有明显差异，但倾向于将高产、优质、适应当地生态条件的本地品种作为母本，外来品种作父本，特别是生态类型差别大的双亲杂交更应如此配置。期望对后代影响较大的品种作为母本，影响较小的品种作父本。

（2）复交。现代育种对品种有多方面改进要求，不仅要求品种产量高，品质优良，还要求改进抗病虫害和不良环境的能力等。即使是同一类性状（例如纤维品质），有时育种目标要求同时改进两个以上品质指标。在这样情况下，必须将多个亲本性状综合起来才能达到育种目标要求，用单交难以达到这样的目标要求。有时单交后代虽然目标性状得到了改进，但又带来新的缺点，需要进一步改进，此情况也要求用多于两个亲本进行 2 次或更多次杂交。这种多个亲本、多次杂交的方式称为复交。复交方式比单交所用亲本多，杂种的遗传基础丰富，变异类型多，有可能将多种有益性状综合于一体，并出现超亲类型。复交育成的品种所需年限长，规模大，需要财力、物力较多，杂种遗传复杂，复交 R 即出现分离。尽管存在这些问题，但在现代棉花育种中应用日益增多，如中棉所 17［（中 7259× 中 6651）× 中棉所 10 号］、苏棉 1 号［86-I ×（1087× 黑山棉 1 号）］、鄂荆 1 号［（锦棉 2 号 × 荆棉 4 号）× 安通 SP21］、豫棉 9 号［（中抗 5 号 × 中棉所 105）× 中棉所 14］、辽棉 9 号［（辽棉 3 号 ×24-21）× 黑山棉 1 号］等品种都是通过三交育成的。而早熟低酚棉品种中棉所 18 是通过（辽 1908× 兰布莱特 GL5）×（黑山棉 1 号 × 兰布莱特 GL5）和（河南 67× 陕 1155）×（河南 67×401-27）育成的优质棉品种；中棉所 127 是通过［6269×Hn1209）×（鲁 6269×69307）］群体选育高抗枯萎抗黄萎病品种育成的。机采棉品种中棉所 131［中 MB9029×MBI9915）×（中 MB9029×CRI70-92）］，黄河流域通过国家审定的中棉所 134［（鲁 6269×243）×（鲁 6269×250 系）］是双交方式的 2 个单交亲本，可在 F_1、F_2、F_3 进行再杂交，因单交后代已可能出现具有目标性状的杂交个体，可以随时通过复交而组合。随着育种目标的多样化，多个亲本的复交也将愈来愈普遍。

在复交中，参加杂交的亲本对杂交后代影响的大小，因使用的先后顺序不同而不同。参加杂交顺序越靠后，其影响越大。因此，在制定育种计划时，期望对后代影响大，综合性状优良的品种应放在杂交亲本顺序的较后进行杂交。同理，参加最后一次杂交的亲本应是综合性状优良的品种。

（3）杂种品系间互交（intermating）。作物的经济性状多属数量遗传性状受微效多基因控制，希望通过一次杂交，将两个亲本不同位点上的有利基因聚合起来并纯合，其实现概率是很低的；将杂种后代姊妹株或姊妹系再杂交可以提高优良基因型出现的频率。姊妹系间杂交可以重复多次，也可以通过杂交，新增其他杂交组合选系或品种的血缘，使有利基因最大限度综合。杂种品系间互交，可以打破基因连锁区段，增加有利基因间重组的机会，在育种中常用来打破目标性状与不利性状基因的连锁。美国南卡罗来纳州 Pee Dee 棉花试验站应用杂种品系间互交育种获得成功。该试验站的 Culp、Harrel 和 Kerr 等为了选育高产、优质（高纤维强度）品种，从 1946 年开始用陆地棉品种，以亚洲棉、瑟伯氏棉和陆地棉的三交杂种和具有海岛棉血统的陆地棉品种为亲本，进行不同组合的杂交。在同一杂交组合的群体中选择理想的单株种成株系，选择优良株系进行株系间互交，在后代中再进行选择。同时也在不同杂交组合的株系间互交。株系间互交和选择周而复始重复进行，到 1974 年共进行了 3 个周期。根据杂种性状表现，在各周期加入优良品种或种质材料作为新的亲本同杂种品系杂交。通过这样的育种途径，由于种质资源丰富，品系间互交增加有利基因积累，基因交换重组机会增加。在丰富的材料中加强选择，育成了产量接近一般推广品种，单纤维强力 3.92×10^{-2}cN（4gf）以上，细度 5800~600 m/g。Culp 等育种经验说明：①经过杂种品系间互交和选择交替进行的育种过程，使皮棉产量和纤维强力之间的相关系数发生了明显变化，由原来高度负相关（-0.928）变为正相关（0.448）。大多数情况下，杂种品系间互交和选择轮回的周期愈多，产量和纤维强力的相关系数改变愈明显。②杂交品系间互交，使有利基因积累，改变了产量与纤维强力间负相关，增加了选出优良植株的机会，互交和选择周期数愈多，选得优良株的频率愈高。例如，PD2165 和 PD4381 品系，每 30~50 个 F_2 植株才能出现一株具有高产潜力和强纤维的优株，特优株出现频率为 1/300，而通过品系间再杂交后所获得的后代，优株和特优株出现的频率提高到 1/15 和 1/40。③ Pee Dee 育种试验站的棉花育种工作从 1946 年延续至今，从第二个育种周期（1959—1963 年）起不断发放优良种质，另一方面在已育成的种质基础上，继续杂交选择，为长期育种目标进行选育工作源源不断地育成丰产与优质结合得更好的种质材料和品种，使近期、中期和长期目标相结合。

（4）回交。Meredith 等（1977 年）用具有高纤维强度的三元杂种 FTA263-20（产量比岱字棉 16 低 32.0%，纤维长度比岱字棉 16 高 19.0%）作供体亲本，高产的岱字棉 16 作轮回亲本，进行回交，结果显示其 BCF3 群体的纤维强度为 FTA 的 93.9%，比岱字棉 16 高 11.7%；皮棉比 FTA 增产 30.9%，接近岱字棉 16；随着回交次数的增加，皮棉产量逐渐提高，但强度并未随之降低，说明纤维强度可以通过回交得到保留。

在我国棉花品种改良中，回交法也一直在被应用。1935 年，江苏南通地区棉花卷叶虫危害严重，俞启葆从 1936 年开始，用当地推广品种德字棉 531 与鸡脚陆地棉杂交，其 Fi 再与德字棉 531 回交，到 1943 年在四川回交后代的分离群体中选育出抗卷叶虫的鸡脚德字棉（在湖北、四川等省推广）。湖南棉花试验站用岱字棉 15 与早熟、株型紧凑、结铃性强的品种一树红杂交后，在 R 中选早熟性、丰产性已基本稳定，但纤维品质欠佳，衣分不高的选系再与岱字棉 15 回交一次后，继续选育，于 1973 年育成株型紧凑、高产、优质、早熟兼具双亲优点的岱红岱。华兴鼐等（1957 年）为了配制陆海种间杂交种，将带有隐性芽黄标记性状的陆地棉和正常陆地棉彭泽 1 号杂交，再和彭泽 1 号回交若干代后，育成了具有芽黄标记性状，而其他性状类似于彭泽 1 号的彭泽牙黄品种。此外，鄂河 28、湘棉 10 号、盐棉 2 号、新陆中 1 号、徐棉 184 等都是采用回交法育成的。

回交法也有其自身的不足，如从非轮回亲本转育某一性状时，由于与另一不利性状的基因连锁或一因多效等原因，可能会给轮回亲本性状的恢复带来一些影响；在回交后代群体中，恢复轮回亲本性状的效果往往不一定很理想等。为此，有人提出了不少改良的回交方法。

Knigh（1946 年）提出，在回交世代中不仅选择目标性状，而且要选择任何新出现的理想性状组合个体。这样，不仅可以引进简单遗传的质量性状，还可以引进由多基因控制的数量性状；除引进目标性状外，也可以改进轮回亲本的其他性状。此外，非轮回亲本不仅应该目标性状突出，而且应尽可能没有严重缺点，以免其不良农艺性状基因影响轮回亲本的遗传背景。Meyer（1963 年）提出了聚合育种法，即采用共同的回交亲本与不同亲本分别回交若干代，产生几个与回交亲本只有一个性状差异的遗传相似系，再进一步杂交，合成新的具有多个优良性状品系，从而有效地转育高产与强纤维于一体的新品种。王顺华、李卫华等（1985,1989 年）吸取 Hanson（1995 年）、Culp（1979,1982 年）等运用品系间互交，有利于打破或削弱产量与纤维品质间的负相关以及回交法纯合速度快、后代在聚合后与轮回亲本只差一个基因区段，容易选择的优点，将回交和系间互交结合起来，提出了修饰性回交法，即用不同的回交品系再杂交，以便为基因的交换、重组创造更多的机会，克服回交导致后代遗传基础贫乏及互交法所用亲本过多，后代不易选择和纯合不够的缺点。

6.4.4.3 杂交后代处理

杂交的目的是扩大育种群体的遗传变异率，以提高选到理想材料的概率。杂交只是整个杂交育种过程的第一步，正确处理和选择杂交后代对育种十分重要。棉花杂种后代处理方法常用的为系谱法和混合法。

（1）系谱法。系谱法是一种以单株为基础的连续个体选择法。对质量性状或遗传基础比较简单的数量性状（例如遗传率高的纤维品质性状、早熟性、衣分等农艺性状）采用系谱法在杂种早期世代开始选择，可起到定向选择的作用，选择强度大，性状稳定快；有系谱记载，可追根溯源。如泗棉 2 号和徐棉 6 号都是采用系谱法育成的。对一些遗传率低、受环境影响较大、存在较高的显性性状或上位性基因效应的性状（如产量及某些产量因素）在较迟世代选择，如在 F_2 就进行严格选择，选择的准确性不高，因而选择效率低。Meredith 等（1973 年）的研究指出，F_2 和 F_3 平均产量直线相关系数为 0.48，但不显著，即 F_2 杂种平均产量对后代产量水平没有显著的影响。因此，单株产量 F_2 选择时只能作为参考；而 F_2 和 F_3 在衣分、子指、绒长、纤维长度等方面的性状则与高度相关，早期世代选择对后代性状表现有很大影响（表 6.4）。

表 6.4 各性状 F_2 和 F_3 间的相关系数 （r） 和回归系数 （b）

系数	皮棉产量	衣分	铃重	长度	强度	伸长度	马克隆值	子指
r	0.478	0.923**	−0.194	0.802**	0.786**	0.949**	0.475	0.673*
b	1.142	0.948**	−0.115	1.080**	0.630**	0.978**	0.320	0.635**

为了克服系谱法的某些缺点，可采用改良系谱法，即在 F_2 着重按遗传率高的性状（如衣分、纤维强度等）选择单株，在 $F_3 \sim F_5$ 分系混合种植，不做任何选择。到 $F_5 \sim F_6$ 时，测定各系统的产量，选出优系。到性状相对稳定时，再从优系中选择优良单株，从中再选优系，进入产量鉴定比较试验。这一方法具有能较早掌握优良材料，产量性状选择的可靠性高，可减少优良基因型的损失，能在一定程度上削弱各性状间不利的遗传负相关的优点。

（2）混合法。混合法在杂种分离世代按组合种植，不进行选择，到 F_5 代以后，估计杂种后代基本纯合后再进行单株选择。棉花的主要经济性状（如产量、结铃数、铃重等）是受多基因控制的数量性状，容易受环境条件的影响，早期世代一般遗传率低，选择的可靠性差，且由于选择相对较少，很可能使不少优良基因型丢失。混合种植法可以克服这些缺点，分离世代按组合混合种植的群体应尽可能大，以防有利基因丢失，从而使有利基因在以后得以积累和重组。混合种植法在混选、混收、混种阶段也有多种不同方法。一种是从 F_2 开始在同一组合内按类型选株，按类型混合种植，以后各代都在各类型群体内混选、混收、混种。另一种方法是以组合为单位，剔除劣株，对保留株的几个内围棉铃，混合收花，混合种植。再一种方法是在 F_2 选株，以后各代按株系混合成品种。

混合种植法可以克服系谱法的一些缺点。但是，如果育种目标是改进质量性状或是遗传率较高的数量性状，系谱法在早代进行选择，可起到定向作用，集中力量观察选择少数系，选系比在广大混合群体中选择准确方便，育成品种年限也少于混合种植法，在此情况下系谱法有其优越性。因此，采用何种方法处理杂种后代应根据育种目标、人力、物力等情况确定。

6.4.4.4 杂种种子生产技术

在棉花杂交优势利用中，至今仍无高效率、低成本、较简便的生产杂种种子的方法，这是限制棉花杂种优势广泛利用的一个重要因素。目前应用的和处于进一步研究过程中的制种方法有以下 5 种。

①人工去雄杂交。这是目前世界上最常用的杂种棉种子生产方法。组合筛选的周期短，应变能力强，更新快，但是去雄过程费工费时，增加了杂种的生产成本。印度与中国大面积推广的组合均以该方式获得杂种，包括我国目前大面积推广的中棉所 28、中棉所 29、湘杂棉 2 号、皖杂 40、冀棉 18 等。山东惠民成为我国杂种棉制种面积最大的基地，1999 年制种 3000 亩。目前大面积推广的组合，仍以人工去雄授粉为主，人工去雄利用二代，可以大幅度降低制种成本，尤其是在快速选配组合，充分利用优良特色材料方面有优势。棉花去雄一般在开花前 12~18 h 进行，授粉在开花当天完成。该项技术主要用于生产少量的试验用种，劳动力资源丰富的地区可以大规模生产杂交种。此法培训简单，一般由妇女及学生完成，目前主要是中国和印度在应用。

几年来，针对长江流域气候条件和棉花的生产特点，湖南省棉花研究所应用系统工程原理，将国内外多项先进技术进行组装、集成和改进，首次提出了"宽行稀植，半膜覆盖，集中成铃，徒手去雄，小瓶授粉，全株制种"的杂种棉人工去雄制种技术体系，制定了"杂种棉人工去雄制种技术操作规程"，并由湖南省技术监督局以强制性地方标准颁布，在湖南省执行。这一制种技术操作规程包括：①选好制种田；②父母本配比在 5∶5 至 3∶7 之间任意选择；③宽行稀植；④半膜覆盖；⑤集中成铃；⑥徒手去雄；⑦小瓶授粉（上午 7 时前后，正交与反交亲本互换花朵，制种人员用镊子将花药取下放入授粉专用瓶后用镊子搅拌促散粉，露水干后授粉）；⑧全株制种。用这一制种技术体系可有效提高制种产量和制种效率，保证制种质量。每个制种工日可生产杂种 1 kg 左右，杂种种子（光子）100~120 kg/ 亩。

在农作物杂种优势利用中，不论是三系制种，还是人工制种，一般是利用杂种一代。而棉花能否利用二代，是人们最为关心和值得探讨的问题。棉花杂种二代能否利用的关键是产量和纤维品质的衰减程度及分离情况。水稻、小麦的杂种优势利用，因二代中出现株型、熟性的分离以及不育株的出现，将严重影响产量；而棉花具有无限生长特性，熟期长，产量不是一次性的收获，二代的株型、熟性的分离对产量影响不大，因而有扩大利用 F_2 的可能性。张天真等（2002 年）综合 13 篇研究报告发现，F_2 产量性状的中亲优势仍然很高，为 11.18%，可以利用；而铃数、早熟性、铃重和衣分的中亲优势分别为 8.4%、8.05%、3.77% 和 0.06%，也就是说，对产量的贡献，仍以铃数、早熟性为最大，其次为铃重，而衣分已无增产作用，与 F_1 的结果一致；绒长 F_2 的中亲优势为 0.26%~2.1%，比强度为 -1.23%~1.97%，麦克隆值为 -2.4%~1.32%。F_2 纤维品质性状杂种优势的均值一般较小。F_2 由异型群体组成，这可能使其具有广泛的适应性及对各种环境的缓冲能力。

②二系法。利用核不育基因控制的雄性不育系制种。四川省选育的洞 A 核雄性不育

系的不育性就是受一对隐性核基因控制的，表现整株不育，不育性稳定。以正常的可育姊妹株与其杂交，杂种一代将分离出不育株与可育株各半。用不育株作不育系，可育株保持系，则可一系两用，不需要再选育保持系。因此这种制种方法称为二系法或一系两用法。

生产用的 F_1 混合种子是通过使用可育的父本品种花粉对不育母本进行授粉来生产的。四川省利用洞 A 核雄性不育系配置了川杂 1 号、川杂 2 号、川杂 3 号、川杂 4 号等优良组合，而中棉所 38、南农 98-4 等则是利用 ms5ms6 双隐性核雄性不育系配置的杂种棉组合。这些杂种可比当地推广品种的原种增产皮棉 10%~20%。两系法的优点是不育系的育性稳定，任何品种可作恢复系，因此可以广泛配置杂交组合，从中筛选优势组合。不足之处是在制种田开花时，鉴定花粉育性后要拔除约占 50% 的可育株，不育株虽可免去手工去雄，但仍需手工授粉杂交。

③三系法。利用雄性不育系、保持系和恢复系"三系"配套方法制种。美国 Meyer（1975）育成了具有野生二倍体棉种哈克尼西棉细胞质的质核互作雄性不育系 DES-HAMS277 和 DES-HAMS16。这两个不育系的育性稳定，并且有较好的农艺性状。一般陆地棉品种都可作它们的保持系。同时，也育成了相应的恢复系 DES-HAF277 和 DES-HAF16。这两个恢复系恢复能力不稳定，特别是在高温条件下，育性恢复能力差，因此与不育系杂交产生的杂种一代的育性恢复程度变幅很大。很多研究者正在研究提高恢复系的育性恢复能力。Weaver（1977 年）发现比马棉具有一个或几个加强育性恢复基因表现的因子。Sheetz 和 Weaver（1980 年）认为，加强育性恢复特性是由一个显性基因控制的，在某些情况下，这个加强基因又不表现为不完全显性。

④指示性状的应用。以苗期具有隐性性状的品种作为母本，与具有相对显性性状的父本品种杂交，杂种一代根据苗期显性性状有无，识别真假杂种，这样可以不去雄授粉，省去人工去雄。已试用过的隐性指示性状有：苗期无色素腺体、芽黄、叶基无红斑等。具隐性无腺体指示性状标记的强优势组合皖棉 13 是以安徽省棉花研究所用无腺体棉为亲本培育成的杂种。它是利用长江流域棉区主栽品种泗棉 3 号和自育的低酚棉 8 号品系互为父母本，采用人工去雄授粉方法选育出的，1999 年通过安徽省品种审定委员会审定。皖棉 13 的产量水平高，在安徽省杂交棉比较试验中，F_1 和说的产量均名列第一，比对照品种泗棉 3 号分别增产 16.48%（FQ）和 11.40%（F_2），皖棉 13 有无腺体（低酚棉）指示性状收获种子的当代就很容易能鉴别出真假杂种种子，不仅能简便地进行纯度检测，鉴别出真假杂种种子，也易于区分杂种一代和二代。

⑤化学去雄。用化学药剂杀死雄蕊，而不损伤雌蕊的正常受精能力，可省去手工去雄。在棉花上曾试用过二氯丙酸、二氯丙酸钠（又称芳草枯）、二氯异丁酸、二氯乙酸、顺丁烯二酸酰 30（又称青鲜素，简称 MH30）、二氯异丁酸钠（又称 232 或 FW-450）

等药剂，均有不同程度杀死雄蕊的效果。用这些药剂处理后，花药干瘪不开裂，花粉粒死亡。这些化学药剂一般采用适当浓度的水溶液在现蕾初期开始喷洒棉株，开花初期可再喷一次，开放的花朵不必去雄，只需手工授以父本花粉。由于化学药剂去雄不够稳定，用药量较难掌握，常引起药害，且受地区和气候条件影响较大，迄今未能在生产上应用。

棉花杂种优势利用是进一步提高棉花产量的途径，但对改进品质和抗性的潜力不如改进产量大。经过长期品种遗传改良，棉花品种产量已达到相当高水平，继续提高，难度较大，因此有些育种者希望于杂种棉。各产棉国家都在努力解决缺少高优势组合、制种方法不完善或较费工、传粉媒介、杂种二代利用等问题，只有这些问题得到较好解决，棉花杂种优势才能在生产上更广泛应用。

6.4.5 分子标记辅助育种

传统的棉花育种是通过其有不同基因型亲本间的杂交或其他育种技术，根据分离群体的表现进行连续选择，培育新品种。由于基因型的表现容易受环境条件的影响，而且性状选择、检测比较费工费时。分子标记的发展为提高棉花育种的工作效率和选择鉴定的精确度提供了一个新的途径，是棉花品种选育发展的方向。

理想的分子标记具有多态性高、共显性遗传、能明确辨别等位基因以及遍布整个基因组等特点。常用的分子标记有 RFLP、RAPD、AFLP 和 SSR 等多种，各有其核心技术、遗传特性和多态性水平。分子标记在棉花遗传育种中的应用主要有以下几方面。

6.4.5.1 亲缘关系和遗传的多样性研究

分子标记是进行种质亲缘关系分析和检测种质资源多样性的有效工具。对棉花、水稻、玉米、大麦、小麦等作物的研究表明，利用分子标记可以确定亲本之间的遗传差异和亲缘关系，从而确定亲本间的遗传距离，进而划分杂交优势群体，提高杂种优势潜力。

分子标记用于棉花系谱分析，国内外已有许多报道。1989 年 Wendel 等对四倍体棉种和 A 与 D 两个染色体组的二倍体棉种进行叶绿体 DNA 的 RFLP 研究，以探讨棉种的起源分化。初步研究结果表明，四倍体棉种的细胞质是来源于与 A 染色体中 cpDNA 类似的棉种。宋国立等（1999）利用 RAPD 对斯特提棉铃虫、澳洲棉、比克氏棉和鲁宾逊氏棉进行了研究，结果表明，6 个澳洲棉具有丰富的遗传多样性。在这 6 个澳洲棉种中，澳洲棉与鲁宾逊氏棉，南岱华棉与斯特提棉具有较近的亲缘关系。聚类分析发现，鲁宾逊氏棉和比克氏棉是两个较为特殊的棉种。

南京农业大学棉花研究所 1996 年对我国 21 个棉花主栽品种（包括特有种质）以及 25 个短季棉品种进行了 RAPD 遗传多样性分析。根据 18 个引物在 21 个棉花品种（种质）基因组的扩增产物，经琼脂糖电泳产生的图谱中 DNA 条带的统计，利用聚类分析程序建立了它们的树图。研究结果发现，棉花 RAPD 指纹图谱分析结果与原品种系谱来源基本相似。对我国有代表性的 3 种生态型（北方特早熟生态型、黄河流域生态型和长江流域生态型）的 25 个短季棉品种利用 18 个随机引物的遗传多样性分析表明，大部分短季棉品种与其系谱吻合，主要是由来自美国的金字棉中选育而成的。这一结果反映了我国现在推广的短季棉品种遗传基础比较狭窄，亟待发掘早熟棉基因供体的现状。从上述结果可知，以分子标记技术鉴别棉花种质，可以为利用棉花的地方种质资源、野生类型以及近缘种，为充实我国棉花品种的遗传基础提供可靠的依据。Multani 和 Lyon 利用 RAPD 技术对 14 个澳大利亚棉花品种进行分析后发现，即使亲缘关系很近的品种，DNA 的随机扩增产物也能表现出品种间的差异。Tatineni 等对 16 个种间杂交后代基因型进行形态性状和 RAPD 标记分析，并对分析结果进行聚类，发现两种方法的聚类结果基本一致，由此认为，RAPD 用于鉴定棉花种质资源之间的亲缘关系结果可信。郭旺珍等（1999 年）利用 RAPD 分子标记技术，结合已知系谱信息，对国内外不同来源的 25 个（感）黄萎病的棉花品种（系）进行特征及特性分析。结果表明，供试的 25 个棉花品种（系）可划分为 4 个类群，这与其系谱来源及抗黄萎病的抗源来源基本吻合。第 I 类为由国外引入的抗黄萎病品种；第 II 类为陕棉、辽棉系统；第 III 类为遗传基础复杂，从病圃定向选择培育的抗黄萎病品种（系）；第 IV 类为长江流域感黄萎病品种苏棉 16（太仓 121）。该研究从 DNA 水平上提示了我国现有抗（耐）黄萎病品种（系）的遗传真实性。

6.4.5.2 基因图谱的构建和基因定位

1994 年，Reinisch 等发表了第一个详尽的异源四倍体棉花的 RFLP 图谱。以陆地棉野生种系 Palmeri 和海岛棉野生种系 K101 为作图亲本，构建了一个包含 57 个单株个体的 F2 作图群体，利用 1,200 余个不同来源的 DNA 探针共检测出 705 个 RFLP 位点，其中的 683 个位点共构建了 41 个连锁群，图谱总的遗传长度为 4,675 cm，标记间的平均遗传距离为 7.1 cM。利用陆地棉的单体、端体、置换系等非整倍体材料，精确确定了 14 对染色体与连锁群的对应，这 14 对染色体分别是 1、2、4、6、9、10、17、22、25、5、14、15、18 和 20 号染色体。1998 年，美国农业部南方作物研究室也构建了一张棉花遗传图谱。南京农业大学利用异源四倍体棉花中的半配生殖材料 Vsg 产生单倍体的特性，培育出陆地棉和海岛棉栽培品种为作图亲本的加倍单倍体（DH）群体，利用具有丰富多态性的微卫星标记首次构建了异源四倍体栽培棉种的分子连锁遗传图谱。该图谱包括 43 个连锁群，由 489 个位点构建成，共覆盖 3,314.5 cm，标记间的平均遗传距离为 6.78 cm。最大的连锁群有 47 个标记位点，覆盖 3,21.4 cm 的遗传距离（Zhang 等，2002 年），这类图谱的构建，将对染色体的构成和基因的克隆起重要作用。

分子标记还可以对某一特定 DNA 区域的目标基因进行定位，根据样品的来源，有两种基因定位的方法：一是利用近等基因系进行定位；二是利用对目标性状基因有分离的恥群体进行基因定位。1994 年 Park 等利用 RAPD 技术从 145 个随机引物中筛选出

442 个在陆地棉 TM-1 和海岛棉 3-79 中有多态性的 DNA 片段，选取扩增产物至少在海陆亲本出现 2 个不同多态性 DNA 片段，分析表明，至少有 11 个随机 RAPD 片段与棉花的纤维强度有关。南京农业大学棉花研究所从 1996 年开始，开展了棉花雄性不育性恢复基因的分子标记筛选工作。利用 NIL（近等基因系）和 BAS 相结合的方法建立了两个 DNA 池：DNA 可育池和 DNA 不育池，通过 Operm 公司生产的 425 个 RAPD 随机引物的筛选，已初步筛选到两个与育性恢复基因有关，一个与不育基因有关，其中一个引物 OPV15 通过不育系 × 恢复系 F_2 单株的分析，已确定标记与育性基因的距离不大于 15 cm。

分子标记不仅可以为质量性状基因定位，还可以为控制数量性状的基因进行定位。选择某个数量性状有较大差异的两个亲本进行杂交，对 F_2 分离群体内每个植株进行目标数量性状的测定，同时分析每个染色体片段上的分子标记，通过比较即可发现某个染色体片段的存在与植株目标数量性状的密切相关，这样便将微效多基因确定到染色体片段上。由于每个染色体片段都以自己的分子标记为代表，在育种过程中，可使用分子标记作为微效基因的选择标记。例如，Reddy 将长绒的海岛棉与高产的陆地棉进行远缘杂交，利用 RFLP 技术发现了 300 个与长绒和高产性状有关的分子标记。1999 年，美国农业部南方作物实验室利用 RFLP 技术，对控制棉花叶片和茎短茸毛的 4 个数量性状基因（QTL）进行了定位。其中：1 个 QTL 位于第 6 染色体，决定叶面短茸毛着生密度；另 1 个 QTL 位于第 25 染色体，决定短茸毛的种类；其他 2 个 QTL 分别决定叶面短茸毛表现型变异。南京农业大学棉花研究所已检测到与 7,235 纤维品质有关的 3 个主效 QTL，其中一个纤维强度的主效 QTL，在 F_2 中解释的变异能达到 35%，在 $F_{2:3}$ 中达到 53.8%，是目前单个纤维强度 QTL 效应最大的，并且这些 F_2 和 $F_{2:3}$ 均在多个环境下种植，QTL 效应稳定，该 QTL 有 6 个 RAPD 和 2 个 SSR 标记，覆盖范围不超过 16 cm，表现紧密连锁。

6.4.5.3 分子标记辅助选择

分子标记辅助选择是通过分析与目标基因紧密连锁的分子标记来判断目标基因的存在性。作物有些性状（如产量、品质、成熟期等）是早期无法鉴定和筛选的，另外有些性状（如抗病、耐旱等）则必须创造逆境条件才能进行检测，因此在常规育种工作中对这些性状进行选择时常因群体和环境条件的限制无法鉴定出来而被淘汰。利用这些性状与分子标记紧密连锁的关系，不仅能够对它们进行时期选择，而且不需要创造逆境条件，这既提高了育种效率，又节省了人力、物力和时间。由于棉花高密度分子遗传图谱还不完善，许多与重要性状紧密连锁的分子标记没有定位，成功的分子标记辅助选择的报道还很少。

综上所述，生物技术在棉花育种中的应用已经取得一定进展，为棉花育种开创了一条新途径，并已有少数令人鼓舞的成功事例。但在育种中作为一种实用技术，还有不少问题有待研究和解决。在作物育种中应用生物技术创造出多种变异或产生目标基因导入植株（转基因植株），都还要用常规方法进行选择、鉴定、比较和繁殖才能成为品种。育成的品种的产量、品质、抗性和适应性也必须优于推广品种才能在生产上应用。生物技术是作物育种有良好应用前景的手段，必须与常规育种相结合才能发挥作用。生物技术与常规育种结合也是今后作物育种发展方向。

6.4.6 其他育种方法

在当前棉花育种中，最常用的方法是前述的选择育种法和杂交育种法，但根据创造变异群体方法不同，为完成某些特殊的育种目标，还有一些育种方法也在棉花育种中应用，如远缘杂交育种法、诱变育种法、纯合系育种等。

6.4.6.1 远缘杂交育种法

随着经济的发展，人民生活水平的提高，对棉花品种要求越来越高，为了选育适合多方面要求的品种，必须扩大种质来源。从其他栽培棉种、棉属野生种和变种通过杂交，引进新的种质，培育出高产、优质、多抗的新品种已成为棉花育种中较为常用的育种方法，并已取得很大进展。很多陆地棉品种不具有的性状已从野生种和陆地棉野生种系引进陆地棉。从陆地棉野生种系和亚洲棉引入陆地棉抗角斑病抗性基因；从瑟伯氏棉、异常棉等引入纤维高强度基因；从陆地棉非栽培的原始种 Hopi 引入无腺体（低含棉酚）基因；从辣根棉和陆地棉野生种系引入植株无毛基因；从陆地棉野生种系引入花芽高含棉酚基因；从哈克尼西棉引入细胞质雄性不育及恢复育性基因等。栽培棉种之间杂交，引进异种种质也取得显著成就，例如，从陆地棉引入提高海岛棉产量的基因，从海岛棉引入改进陆地棉纤维品质的基因。有些远缘杂交获得的种质材料已应用到常规育种中，育成了极有价值的品种。美国南卡罗来纳州 Pee Dee 实验站用亚洲棉 × 瑟伯氏棉 × 陆地棉（即 ATH 型）三元杂种，与陆地棉种品种、品系多次杂交回交育成了一系列高纤维强度 PD 品系和品种。1977 年发放的 SC1 品种是美国东南部棉区第一个把高产与强纤维结合在一起的陆地棉品种，纤维强度较当地推广的珂字棉 301 和珂字棉 201 分别高5.3% 和 2.1%，纱强度高 10.3%~19.2%，产量分别高 7.3% 和 10.0%，克服了高产与纤维强度的负相关。许多非洲国家用亚洲棉 × 雷蒙德氏棉 × 陆地棉（即 ARH 型）三元杂交种与陆地棉杂交和回交育成了多个纤维强度高、铃大、抗奸传病毒病品种。中国近十多年来大力开展远缘杂交工作，育成了很多有价值的种质材料和品种。

远缘杂交常会遇到杂交困难、杂种不育、后代性状异常分离等问题，必须研究解决这些问题的方法。远缘杂交在克服上述困难获得成功后，虽然可以为栽培棉种提供一些栽培种所不具备的性状，但其综合经济性状很难符合生产上推广品种的要求，因此远缘杂交育成的一般是种质材料，提供给应用育种（applied breeding）应用，进一步选育成能在生产上应用的品种。

（1）克服棉属种间杂交不亲和性的方法。棉花远缘杂交不亲和性是应用这一方法于育种最先遇到的障碍。克服杂交不亲和性的方法有：①用染色体数目多的作母本，杂交易于成功。冯泽芳（1935 年）用陆地棉、海岛棉作母本，分别与亚洲棉、非洲棉杂交，在 691 个杂交花中，获得 5 个杂种；反交 1071 个杂交花，只得到 1 个杂种。其他研究者也得到同样的结果。②在异种花粉中加入少量母本花粉，可以提高整个胚囊受精能力，增加异种花粉受精能力。Pranh（1976 年）在亚洲棉 × 陆地棉时，用 15% 的母本花粉、85% 父本花粉混合授粉，可克服其不亲和性。③外施激素法。杂交花朵上喷施赤霉素（GAJ）和萘乙酸（NAA）等生长素，对于保铃和促进杂种胚的分化和发育有较好效果。梁正兰等（1982 年）在亚洲棉 × 陆地棉时，在杂交花上喷施 50 mg/L 赤霉素，70 个杂交组合的结铃率可达 80% 以上；喷施 320 mg/L 萘乙酸，可提高铃内的种子数和正常分化的小胚数，有助于克服种间杂交的不亲和性。④染色体加倍法。在染色体不同的种间杂交时，先将染色体数目少的亲本用秋水仙素处理，使染色体加倍，可提高杂交结实率。孙济中等（1981 年）在亚洲棉 × 陆地棉时，成铃率仅为 0~0.2%；用四倍体亚洲棉 × 陆地棉，其成铃率为 0~40%，平均在 30% 以上。韦贞国（1982 年）的研究得到相似的结果。⑤通过中间媒介杂交法。二倍体种与四倍体栽培种杂交困难，可先将二倍体种同另一个二倍体种杂交，再将杂种染色体加倍成异源四倍体，再同四倍体栽培种杂交，往往可以获得成功。例如 Tep Abahecah（1974 年）用亚洲棉 × 非洲棉的 F_1，染色体加倍后再与陆地棉或海岛棉杂交，据报道其成铃率可达 100%。也可用四倍体种先同易于杂交成功的二倍体种杂交，F_1 染色体加倍成六倍体再与难于杂交成功的二倍体种杂交，可以获得成功，例如 Brown（1950 年）用陆地棉 × 草棉、陆地棉 × 亚洲棉的六倍体杂种和哈克尼西棉杂交，得到了两个四倍体的三元杂种。用同样方法还获得了亚洲棉 - 瑟伯氏棉 - 陆地棉、陆地棉 - 斯托克西棉 - 雷蒙德氏棉、陆地棉 - 异常棉 - 哈克尼西棉等不同组合的三元杂种。⑥幼胚离体培养。棉花远缘杂交失败的原因之一是胚发育早期胚乳败育、解体，杂种胚得不到足够的营养物质而夭亡。因此，将幼胚进行人工离体培养，为杂种胚提供营养，改善杂种胚、胚乳和母体组织间不协调性，从而大大提高杂交的成功率。20 世纪 80 年代以来，我国许多学者在这方面做了大量研究工作，建立了较完善的杂种胚离体培养体系，获得了大量远缘杂种。

（2）克服棉属远缘杂种不育的方法。棉属种间杂种，常表现出不同程度的不孕性。其主要原因是双亲的血缘关系远，或因染色体数目不同，在减数分裂时，染色体不能正常配对和平衡分配，形成大量的不育配子。

染色体数目相同的栽培种杂交（如陆地棉 × 海岛棉、亚洲棉 × 非洲棉），F_1 形成配子时，减数分裂正常，但其后代也会出现一些不孕植株，其原因是配对的染色体之间存在结构上的细微差异（Stephens,1950 年），或由于不同种间基因系统的不协调，即基因不育。

克服种间不育常用的方法有：①大量、重复授粉。有些种间杂种，例如四倍体栽培种与二倍体栽培种的 F_1 所产生的雄配子中，可能有少数可育的，大量、重复授粉，可增加可育配子受精机会。不育的 F_1 杂种植株在温室保，经过几个生长季节，育性会有所提高，同时增加重复授粉机会。②回交是克服杂种不育的有效方法。杂种不育如果是由于基因系统不协调，即基因不育，每回交一次，回交后代中轮回亲本的基因的比重增加。育性得以逐渐恢复。来自异种的性状可以通过严格选择保存于杂种中。如果杂种是由于染色体原因不育，例如二倍体栽培种与四倍体栽培种的 F_1 是三倍体，产生的配子染色体数为13~39 个；如果用四倍栽培种作父本回交，其配子就有可能同时具 39 个或 26 个染色体的雌配子结合，如与染色体数为 39 的配子（染色体未减数）结合，可能得到染色体数为 65（五倍体）的回交一代，由于它具有较完整染色体组，因此雌、雄都可育。如果回交亲本配子与染色体数接近 26 个的雌配子结合，可得到染色体数为 52 个左右的回交一代。江苏省农业科学院 1945—1955 年间多次观察，陆地棉 × 亚洲棉的 F_1 用陆地棉回交，得到回交一代，大多数是后一种类型。连续多代回交，回交后代染色体组逐渐恢复平衡，在回交后代中严格选择所要转移的性状，达到种间杂交转移异种性状于栽培种的目的。江苏棉 1 号、江苏棉 3 号即是用陆地棉岱字 14 为母本以亚洲棉常紫 1 号为父本杂交，其后用岱字 14、岱字 15 及宁子棉 13 多次回交育成的（江苏省农业科学院，1977）。③染色体加倍也是克服种间杂种不育的有效方法。属于不同染色体组的二倍体棉种之间杂交，杂种一代减数分裂时，由于不同种染色体的同质性低，不能正常配对，因此多数不育。染色体加倍成为异源四倍体，染色体配对正常，育性提高。染色体数目不相同的二倍体与四倍体栽培种杂交获得的杂种一代为三倍体，高度不育，染色体加倍为六倍体后育性提高。Beasley（1943 年）用这个方法获得了陆地棉与异常棉、陆地棉与瑟伯氏棉杂种的可育后代。

（3）远缘杂种后代的性状分离和选择。远缘杂种后代常出现所谓疯狂分离，分离范围大，类型多，时间长，后代还存在不同程度的不育性。针对这些特点采取不同处理方法。杂种后代育性较高时，可采用系谱法，着重进行农艺性状和品质性状的改进。但因杂种后代的分离大，出现不同程度的不育性、畸形株和劣株，所以需要较大的群体，如此才有可能选到优良基因重组个体。如杂种的育性低，植株的经济性状又表现不良时，可采用回交和集团选择法，以稳定育性为主，综合选择明显的有利性状，如抗病、抗虫等特性，育性稳定后，再用系谱法选育。

6.4.6.2 诱变育种

利用各种物理的、化学的因素诱发作物产生遗传变异，然后经过选择及一定育种程序育成新品种的方法，称为诱变育种。在棉花育种中应用较多的诱变剂是各种射线，其被用于处理棉花植株、种子及花粉等。

鲁棉 1 号是经辐射处理育成的大面积推广的品种。这个品种 1982 年种植面积达 3000 万亩以上。选育过程为用中棉所 2 号为母本，1195 系为父本杂交，这两个亲本都来源于岱字棉 15。瓦代用 ^{60}Co-7 射线处理种子 11.61 C/kg（4.5×10^{4}R 剂量），从处理后代中选株、选系育成。这个品种在选育过程中虽经辐射处理，但由于处理的材料是仍在分离中的杂种后代，遗传上不纯，因此很难确定辐射在品种形成中的具体作用。

辐射处理除引起染色体畸形外，还产生点突变，即某个基因位点的变异。因此，诱变在育种中可用于改良品种的个别性状而保持其他性状基本不变。在棉花育种中诱发点突变较著名的例子是用 32P 处理棉子，诱导埃及棉 Giza45 品种产生无腺体显性基因突变，育成了低酚的巴蒂姆 101 品种。低酚是由一对显性基因控制的。通过辐射处理也获得生育期、株高、株型、抗病性、抗逆性、育性等性状产生有利用价值变异的报道。湖北省农业科学院（1975 年）用射线、X 射线和中子处理鄂棉 6 号，改进了这个品种叶片过大、开铃不畅等缺点。山西农学院用 Y 射线 3.87 C/kg（1.5×10^{4}R）处理晋棉 6 号，选出株型紧凑的矮生棉。Comelies 等（1973 年）报道，在印度用 X 射线照射杂交种选出的 MCU7 品种，比对照 216F 早熟 15-20d。

用物理因素或化学因素诱变，变异方向不定。诱发突变的频率虽比自发突变高，但在育种群体内突变株出现的比率（即 M_2 代突变体比率）仍极低，而有利用价值的突变更低。棉花是大株作物，限于土地、人力和物力，处理后代群体一般很小，更增加了获得有益变异株的困难。在棉花育种中常与杂交育种相结合应用，用来改变杂种个别性状，作为育种方法单独使用效果较差。

棉花辐射处理的方法可分为外照射和内照射两类。处理干种子是最简便常用的方法。紫外线常用来处理花粉。内照射是用放射性同位素如 ^{32}P、^{35}S 等处理种子或其他植物组织，使辐射源在内部起诱变作用。最常用的方法是用放射性同位素 ^{32}P、^{35}S 配成一定比强，浸渍种子和其他组织。也可将放射性同位素施于土壤使植物吸收或注射入植物茎秆、叶芽、花芽等部分，由于涉及因素很多，放射性同位素被吸收的剂量不易测定，效果不完全一致，在育种中应用有一定困难。

棉花是对辐射较敏感的作物，不同种和品种对辐射剂量的反应都有明显差异。因此，辐射处理的剂量应根据处理材料和辐射源的种类，经过试验，采用诱发突变率最高而不孕株率最低的剂量和剂量率。

单倍体育种。通过单倍体加倍途径获得纯合品系，这样可以免除冗长的分离世代，迅速获得纯合体，提高选择效果，缩短育种年限。

花药培养是人工获得单倍体植物的有效方法，应用花药培养已在 40 多种植物中获得了单倍体，但棉花花药培养至今未获得成功。

棉花自然单倍体多出现在双胚种子中。Harland(1938 年)发现海岛棉的双胚种子中，有一个胚是正常的二倍体，另一个胚是单倍体。但并不是所有双胚种子中都有单倍体胚。双胚种子出现的频率很低，海岛棉双胚种子出现率高于陆地棉。Turcotte 等（1974 年）检查了 3 个比马棉品系种子，分别在 8,617、8,342、和 18,000 粒种子中发现一个双胚种子。Raux（1958 年）报道，每 2.0 万 ~2.5 万粒陆地棉种子才有一个双胚种子。而 Kimber（1958 年）在 12.75 万粒种子中，才发现 2 个双胚种子。自然界出现棉花单倍体频率很低，且不能产生具人们需要的遗传组成的单倍体植株，因此在育种中很难利用。

棉花育种工作者把产生棉花单倍体希望寄托于半配生殖（semigamy）的应用。半配生殖或半配性是一种不正常受精现象，即当一个精核进入卵细胞后，精核不与卵核融合，各自独立分裂形成一个共同的胚，由这种杂合胚形成的种子所长成的植株是嵌合的植株，即同一植株既有父本组织又有母本组织，嵌合体植株多数为单倍体。

Turcotte 和 Feaster（1959）在海岛棉品种比马 S-1 中发现一个单胚种子产生的单倍体，经人工染色体加倍后获得了加倍的单倍体 DH57-4。它具有半胚生殖特性，后代能产生高频率的单倍体，当代至第三代获得了 24.3%~61.3% 的单倍体植株。以 DH57-4 为母本与陆地棉、海岛棉杂交，后代获得了 3.7%~8.7% 的单倍体植株。如果父母本均具有半配特性时，其后代产生单倍体频率更高。如 DH57-4 和另一具半配特性和标记性状 V7V7 材料杂交，F1 获得了 60% 的单倍体，反交时获得了 55.2% 的单倍体。

半配特性由一对显性基因控制，表现为母性影响遗传模式。因此，杂交时应以具有半配性的材料作母本。半配生殖产生的单倍体常以嵌合体形式出现，如果具有半配性的母本材料同时具有标志性状，用它同任何亲本杂交，即可获得易于识别的单倍体后代。这样，就可扩大半配生殖利用范围。Turcotte 等将黄苗 V7 标志性状转育到 DH57-4 获得了 Vsg 品系，其后代自交可产生 40% 的单倍体。通过半配生殖也获得了很多陆地棉加倍单倍体，其中有些加倍单倍体后代遗传稳定，某些农艺性状和纤维品质性状较亲本对照有改进也有一些加倍单倍体某些性状不如其相应的亲本对照。此外，美国利用回交法，已将半配性转育于亚洲棉、非洲棉、哈克尼西棉、异常棉和夏威夷棉。

6.5 有机棉育种田间试验技术

6.5.1 育种材料田间产量比较试验技术

在任何育种计划中，皮棉产量都是育种者十分重视的性状。纤维产量的遗传评价正确性将影响育种效果。产量既决定于基因型，也受环境的影响，因此，必须有一定的棉株群体并应用小区技术，才能正确评价供试材料纤维产量遗传改进。

在任何育种计划中，最初选择的都是优良单株，这些当选单株可以来自一个不纯的品种、品种间杂交种的分离后代或其他种质来源。从一个单株虽然可以估测构成产量的某些因素，例如衣指、铃大小等，但在一个植株基础上，评估皮棉产量变异率，并据以预测其后代皮棉产量无任何意义。皮棉产量预测，必须在包含有多个育种材料及一定数量植株的较大群体间进行。

初选的植株数目一般有几百到几千个，决定于育种目标和育种规模大小。徐州地区农业科学研究所从斯字棉 2B 中选育徐州 209，从徐州 209 中选育 1818 时，每年在大面积种植区内选近万个单株，经室内考种选留 300 个单株。选株过少，优良基因型会丢失；选株过多，不仅需耗费大量人力物力，田间评选也难于精确。

6.5.1.1 株行试验

当选单株，下年每株种子种一行（株行），行长一般 10~15 m，株行距可略大于生产上所用株行距，以便于观察和选择。在肥力均匀的土地上每隔 10 行设一对照，对照为当地推广品种的原种。表现很差的株行，全行淘汰。继续分离的优良株行从中选择优良单株，下年继续株行试验。

6.5.1.2 品系预备试验

上年当选的种子按小区种植，每小区 3~4 行，行长 10~15m，行株距与大田相同，随机区组设计，重复 3~4 次，以当前推广品种的原种为对照。在棉花生育期中，对主要经济性状进行观察记载，在花铃期和吐絮期分别进行田间评选，一般不做田间淘汰。分次收花测产，并取样考种，对数据进行统计学分析。根据产量、考种、性状记载和历次评选结果决选。当选品系各重复小区种子混合，供下年试验用。当选品系如有种子繁殖区，在繁殖区内去杂混收种子，用于下年试验和扩大繁殖。品系预备试验可重复进行一年，对品系进一步评价和繁殖种子。

6.5.1.3 品系比较试验

品系预备试验中当选的优良品系进入品系比较试验。这一试验应在可能推广的地区内多点进行。供试品系按小区种植，每小区 4~6 行，行长 15~20 m，随机区组设计，重复 4~6 次。在棉株生育过程中，对农艺性状进行全面细致的观察。每小区收中间 2~4 行，收花后进行测产和考种，并对数据进行统计学分析。多点试验要考察品系的适应性，适应性窄的品系淘汰。

试验可重复 1~2 年。筛选产量最高，适应性广，纤维品质符合育种目标要求的品系繁殖成品种，或将多个优系混合成品种，报请参加国家组织的品种区域试验。

6.5.2 育种材料抗病性鉴定

侵染棉花的病菌种类很多，要根据不同地区的病害情况，选育相应的抗病品种。在我国，危害最严重的是枯萎病和黄萎病。这两种病害的病原菌分别是尖孢镰刀菌种的萎蔫专化型（Fusariulm oxysporum f.sp.Vasinfectum（ATK）snyder&Hansen）和大丽轮枝菌（*Verticillium dahliae*），它们都能在棉花整个生育期间侵入棉株维管束，扩展危害。这两种病害都是土壤传染病害，病菌一旦传入土中，短期内不易消灭，种植抗病品种是一个有效防治措施。

在抗病育种中，筛选抗源和选择抗病后代都必须以抗性鉴定结果为依据。鉴定方法有以下两种。

（1）田病圃鉴定。在人工接菌的病圃或天然发病棉田，对供试材料的整个生育期间的抗病性进行鉴定，这是最基本可靠的方法。枯萎病着重在苗期和蕾期发病高峰期鉴定；黄萎病着重在花铃期鉴定。一般按受害程度划分为 5 级：0 级（无病）、1 级（少于 25% 的叶片有病）、2 级（25~50% 的叶片有病）、3 级（50~100% 的叶片有病）和 4 级（全部枯死），然后计算其发病株率和病情指数，计算公式为：

$$病株率 = \frac{发病总株数}{调查总株数} \times 100\%$$

$$病情指数 = \frac{\sum v \times f}{m \times n}$$

式中，v 为病级；f 为该病级中发病株数；m 为病级最高级；n 为调查总株数。

根据病情指数，将抗枯萎病反应分为 5 个类型：病情指数 0，为免疫；病情指数 0.1~5.0，为高抗；病情指数 5.1~10.0，为抗病；病情指数 10.1-20.0，为耐病；病情指数 20.1 以上为感病。黄萎病反应也分为 5 个类型：病情指数 0，为免疫；病情指数 0.1-10.0，为高抗；病情指数 10.1-20.0，为抗病；病情指数 20.1~35.0 为耐病；病情指数 35.1 以上为感病（马存，1995 年）。

（2）室内苗期鉴定。此法较快速，也易控制。但要求一定的温室条件和设施。鉴定枯萎病多用纸钵接菌法。即在纸钵中接入占干土重 20% 的带菌麦粒砂，或 0.5%~1.0% 的带菌棉子培养物，出苗后两周即开始发病。鉴定黄病多用纸钵撕底定量菌液蘸根法，当棉苗出现一片真叶时，每钵用 10 mL 的病菌孢子悬浮液（每毫升含 500~1000 万孢子）浸蘸根部，两周后即可进行鉴定（谭联望，1991 年）。

6.5.3 育种材料抗虫性鉴定

棉花害虫种类繁多，常给生产造成严重损失。20 世纪 50 年代中后期，广泛使用杀虫剂，有些害虫抗药性逐代增强，有些益虫及其他动物区系也受到破坏，药剂防治效果日趋降低。利用抗虫品种结合采取其他措施，不仅可少用或不用杀虫剂，稳定产量和品质，降低生产成本，而且可以减少环境污染，有利于保护害虫的天敌，维持良性生态平衡，因此棉花抗虫育种日益受到重视。在棉花抗虫育种中，抗性种质资源的筛选及选择需以准确的抗虫性后代抗性鉴定结果为依据。常用的鉴定方法有大田鉴定、网罩鉴定和生物测定 3 种。大田鉴定的优点是简单易行，不需特殊设备，鉴定结果直接反映被鉴定材料的田间抗性。但因害虫自然发生的时间、数量和分布变化很大，需有多年、多点鉴定结果才有代表性。网罩鉴定需要人工养虫、接虫和网罩等设施，工作较繁重，但鉴定条件相对一致，结果较为可靠。只是由于网罩内虫口密度和活动空间与大田情况不同，鉴定结果与田间实际表现有时也不完全一样。人工接虫的虫态，根据鉴定要求可以是幼虫、成虫、卵或蛹。蕾铃害虫还可以在室内进行生物测定，直接摘取鉴定材料的蕾、花、铃饲喂幼虫，或在人工饲料中添加鉴定材料的冻干蕾铃粉或其提取物饲喂虫，鉴定比较幼虫生长发育状况，作为评价抗虫性依据。

6.5.4 有机棉育种生产技术

6.5.4.1 土地选择

（1）转换期。

如果在首次颁证的作物收获前三年内未使用过 OCIA 颁证标准所限定的禁用物质（如化学肥料、化学合成农药、除草剂等化工产品），可以颁证为有机作物。新开垦的用作有机农业生产的土地或已经完全按有机农业标准采用传统农业生产方式种植多年的土地不需要转换期。

（2）隔离带。

邻近有机种植的地块受到过禁用物质的喷洒或可能有其他污染存在则在有机作物和喷洒过禁用物质的作物之间必须设置有效的物理障碍物或至少保留 8 m 的过渡带，以保证颁证地块不受影响。在怀疑作物受到污染时，颁证机构可以要求进行污染残留检测。

6.5.4.2 内部质量保证和控制

（1）生产销售档案的记载。

有机生产者应做好详细的生产和销售记录，包括有机农场田块与从业人员购买或使用农场内外的所有物质的来源和数量，作物收获的时间和地点以及从收获到出售给批发商、零售商或者最终消费者之间的所有环节。颁证机构可能会因为这些生产销售档案的记载不全而建议拒绝颁证。

（2）机械设备和农具。

护理好机械设备，保持良好状态，避免燃料、机油等物质对土壤或作物的污染。用于管理 OCIA 认证有机作物的机械设备和农具都须充分清洗干净以避免非有机农业残留物、非有机产品或基因工程作物及其产品的污染，并做好清洗日志或检查表的记录。

在作物收获前后加工者必须采用符合 OCIA 标准的加工技术和程序以及包装材料以最大限度地保证产品质量（卫生、避免异性纤维及非有机产品的混入等）。

（3）作物轮作。

根据当地可接受的有机种植管理模式，采用非多年生的作物轮作方法。轮作方式应经常变换，目的是保持和改善土壤肥力，减少硝态氮淋失及杂草和病虫害的危害。为了使农场可颁证的和已获颁证的所有田块在三年内（从首次颁证时间算起）都符合颁证标准颁证委员会将要求申请者提交书面的轮作计划。

（4）允许使用和限制使用的物质。

根据 OCIA 颁证标准，下列物质允许使用或根据 OCIA 颁证标准。

①堆肥。堆肥是指有机物质在微生物的作用下进行好氧或厌氧的分解过程。为了有效地保留堆肥中的营养物质、降解农药、杀死杂草种子和病原体，沤制肥堆必须达到 49~60 ℃的高温，并保持约 6 周时间。

②动物粪肥。动物粪肥在使用前必须经好氧堆制处理，在堆制过程中要不断翻堆，并保持一定的湿度和温度，直至充分降解。限制使用未经处理的粪肥。

③可以使用人粪尿。

④允许使用绿肥和作物秸秆、泥炭、蒿秆和其他类似物质。

⑤允许使用天然磷酸盐岩石和其他缓溶性矿粉。

⑥棉籽粉（棉籽粕）。棉籽粉中可能含有一定量的农药残留，因此，在使用前若能证明棉籽粉中确无农药残留方可使用，否则一定要经过堆肥处理。

⑦棉花轧花碎屑（棉籽壳）。由于在棉籽壳中含有许多污染物残留，所以棉花轧花碎屑的污染可能比棉籽粉严重，因此，棉花轧花碎屑在使用前必须经过堆肥处理。

⑧微量营养元素。推荐使用来自于自然界的微量营养物质。在土壤或植物组织分析中发现植物缺少微量元素时才允许使用合成的微量营养物质（如硼砂、硫酸锌等），以弥补土壤或植物微量元素不足。

⑨食用菌堆肥。食用菌（如蘑菇）的混合基料中可能含有很高的农药残留，只有在证明其不含农药时，才允许使用，否则在使用前必须经过堆肥处理。

⑩草木灰。草木灰必须是来自那些未受处理的和未喷漆的木头以及不含有彩色纸、塑料等其他物质的污染。同时，过量使用草木灰可能会引起土壤 pH 值的变化和土壤养分的失调。

Vann 等（2018 年）于 2014—2016 在北卡罗来纳州年五个环境中进行，以确定黑麦（*secale cereale*）红三叶（*trifolium incarnatum*）覆盖物对棉花（*gossypium hirsutum* L.）出芽、土壤温度、土壤湿度、除草效果以及在常规和有机除草背景下的棉花产量的影响。黑麦和红三叶混合作物在十月中旬种植，并在用滚压机或除草剂处理后于棉花种植前 1 周终止。覆盖物残留管理包括：在种植时施肥，滚压覆盖作物并使用行清洁器（Roll+F+RC），滚压覆盖作物并使用行清洁器（Roll+RC），滚压覆盖作物（Roll）、立着的覆盖作物和无覆盖作物（BARE）在种植时使用行清洁器（Stand+RC）。除草治疗包括：有和没有草药的除草治疗。覆盖作物干生物质在各环境中范围为 3,820~6,610 kg/hm²。为覆盖作物施肥提高了覆盖作物干生物质生产，增加了 250~1,860 kg/hm^2。当棉花直接种植到立着的覆盖作物中且没有使用行清洁器时，棉花的出芽率下降。覆盖作物的存在降低了土壤温度并增加了土壤湿度。覆盖作物残留物管理在五个环境中的四个中都没有影响晚期的杂草生物质。使用除草剂时，覆盖作物残留物管理不影响棉花皮棉产量，表明传统生产商在棉花种植时终止覆盖作物和残留物管理具有灵活性。

6.5.5 种子生产技术

棉花实行育种家种子、原原种、原种、良种四级种子生产程序。育种家种子生产方法常用的棉花育种家种子生产方法如下。

6.5.5.1 种子储藏法

在新品种开始推广的同时，育种单位将一定量新品种种子（育种家种子）储存在能保持种子生活力的条件下，以后定期取出部分种子供应新一轮种子的繁殖。例如，估计品种可以在生产上使用 10 年，每年需要育种家种子 100 kg，则一次储存 1,000 kg。这一方法的特点是育种家种子是储存的种子，未经任何形式的选择，从理论上说这一方法能最好地保证品种不发生遗传组成的改变。湖南省棉花研究所利用新疆独特气候条件（空气湿度低），采用"封花自交，新疆保存，病圃筛选，海南冬繁"的杂交棉亲本保纯与繁育技术路线。

6.5.5.2 淘汰异型株和选择典型株

在种植一定数量植株的核心繁育田里，每年拔除异型株和病株，收获的种子部分供下年核心繁育田播种用，部分供生产育种家种子田播种用。也可以在每年田间选择典型棉株，混合采收，不进行后代测定，这是一种类型选择法。

以上两种方法，育种家种子每个连续世代都是以大量未经测验的植株混合种子为基础的，都是以保持品种特性为目的，无改良作用。

6.5.5.3 众数混选法

Manning（1955 年）提出的众数混选法是集团选择的一种形式，每年从约 6000 株的大田中选 300~500 株，检验入选株的绒长、衣指和子指，凡偏离其平均数上下一个标准差数据的淘汰，符合要求的选株种子混合播种，收获的种子用作育种家种子。

6.5.5.4 株行与株系法

在大田选择单株，测定绒长、衣分后，符合要求的单株种子下年种成株行，凡整齐一致，具有品种典型性的株行入选，经测定绒长、衣分符合要求的株行种子混合，成为新一轮育种家种子。为了增加选择的准确性，也可将株行法扩展为株系法，即将当选株行种子种成株系，通过增加植株数量来提高选择的准确性，最优株系混合成为新一轮育种家种子。为了更准确地评价株系的生产能力，可进行一轮设有重复的株系比较试验，产量高、品质符合要求、整齐一致，且具品种典型性状的株系种子混合成为育种家种子。也有育种者将株系比较进行多年，选出一个经济性状最优系或数个优系混合繁殖成育种家种子，这个方法实际上已和系谱育种法相同。

世界各主要产棉国育种家种子生产方法不外乎上述各方法，但有各种变型。采用何种生产方法，应根据劳动力、土地面积、时间等而定。种子储藏法能保持品种遗传组成不变，因为不包含任何选择过程。但这个方法要求有一定容量自然的或人工控制温、湿条件的储藏库。人工储藏库一次性投资大，电能消耗也大，虽然可以节约土地和劳力，但在能源不充裕的地方难于应用。利用自然条件控制温度和湿度的储藏库在某些地区有应用前景，例如在我国新疆，空气湿度低，通过库房设计控温也是可能的，因此有试用的价值。

在包含有选择的育种家种子生产体系中，选择的作用是经选择产生的群体相等或优于未加选择的群体。去除非典型株和类型选择，由于选择压力小，理论上所选择的品种群体较其他选择方法基因频率改变小，但有提高品种纯度和保持品种典型作用。

株行、株系和系谱法选择数量少，选择时难免带有主观性和倾向性，因此基因频率变化较大。由于选株、选系数量有限，自交增加，遗传组成单一，选择的群体遗传变异度下降，随之品种适应能力和对环境变化的缓冲能力下降。用系谱法生产原种，使品种群体遗传杂合性下降，影响进一步遗传改良，增加群体遗传脆弱性。总之，在设计种子生产体制时，必须考虑保持品种典型性，防止混杂退化，又要防止品种异质性的丧失，应根据具体情况处理好这二者之间的关系。利用育种家种子繁殖一代生产原原种，以此类推可分别生产原种和大田用良种。生产大田收获的棉子不再用作种子。

6.5.5.5 种子处理和储藏

播种用的良种棉子，要采用化学脱绒和种衣剂处理，以消除由种子携带的多种病菌，提高种子播种品质。化学脱绒一般采用硫酸处理，也有用泡沫硫酸（硫酸加发泡剂）脱绒的，可以节省硫酸，免去用水冲洗，不致污染环境。种子经脱绒、精选后，利用拌药设备均匀涂敷一层含有杀菌和杀虫作用的种衣剂，然后装袋储藏。在自然温度下，仓库中，亚洲棉子含水量以 10% 为好，最高不得超过 12%。空气湿度大于 70% 时，容易使种子含水量增加。种子储藏时，要经常测量堆温和湿度，及时通风防潮，翻堆降温。

6.5.5.6 种子检验

棉花良种种子要由种子检验单位按国家规定的标准方法进行检验，然后签发种子检验合格证。

6.6 有机棉发展展望

新疆作为我国最大的棉花产区，待开垦土地资源丰富，发展潜力大，具有得天独厚的气候土壤环境条件，且土壤、大气、水体等未受污染；具有良好的有机棉生产的环境条件，只要生产资源、生产栽培过程两个环节实现有机化，就可以生产出有机棉。在新疆大力发展有机棉，对生态环境保护、实现我国棉花产业可持续发展、提高棉花国际竞争等有积极作用。

目前有机棉的生产和销售还存在着一定的问题。首先，有机棉的种植对土壤的要求较高，有机棉的棉种可选的品种也不是很多；其次，由于有机棉的生产缺少标准化有机化生产技术规程和体系，有机棉的安全质量和品质不能得到保障，在国内外市场上有机棉产品还没有竞争优势；第三，销售途径单一，目前有机棉采用订单种植、销售的方式，这样可以保证种植者的基本经济利益，但是做这种订单的企业很少，而且目前订单中有机棉的品级一般为二级及以上，给低等级有机棉的销售带来阻碍，种植者可选择的空间也单一，这也不利于有机棉种植的大力推广；第四，对有机棉缺乏足够的认识，这也制约了有机棉的规模化生产。总之，有机棉的问世解决了一系列的环境污染问题，有望成为中国打破国际绿色贸易壁垒、开辟出口绿色通道、增加出口创汇的一个亮点。尤其在经济相对落后的新疆地区，更要大力推动有机棉产业的发展。

因此，必须进行有机棉生产技术的研究，制定有机棉的水肥土种药栽培等生产过程的有机化生产标准，并进行有机棉产业化生产示范，从而带动和引导有机棉生产，实现标准化、产业化生产。

参考文献：

[1] ABDUL R,MUBASHAR Z M,ARFAN A,et al.Cotton germplasm improvement and progress in Pakistan[J].Journal of Cotton Research,2021,4（1）：1-14.

[2] ABDURAKHMONOV I,KOHEL R,YU J,et al.Molecular diversity and association mapping of fiber quality traits in exotic G.hirsutum L.germplasm[J].Genomics,2008,92（6）：478-487.

[3] ABDURAKHMONOV I,SAHA S,JENKINS J,et al.Linkage disequilibrium based association mapping of fiber quality traits in G.hirsutum L.variety germplasm[J].Genetica,2009,136（3）：401- 417.

[4] AYEGBAA C,ADEREMIB B,MOHAMMED-DABOB A.Transesterification of cotton seed oil using cosolvent in a tubular reactor[J].Biofuels,2016,7（3）：245-251.

[5] ALTENBUCHNER C,VOGEL S,LARCHER M.Community transformation through certified organic cotton initiatives:an analysis of case studies in peru,tanzania and india[J].Renewable Agriculture and Food Systems,2020.

[6] BLAISE D.Yield,Boll Distribution and fibre quality of hybrid cotton（*gossypium hirsutum* l.）as influenced by organic and modern methods of cultivation[J].Journal of Agronomy and

Crop Science,2006.

[7] CAI C,YE W,ZHANG T,et al.Association analysis of fiber quality traits and exploration of elite alleles in upland cotton cultivars/accessions（*Gossypium hirsutum* L.）[J].Journal of Integrative Plant Biology,2014,56（1）:51–62.

[8] CHAUDHRYMR. National Organic Standards established in the US[J].The ICACR ecorder,2001,19（1）: 1295–1296.

[9] CHEN Y,FU M,LI H,et al.High-oleic acid content,nontransgenic allotetraploid cotton （*Gossypium hirsutum* L.）generated by knockout of GhFAD2 genes with CRISPR/Cas9 system[J].Plant Biotechnology Journal,2021,19（3）: 424–426.

[10] DELATE K,HELLEr B,SHADE J.Organic cotton production may alleviate the environmental impacts of intensive conventional cotton production[J].Renewable Agriculture and Food Systems,2020,36（4）: 405–412.

[11] DHANSHREE B,BHALE V,PASLAWAR A.Assessment of soil physico-chemical and biological properties as influenced by different biomanures under organic cotton production[J].Environment,Development and Sustainability,2024,26（2）: 4919–4953.

[12] DU C,CHEN Y,WANG K,et al.Strong co-suppression impedes an increase in polyunsaturated fatty acids in seeds overexpressing FAD2[J].Journal of Experimental Botany,2019,70（3）: 985–994.

[13] GE X,WANG P,WANG Y,et al.Development of an eco-friendly pink cotton germplasm by engineering betalain biosynthesis pathway[J].Plant biotechnology journal,2023,21（4）: 674–676.

[14] GONG J,KONG D,LIU C,et al.Multi-environment evaluations across ecological regions reveal that the kernel oil content of cottonseed is equally determined by genotype and environment[J].Journal of Agricultural and Food Chemistry,2022,70（8）: 2529–2544.

[15] GONG J,PENG Y,YU J,et al.Linkage and association analyses reveal that hub genes in energy-flow and lipid biosynthesis pathways form a cluster in upland cotton[J].Comput Struct Biotechnol J,2022,20: 1841–1859.

[16] JIA Y,SUN J,Wang X,et al.Molecular diversity and association analysis of drought and salt tolerance in *Gossypium hirsutum* L.germplasm[J].Journal of Integrative Agriculture,2014,13（9）: 1845–1853.

[17] JIA Y,SUN X,SUN J,et al.Association mapping for epistasis and environmental interaction of yield traits in 323 cotton cultivars under 9 different environments[J].PLoS one,2014,9（5）: e95882.

[18] JESSIE K,BECCA C,ABDOULAYE S.The paradoxes of purity in organic agriculture in Burkina Faso[J].Geoforum,2021,127: 46–56.

[19] KE L,Yu D,ZHENG H,et al.Function deficiency of GhOMT1 causes anthocyanidins over-accumulation and diversifies fibre colours in cotton（*Gossypium hirsutum*）[J].Plant biotechnology journal,2022,20（8）,1546–1560.

[20] KOHEL R,LEWIS G.Cotton madison[M].American society of agronomy.inc.,Crop Science Society of America.Inc.,Soil Science Society of America.Inc.,Publishers,1984.

[21] KONUKAN D B,YILMAZTEKIN M,MERT M,et al.Tarm bilimleri dergisi physico-chemical characteristic and fatty acids compositions of cottonseed oils[J].Tarim Bilimleri

Dergisi,2017,23（2）：1-7.

[22] LAN L,APPELMAN C,SMITH A R,et al.Natural product（－）gossypol inhibits colon cancer cell growth by targeting RNA-binding protein Musashi-1[J].Molecular Oncology,2015,9（7）：1406-20.

[23] LI F,FAN G,LU C,et al.Genome sequence of cultivated upland cotton（*Gossypium hirsutum* TM-1）provides insights into genome evolution[J].Nature Biotechnology,2015,33（5）：524-530.

[24]LI H,HANDSAKER B,WYSOKER A,et al.The sequence alignment/map format and SAM tools[J].Bioinformatics,2009,25（16）：2078-2079.

[25]Li X,Mitchell M,Rolland,V,et al.'Pink cotton candy'：A new dye-free cotton[J].Plant Biotechnol.J,2023（21）：677-679.

[26] LIU R,XIAO X,GONG J,et al.QTL mapping for plant height and fruit branch number based on RIL population of upland cotton[J].Journal of Cotton Research,2020,3（1）：54-62.

[27] LIU Z,ZHAO Y,LIANG W,et al.Over-expression of transcription factor GhWRI1 in upland cotton[J].Biologia Plantarum,2018,62（2）：335-42.

[28] MA M,REN Y,XIE W,et al.Physicochemical and functional properties of protein isolate obtained from cottonseed meal[J].Food Chemistry,2018,240：856-62.

[29] MCKENNA A,HANNA M,BANKS E,et al.The genome analysis toolkit: A MapReduce framework for analyzing next-generation DNA sequencing data[J].Genome Research,2010,20（9）：1297-1303.

[30] MOHAMMAD A,ABDULLAH A,MD.A.Ultrasonication-aided dye extraction from waste onion peel and eco-friendly dyeing on organic cotton fabric with enhanced efficacy in color fixation[J].Chemical Papers,2023,77（8）：4345-4353.

[31] PATERSON A,WENDEL J,GUNDLACH H,et al.Repeated polyploidization of *Gossypium* genomes and the evolution of spinnable cotton fibres[J].Nature,2012,492（7429）：423-427.

[32] ROUT S,PRADHAN S,MOHANTY S.Evaluation of modified organic cotton fibers based absorbent article applicable to feminine hygiene[J].Journal of Natural Fibers,2022.

[33] RIAR A,MANDLOI L S,SENDHIL R,et al.Technical efficiencies and yield variability are comparable across organic and conventional farms[J].Sustainability,2020.

[34] SHAHIDI F,AMBIGAIPALAN P.Omega-3 polyunsaturated fatty acids and their health benefits[J].Annual Review of Food Science and Technology,2018,9：345-381.

[35] SU Y,LIANG W,LIU Z,et al.Overexpression of GhDof1 improved salt and cold tolerance and seed oil content in *Gossypium hirsutum*[J].Journal of Plant Physiology,2017,218：222-234.

[36] VANN R,REBERG-HORTON S,EDMISTEN K,et al.Implications of cereal rye/crimson clover management for conventional and organic cotton producers[J].Agronomy Journal,2018,110（2）：621-631.

[37] WANG M,TU L,LIN M,et al.Asymmetric subgenome selection and cis-regulatory divergence during cotton domestication[J].Nat Genet,2017,49（4）：579-587.

[38] WANG N,MA J,PEI W,et al.A genome-wide analysis of the lysophosphatidate acyltransferase（LPAAT）gene family in cotton: organization,expression,sequence variation,and association with seed oil content and fiber quality[J].BMC Genomics,2017,18（1）：218.

[39] WANG W,LI W,WEN Z,et al.Gossypol broadly inhibits coronaviruses by targeting RNA-dependent RNA polymerases[J].Advanced Science,2022: e2203499.

[40] WEN N,DONG Y,SONG R,et al.Zero-order release of gossypol improves its antifertility effect and reduces its side effects simultaneously[J].Biomacromolecules,2018,19（9）: 1918-1925.

[41] WENDEL J,BRUBAKER C,PERCIVAL A.Genetic diversity in *Gossypium hirsutum* and the origin of upland cotton[J].Ameri can Journal of Botany,1992,79（11）: 1291-1310.

[42] WU Q,CHEN H,HAN M H,et al.Transesterification of cottonseed oil to biodiesel catalyzed by highly active ionic liquids[J].Chinese Journal of Catalysis,2006,27（4）: 294-296.

[43] YESILYURT M K,AYDIN M.Experimental investigation on the performance,combustion and exhaust emission characteristics of a compression-ignition engine fueled with cottonseed oil biodiesel/diethyl ether/diesel fuel blends[J].Energy Conversion and Management,2020,205: 112355.

[44] YU X H,RAWAT R,SHANKLIN J.Characterization and analysis of the cotton cyclopropane fatty acid synthase family and their contribution to cyclopropane fatty acid synthesis[J].BMC Plant Biology,2011,11（1）: 97.

[45] ZANG X,PEI W,WU M,et al.Genome-scale analysis of the wri-like family in *Gossypium* and functional characterization of GhWRI1a controlling triacylglycerol content[J].Frontiers in Plant Science,2018,9: 1516.

[46] ZARATE R,EL JABER-VAZDEKIS N,TEJERA N,et al.Significance of long chain polyunsaturated fatty acids in human health[J].Clinical and Translational Medicine,2017,6（1）: 25.

[47] ZHANG T,HU Y,JIANG W,et al.Sequencing of allotetraploid cotton（*Gossypium hirsutum* L.acc.TM-1）provides a resource for fiber improvement[J].Nature Biotechnology,2015,33(5): 531-537.

[48] ZHAO Y,HUANG Y,WANG Y,et al.RNA interference of GhPEPC2 enhanced seed oil accumulation and salt tolerance in Upland cotton[J].Plant Science,2018,271: 52-61.

[49] ZHAO Y,LIU Z,WANG X,et al.Molecular characterization and expression analysis of GhWRI1 in upland cotton[J].Journal of Plant Biology,2018,61（4）: 186-197.

[50] ZHAO Y,WANG H,CHEN W,et al.Genetic structure,linkage disequilibrium and association mapping of verticillium wilt resis tance in elite cotton（*Gossypium hirsutum* L.）germplasm population[J].PLoS one,2014,9（1）: e86308.

[51] 陈新梅.浅析有机棉生产技术的发展现状及应用前景 [J].中国纤检,2016（8）: 135-137.

[52] 杜雄明,孙君灵,周忠丽,等.棉花资源收集、保存、评价与利用现状及未来 [J].植物遗传资源学报,2012,13（2）: 163-168.

[53] 杜雄明,周忠丽,孙君灵,等.棉花种质资源的收集保存、鉴定和创新利用 [C]// 中国棉花学会年年会论文汇编.安阳:中国棉花杂志社,2010: 118-119.

[54] 龚举武,代帅,袁有禄,等.优质棉花品种中棉所 127 选育及栽培技术 [J].中国棉花,2021: 30-31.

[55] 龚举武,李俊文,石玉真,等.机采棉品种中棉所 131 选育及栽培技术 [J].中国棉花,2021: 26-27.

[56] 龚举武,石玉真,刘爱英,等.优质高产棉花新品种中棉所 112[J].中国棉花,2019: 25-26.

[57] 龚举武,袁有禄,石玉真,等.优质高产棉花新品种中棉所 114 选育及栽培技术 [J].中国棉花,2019: 36-37.

[58] 龚举武. 连锁和关联分析定位棉籽含油量 QTL 及候选基因挖掘 [D]. 乌鲁木齐：新疆农业大学,2022.

[59] 黄滋康. 中国棉花品种及其系谱 [M]. 北京：中国农业出版社，1996

[60] 李翠兰，余露. 环保有机棉的发展及探讨 [J]. 江西化工,2008,（4）：91-93.

[61] 李付广，袁有禄. 棉花分子育种进展与展望 [J]. 中国农业科技导报,2011,13（5）：1-8.

[62] 李俊文，龚举武，石玉真，等. 优质高产棉花杂交种中棉所 101[J]. 中国棉花,2017,44（3）：32-33.

[63] 李鹏涛. 基于 RNA-seq 的棉花陆海渐渗系黄萎病抗性及纤维品质研究 [D]. 华中农业大学,2017.

[64] 刘任重，LIU Q,GREEN A. 棉花油酸脱饱和酶基因 ghFAD2-1 倒位重复构建的遗传转化研究 [Z] // 刘任重，LIU Q,GREEN A. 山东农业科学,2001: 18-20.

[65] 马建江. 棉花纤维长度、油份和株高性状 QTL 定位及候选基因鉴定 [D]. 杨凌：西北农林科技大学,2019.

[66] 农业部农业司. 江苏省农林厅棉种产业化工程 [M]. 北京：中国农业出版社,1998.

[67] 潘家驹. 棉花育种学 [M]. 北京：中国农业出版社,1998.

[68] 祁淑芳，王振菊，邱书伟.K2CO3/γAl2O3 催化剂在棉籽油制备生物柴油中的应用 [J] 工业催化 .2018: 45-48

[69] 盖钧镒. 作物育种学各论 [M]. 北京：中国农业出版社,1997.166-255.

[70] 孙君灵，王立如，贾银华，等.300 份陆地棉种质资源抗枯黄萎病鉴定与筛选 [C]// 中国棉花学会年年会论文汇编,安阳：中国棉花杂志社,2014: 95-96.

[71] 唐凤仙，李春，李元元，等. 酶法酯交换棉籽毛油合成生物柴油 [J]. 太阳能学报 .2010: 1397-401.

[72] 汪雪野，谢标. 全球有机棉发展现状及展望 [J]. 江苏农业科学,2016,44（1）：21-25.

[73] 王淑民. 有机棉生产与环保的意义 [J]. 中国农学通报,1995（5）：26-28.

[74] 熊伟，陈勇德. 普瑞美与乌斯特纤维测试仪的对比分析 [J]. 纺织器材,2006,33（1）:14-18.

[75] 熊伟，张冶. 原棉中带纤维籽屑与成纱和布面质量的关系 [J]. 棉纺织技术,2001,2997: 20-22.

[76] 徐旻，潘志荣. 纺制细特纱的长绒棉性能与成纱强度关系之探讨 [J]. 棉纺织技术,1999,27（4）:21-23.

[77] 杨佳宁，陈海涛，田文秀，等. 以棉籽油为基料油的煎炸专用调和油煎炸品质的研究 [J]. 食品工业科技 ,2019: 71-75.

[78] 于志坚. 棉纤维纺纱棉结杂质的测试分析 [J]. 棉纺织技术,2001,29（3）:31-34.

[79] 袁有禄，石玉真，李俊文，等. 转基因抗虫优质杂交棉：中棉所 70[J]. 中国棉花,2009,36（2）: 17.

[80] 张纪兵，杨凡，熊伟. 不同国家有机棉质量对比分析 [J]. 纺织器材,2021,48（4）:61-64.

[81] 张天真，靖深蓉，金林，等. 杂种棉选育的理论与实践 [M]. 北京：科学出版社，1998.

[82] 张伟，梁忻睿，李坤鹏，等. 柴油馏分掺炼棉籽油加氢生产国Ⅵ标准柴油工艺研究 [J]. 当代化工,2022: 1344-1347.

[83] 张冶，崔玉梅，穆征. 棉纤维成熟度的测试与分析 [J]. 棉纺织技术,2000,28（10）：33-35.

[84] 中国农业科学院棉花研究所. 中国棉花遗传育种学 [M]. 济南：山东科学技术出版社,2003.

[85] 邹小梅，何渭.AFIS 纤维测试仪在纺纱过程中的使用体会 [J]. 棉纺织技术,2001,29（7）：31-33.

第7章 智能织造全自动穿经技术

织造前在经纱浆纱之后要从综丝及钢筘中穿好，然后挂好停经片，才能上机织造。用综框织造时，新品种的经轴纱线要在上机前根据织造工艺要求穿过综丝、钢筘，这是织造厂织造前的准备工作。传统的穿纱经过程通常是由工人手动将纱线穿过织机的织口，这需要一定的技巧和时间。而全自动穿纱经技术通过引入自动化机械和控制系统，能够实现纱线的快速、准确穿经，从而节省人力和时间成本。全自动穿经技术的实现依赖于先进的传感器和控制系统。传感器可以检测织机的状态和位置，同时感知纱线的位置和张力。控制系统根据传感器的反馈信息，通过精确控制纱线的传送和织机的运动，实现纱线的准确穿经。

7.1 全自动穿经机的发展历史

根据崔建成的总结：第一台穿经机出现在 1958 年，由瑞士萨尔甘斯的 Zellweger Luwa AG 公司制造，称作 Delta1，其由一个电机驱动工作，穿经工艺由打孔纹板卡片控制，机器配有移动纱架用于经轴上机穿经，设计纱线最快穿入速度为 180 根 /min，基本用于棉纺织厂，一直到 1991 年基本停产。国内大概有两台该型号穿经机，是由外资纺织厂引进的旧设备。

Zellweger 公司在 1991 年推出了 Delta200 型穿经机，根据穿经工作需要，机器分成了纱架车和机头两部分，经轴由经轴车搭载连接到纱架车，然后在纱架上搭好准备穿入的纱片。机头定义了四大功能模块，分别为纱线模组、综丝模组、钢筘模组和停经片模组。

1994 年，史陶比尔收购了 Zellweger Luwa AG 织造系统和制造工厂，并于 1995 年开发了专门用于处理长纤的 Delta100，1997 年开始销售 Delta110，这两款机型的差别就是 Delta110 增加了停经片模组。与 Delta200 相比，Delta110 机器趋向于紧凑，基本沿用 Delta200 的技术，综丝模组的综丝分配进入挂针采用电位检测，停经片模组改进为由带角度传感器的伺服电机逐个分配穿完纱线的停经片到停经条排入位，然后由气缸推动打入相应的停经条；控制系统为微电脑 DOC 系统操作界面，有故障代码显示，便于维护；采用大量的气动装置、小型步进电机和带角度编码器的伺服电机驱动，最快穿经速度为140根/min，但是生产效率大大提高了，因此产量也能达到42,000根纱/8 h。

穿经机真正被中国纺织厂引进并投入使用是在2003年左右，高效的工作能力吸引了越来越多的色织面料厂家，由于棉类短纤工艺要求使用停经片，基本上都引进Delta110，并且色织经轴穿综前必须先分绞。技术应用到此时，机器的功能可满足绝大部分综框纺织厂的需求，如棉、毛服装面料和床上用品面料，特别适合色织厂及玻璃纤维基布织造厂。机器具备双经自停检测、纹板循环停车检查等功能。

7.2 全自动穿经机的工作原理

全自动穿经机的结构和技术特点可以根据不同的设备和制造商而有所不同。

7.2.1 全自动穿经机的技术特点与类型

自动穿经机是一个集电脑程序控制、光学成像技术、气动技术、步进及伺服电机驱动控制技术、光纤通信技术于一体的高科技产品。缺点是易损件较多，特别是化纤原料，很多与纱接触的零件易磨损、使用寿命短，所以维护要求及费用较高，需要提高零件的耐用性。

由于织造工艺的复杂性和多变性，穿经机的控制应用软件也在根据不同的需求不断改进。现在，越来越多的工厂运用ERP企业管理系统，所以需要工艺资料和穿经机产量统计数据联网，穿经机要有这些数据的内部网络共享功能，以大大减少中间管理人工，达到现代化高效生产管理的要求。目前，压缩空气是穿经机最大的能耗来源，主要表现为压缩空气气压要求在6 bar（0.6 MPa）以上，而一般喷气织造车间只要求4 bar（0.4 MPa），并且喷水或箭杆织造厂为了穿经机配备压缩空气站，所以后面的技术更新应该是电机驱动替代气动单元发展，这将取得较好的节能效果，并且电机驱动的速度、稳定性以及使用寿命的表现比气缸好得多，可以减少维修成本。

全自动穿经机有两大类型：主机固定而纱架移动和主机移动而纱架固定。两种类型的机械都包括有传动系统、前进机构、分纱机构、分（经停）片机构、分综（丝）机构、穿引机构、钩纱机构及插筘机构等。

7.2.2 全自动穿经机的工作原理与适应范围

自动穿经机定义为可以将经纱自动穿过停经片、综丝和钢筘的设备。有些设备是从经轴直接引穿，有些设备是从筒子引穿再和经轴接经。不论是哪一种方式，用人工引经纱穿停经片、综丝和钢筘，是不能称为自动穿经机的。自动穿经是经纱从有张力的经纱层上被拉出，一根一根地被送入穿综元件，在相同方向排成一行的综丝从堆中被分开，并输送到穿综位置，塑料刀片在钢筘上打开一个间隙，钢筘根据穿经顺序逐一移动，一只钩子一步就把经纱穿过综丝和钢筘。然后，已穿有经纱的综丝被推到综架轨上。共有多达 20 个综架轨并列着，当所有的经纱都穿好后，通过卸载把穿经综框放到经轴的车上。如果要实现以上要求，经纱、停经片孔、综丝综眼、钢筘筘路必须在同一条水平直线上才能保证钩子顺利穿经。为能保证以上工序顺利完成，自动穿经机配备光电检测、传感器和照相系统，以避免损坏相关部件。自动穿经机主要由纱线模组、停经片模组、综丝模组、钢筘模组以及控制器等组成。以上模组相互配合穿好纱线后，按照编订的程序将综丝和停经片送入相应的位置。经纱传感器检查纱线的正确传入，钢筘的光学检测和控制系统根据钢筘的密度和设定的穿筘来检查钢筘的运动。自动穿经机适用于棉纱、混纺、毛、丝、竹节花式纱等所有品种的自动穿经。

7.3 全自动穿经机的国内外制造商

现在市场上的成熟产品特别是全自动穿经机主要还是由国外的生产商垄断。国产装备还在发展阶段，产品种类、产品性能，以及最重要的稳定性和可靠性还有待验证，在这种背景下，全自动穿经机给了我们太多神秘感与希冀。

在社会用工荒，纺织工人劳动强度大，劳动效率低下的现实情况下，以及其他新兴后发国家在人力成本，工厂用地价格，关税优势等各方面的相对竞争优势的逼迫下，纺织产业亟待升级。通过大量使用像全自动穿经机这种具有高速穿经、高度自动化、极低出错率，以及信息化可反复编程保存，并且实现了联机联网、多台机器互联，甚至跨越厂区的信息联网物联网的生产设备，从而加快生产方式转型，使我们的工厂可以柔性化、个性化生产。信息联网，机器完全由计算机控制，可以让我们在超复杂织物组织方面，实现快速响应生产，大幅减少人工工作时间和劳动强度，降低产品出错率，从而实现和之前完全不同的新生产方式。

另一方面，大量使用高自动化的生产装备也把我们的工人从低端的、需要高强度重复化操作、出错率要求高的低端工作中解放出来。据相关专业人士测算，相比人工穿经的成本，每台全自动穿经机每年可节约大约 65 万元人民币。我们的工厂切实通过技术来改变生产与工作方式，增加我们工人的劳动效率和切实的幸福感，以及更高的劳动报酬。

7.3.1 国外全自动穿经机制造商

目前，全自动穿经机的制造商和供应商有很多。以下是一些在世界范围内知名的全自动穿经机制造商：

Karl Mayer。Karl Mayer 是一家德国公司，是纺织机械领域的全球领导者之一。他们提供各种织机和纺织设备，包括全自动穿经机。

Stäubli。Stäubli 是瑞士的一家公司，专注于纺织机械和自动化系统的开发和生产。他们的产品包括全自动穿经机和其他与纺织生产相关的设备。

Murata Machinery。Murata Machinery 是一家日本公司，提供全球范围内的纺织机械解决方案。他们的产品线包括全自动穿经机，以及纺纱、织造和整理设备等。

Itema。Itema 是一家总部位于意大利的公司，专注于高性能织造设备的制造。他们提供各种类型的织机，包括配备全自动穿经机的先进织机。

这只是一些知名的全自动穿经机制造商，还有其他公司也在开发和提供类似的设备。在选择全自动穿经机时，可以考虑制造商的声誉、产品质量、性能和售后服务等因素，以满足自己的需求和要求。（图 7.1，图 7.2）

图 7.1　史陶比尔全自动穿经机　　　　图 7.2　藤堂全自动穿经机

7.3.2　国内全自动穿经机制造商

国内目前主要有以下 4 家公司生产穿经机。

（1）永旭晟机电科技（常州）有限公司。2014 年他们开始开发 YXS-A 型自动穿经机，穿经速度最快可达 140 根 /min，可将经纱一次性穿入停经片、综丝及钢筘；机器和 Staubli 的 Delta110 完全一样；面向棉纺厂推广。

（2）阿历达（常州）智能科技有限公司。2018 年他们开始生产自动穿经机，机器也几乎和 Delta110 一样。

（3）苏州捷速尔纺织科技有限公司。根据 Staubli S30 机型生产穿经机，2019 年他们开始在长纤织造厂使用。

（4）深圳海弘装备技术有限公司，2015 年他们开始开发用于化纤织造的穿经机，有 HDS5800（12/8 组综条）和 HDS6800（16 组综条）机型，机器结构及操作和 Staubli 的 S30 一样，穿经速度最快为 200（220）根 /min，并在一些功能单元有自己的科技创新，如综丝分离，更便于维护保养。

7.4 全自动穿经

全自动穿经是由全自动穿经机来完成整个穿经过程。全自动穿经机是模仿手工穿经动作设计的穿经机器，主要由分丝、分片、分综、穿引、插筘和传动等机构组成，能使经纱一次穿过经停片，综丝和钢筘。由计算机控制全自动穿经机，穿经速度可以达到100~200 根 /min。穿经指令通过键盘输入电脑，利用软件直接传动机器的传动机构和传感器，进行综丝和经停片的选择，钢筘控制等，所穿花型的准确程度高，漏穿和飞穿少等特点。计算机控制的储存和加工能力增加了穿经的灵活性和花型变化，可以根据用户的需要穿经，节省品种变化的时间。

全自动穿经机是一种集成了精工机械、自动化控制、计算机编程控制、高度信息化，并且采用了大量的自动检测机构，辅助计算机判断，并且能根据具体情况与环境状况做出相应的生产解决方案的大型全自动生产设备。

下面从机械机构、全过程检测、高度信息化和自动控制、可编程和物联网、人性化生产五个方面来展开详细介绍，全自动穿经机的构造和功能。

机械机构。机械机构就像人的四肢一样，采用了大量的伺服电机、气动控制机构和电动控制机构，并且对于机械的精度要求高（纱线直径以内误差）。各部分相互间协作要求极高，从选择纱线到勾纱，再到经停片位置以及纱线穿过经停片、综丝和钢筘，所有要素必须极为苛刻地保证精确地在某个位置，才能让纱线穿过去。然后根据织物组织结构，机器手再把经停、综丝精确地推到对应的经停片槽和综框内；伺服电机要高速精确地运动到具体位置，勾起纱线，送到指定位置，进行相关的剪切、勾纱穿纱操作。所有的步骤不但要求精确，还要求整个过程的穿纱速度是 130~140 根 /min，这些单个动作远比穿纱速度要高，这对机器的协作能力，稳定程度以及持久性要求极高。只有达到了十分高的机械设计水平和进行得当的机械组装，才能达到精确、高速的生产要求。这也对的机械设计能力，机械部件稳定性和耐久性，伺服电机的性能以及组装能力提出较高的要求，如图 7.3、图 7.4 所示。

图 7.3 藤堂穿经机机械结构

图 7.4 史陶比尔穿经机机械结构

全过程检测。全过程检测就像人的眼睛观察，皮肤感触，温度感知一样，全自动穿经机采用了大量的激光检测，压力检测以及行程检测传感器。计算机在工作前会先检查气动部件的气压是否符合要求，电动部件和伺服电机运动状况是否良好，以及其他各部件的状况是否良好；对于运动部件，会自动控制其进行相关检测运动，根据检测数据判断部件是否完好，或者是否符合工作状态要求；对于电动部件和伺服电机，会先驱动其做一个全过程运动，检测其运动状况是否完好，运动速度等参数是否符合要求；此外，还会通过传感器检查纱线、经停片及综丝是否准备好，钢筘是否在指定位置，胶带等是否准备好等。工作的时候计算机可以检测掌握到每一根纱线的状况，每一个动作的精确性，每一步配合是否到位，哪一步是否出错。机械工作部件的感知和检查，只有前一步检测通过，才会进行下一步动作，确保不会出现任何差错。一旦出现纱线、经停片等没有达到规定位置或者速度不足等问题，会立刻停车，提示状况。一旦检测到动作步骤不到位，或者出现差错，也会立刻停车，提示出错位置，并给出解决方案。

高度信息化和自动化控制。高度信息化自动化主要体现在计算机对于机器的自动控制能力，对于生产条件的检测和判断。计算机相当于机器的大脑，其任务包括全面的机器参数时刻检测和判断，以及对生产要求进行相关组织。在生产中，计算机首先会把相关指令发给各部分的控制器，然后，由控制器发布和传递动作指令给相关机构，实现对机器的气动动作装置与电动动作装置，以及伺服电机相关动作的精确控制。之后，相关单元根据指令要求，全自动地进行生产，传动机构的每一步、每个动作都由控制面板操作界面可以具体到单个的步骤单独控制，甚至行程的定量精确移动。真正做到了计算机对全部机械机构如手足般的控制，并且可根据检测机构提供的反馈，实时掌握机器的状况，并组织好各个机构部分的协作工作，保证在高速下能快速精确生产，如图 7.5、图 7.6 所示。

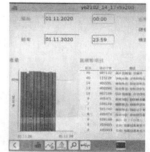

图 7.5 藤堂穿经机操作界面　　图 7.6 史陶比尔穿经操作界面

可编程和物联网：计算机中不但已经内置储存了很多已经编辑好的可以直接调用的织物组织程序，还可以根据实际的用户需求，自由地编辑设计织物组织并保存程序。也可以通过机器之间的联网功能，在不同机器之间，不同厂区之前自由地上传和下载相关的织物组织程序，并进行灵活快速响应的柔性化生产，提高了工厂的产品变化的速度，加快了产品迭代的速度和个性化生产，可最大程度地节约时间，极大地降低穿经机的操作难度，最大程度地发挥效能。

人性化生产。全自动穿经机都采用了电脑屏幕触屏模式，工人们只需要在触屏上进行相关组织的输入（相关操作步骤的控制以及报错后的相关调试和处理均可以在屏幕上进行操作）。当相关操作步骤不对或者出现了错误时，电脑内部根据检测的错误结果，自动地判断出错原因和解决方案与步骤，并且相关解决步骤以视频形式在显示屏上给予解决问题的方法。这样极大地提高了生产效率，更加协调地生产，也大大降低了机械的操作难度和对于工人的要求，普通工人经过简单培训即可上岗进行生产，并且简单的操作极大地降低了劳动强度。

7.5 世界上主要全自动穿经机类型的技术比较

7.5.1　全自动穿经企业

现存的世界上开发全自动穿经机时间最早，最先产业化应用，产品质量水平较高，市场占有率最高的主要有两家国外企业（图 7.7，图 7.8）：一家是瑞士的史陶比尔公司，另一家是日本的藤堂制作所。两家企业从最早的手动穿经设备，到半自动穿经机开发销售起步，到全自动穿经机的开发销售一步步走来，这两家在纺织准备机械领域代表了世界上最高的水平。两家企业相比较来说也都有自己的长处与领先的地方，各有长短。

图 7.7 史陶比尔公司图标　　　图 7.8 藤堂制作所图标

史陶比尔的产品主要有纺织机械，连接器和工业机器人。其中纺织机械在国内外的占有量很高。全自动穿经机则代表了业界最高水平，生产速度为业界最快，达到 140 根 / 分，全部机型采用了穿大轴的设计思路，使穿经作业更加快捷和方便，产品稳定性和耐用性很高。当然价格也是业界最高，单机价格比同类型其他企业产品通常高几倍，维修和维护价格也均很高。

藤堂制作所主要产品有纺织准备机械（全自动穿经机，结经机，分绞机）、半导体芯片检测机器以及半导体芯片的包装机器。全自动穿经机方面，藤堂制作所生产的全自动穿经机速度稍稍慢于史陶比尔的穿经机，达到 135 根 / 分，价格比史陶比尔便宜。机器性能稳定，种类齐全，最新开发了多色穿经机等新机型。藤堂制作所的另一款产品结经机做到了高水平，产品为活动式全自动结经机，最高速度达到了600根/分，机器质量可靠，很多机器都已经使用了几十年还能正常工作，目前在国内外工厂大量应用。

两家产品的主要区别主要集中在两点：其一是勾纱设计有些不同，史陶比尔用的是梭织机上面类似的铰链式勾纱传动勾纱，而藤堂制作所采用的是轮式勾纱传动。相比较而言，铰链式传动工作效率更高，速度更快，而轮式勾纱更适合机器高频高速工作。史陶比尔的机器速度相较于藤堂制作所穿经速度更高的原因之一是采用了效率更高的铰链式传动。各家设计也都有专利布局，藤堂制作所的设计师们认为，他们单纯采用史陶比尔铰链式传动的话，就有抄袭史陶比尔的嫌疑，所以一直不采用铰链式传动，而是一直在精进轮式传动技术，并把它做到了几乎极限的程度，实际机器速度的话，比史陶比尔的机器慢了一些。

第二个原因是史陶比尔全部全自动穿经机采用了穿大轴（图7.9）的设计理念，即穿经的纱线直接穿在大轴上面，可以直接去织造，而不用多一道经纱转移工序。相比较而言，每三台机器穿大轴比其他种类机械节约一个人工。而藤堂制作所没有这种穿大轴机型设计，还是采用传统的先把经纱穿到小车的经架（图7.10）上面，然后再通过人工从小车的经架上面取下，转移到织轴上面进行织布生产。两种模式各有优缺点，史陶比尔所采用的穿大轴的模式更直接，少了一步结经操作，适合高支高密的品种。而藤堂制作所所采用的先穿完筒子再结经的模式，适合低支低密的品种，优势是先于浆纱工序穿完机头，提前做好上机准备。

图 7.9　史陶比尔穿大轴设计　　图 7.10　藤堂小车经轴架设计

对两家企业来说，史陶比尔公司不论是全自动穿经机，还是其他纺织机械都做到了市场占有率最高。全自动穿经机，不论技术、产品设计，还是在纺织前后端工序配合方面都做到了产业最高水平，不失为全自动穿经机产业的顶级企业。此外，史陶比尔采用了灵活的销售搭配和销售方式，比如买一定数量的纺织机可以免费送全自动穿经机的方式，这种搭配销售对于很多纺织企业有很大的吸引力。所以业内一般认为史陶比尔的全自动穿经机比藤堂制作所卖得更好。首先，卖纺机可对于纺织产业有更深的把握，以及在相关纺织企业的人脉或者购买意向方面有着非同寻常的把控。藤堂制作所主营业务分两大块，一块是纺织准备机器，另一块为半导体芯片机器业务。企业在精密控制过程检测，机器数字化控制，以及机器对于错误感知，判断和自动化解决问题等方面做到了很高的水平。尤其是机器对于错误感知方面，机器在生产中自我判断问题点，并把具体问题点解决步骤以视频的方式在显示屏上播放出来，这在实际生产中有着巨大的意义，也极大地提高了机器的易用性，使工人在实际生产中有更好的人机协作，极大地减少了出错和停机相关问题解决的时间，大大提高了生产效率，降低维修维护的花费。

总的来说，两家公司在纺织准备机器方面都做得很好，代表了现在业界最高的水平，无论是从机械的性能、稳定性方面，还是在相关的维护维修方面，都已经有过数十年的产品经验积累，与产业契合很深。但是也有一个共同的问题，就是产品价格奇高，尤其是史陶比尔每台单价超过了 300 万人民币，再加上相关的运输、安装费用，着实不菲。藤堂制作所的单台全自动穿经机每台单价大概在 120 万人民币左右，相较于史陶比尔便宜了大概三分之一。全自动穿经机这种极为复杂的全自动化生产设备，再加上复杂的穿经作业条件，机器更容易出现机械问题或者软件故障，这是全自动穿经机的共有缺点。这个时候哪家的维修成本更低，零件维修更及时，维修时间更短等往往就很重要。比如史陶比尔的全自动穿经机可以赠送，但是"羊毛出在羊身上"这个道理大家都会懂，长期相关的维修费用，零件购买的费用也需要通盘考虑。所以企业可以根据具体自身情况灵活选择产品。过高的机器费用和相关的维修维护费用也限制了产品大规模使用，也给纺织企业带来了沉重的负担。正因为如此，国内的相关全自动穿经机企业蓬勃发展，加速了这方面的开发和研究，最重要的是把价格和相关维护维修点的费用给降下去，只有这样才能增加全自动穿经机的应用。

7.5.2 工作原理的技术比较

限于篇幅与机器的复杂程度，主要以一根纱线为视角，通俗地讲一下几个关键节点的大概原理，便于大家理解。史陶比尔的全自动穿经机相比较而言属于更简化，具体细节很难体现，单纯讲解史陶比尔的机器，可能无法理解藤堂的全自动穿经机。为了便于更好的理解，直接讲解藤堂的全自动穿经机，然后对它和史陶比尔的机器在不同点进行介绍。

（1）储纱器。

纱线的起点是储纱器（图 7.11），储纱器连接着一锭纱线，储纱器会根据纱线消耗自动储纱。当机器快速取走一定长度的纱线时，由于储纱器提前储存了一定长度的纱线，纱线不会因为瞬间加速度而产生巨大的力而断掉，并且储纱器在每次取纱以后都会立刻补充储纱，在连续取纱时也能保证纱线供应。

（2）取纱器。

取纱器（图7.12）取纱，取出一定长度纱线以后，伺服电机会控制取纱器在固定位置停下来，然后切纱器（图7.13）弹出，由切纱器切断纱线，并且夹住纱锭端的纱头和纱线段纱头。当再需要此种类型或者颜色的纱线时候，切纱器先弹出，取纱钩勾住纱线，切纱器同时放开纱线，取纱器取出一定量的纱线停下，切纱器再弹出切断纱线，并夹住纱头并弹回，如此反复进行。现在最新款的全自动穿经机已经可以提供8种颜色纱线直接穿经。

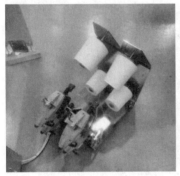
图7.11 储纱器

图7.12 取纱器

图7.13 切纱机构

（3）钢筘。

钢筘（图7.14，图7.15）会在伺服电机的控制下根据织物组织结构决定，向前运动一个小格，经停片转运装置（图7.16，图7.17）、综丝储存机构（图7.18）和综丝转运器（图7.19），在电机的控制下，自动地把新的经停片和综丝转运到指定的穿纱位置并停下来。

图7.14 史陶比尔钢筘装置

图7.15 藤堂钢筘装置

图7.16 经停片储存机构

图 7.17　经停片转运装置

图 18　综丝储存机构

图 7.19　综丝转运机构

（4）纱钩在轮式传动机构。

纱钩在轮式传动机构（图 7.20）的电机控制下，会依次穿过钢箭的小格，穿过综丝中间的 O 型小孔，穿过经停片的小孔，勾住取纱器刚刚已经切好的指定长度的纱线，并拉住纱线快速地返回去，使纱线一次穿过经停片、综丝与钢箭，然后纱钩在一定位置放开纱线，吸纱装置会自动吸住这个纱头。已经穿了纱线的综丝和经停片会在电机的带动下转到综丝位置杆（图 7.21）和经停片位置杆（图 7.22）的一侧，并把新的综丝和经停片补充到刚刚的穿纱位置，而已经穿好的纱线会被搭在小车的机架上面，纱线另一头将会被推到两片胶带之间从而固定在胶带之中，往机头后侧慢慢移动。

图 7.20 轮式传动机构

图 7.21 综丝位置杆

图 7.22 经停片位置杆

（5）经停片。

经停片的转运器和综丝的转运器还在继续移动，这些已经穿上了纱线的经停片和综丝，会在转动器移动的过程中，根据组织设计，被气动小推手推进对应位置 6 个经停片位置杆（图 7.23）的其中一个。综丝有 20 个位置杆，综丝会先被综丝分配抓手取下，抓手会在伺服电机的带动下在每个位置杆间快速移动，然后根据织物组织设计，综丝被推进对应的位置杆（图7.24）。

图 7.23　综丝被推入位置杆　　　图 7.24　经停片被推入位置杆

　　至此一根纱线的穿纱过程完全完成，本节把每一步分解写出来感觉穿纱过程很缓慢，实际生产中则不然，穿纱作业时，每分钟要穿 130 根以上的纱线，每一个分步骤都进行得极快。机器连续运转，每一个小步骤结束就立刻进行下一个小步骤，人眼几乎看不清这些分布步骤是如何运作的。而这一切还要求极为精妙的配合，如此才能保证整个过程连续且不出现错误，才能保证机器以极高的速度运行。这不但对机器的精确性，动作准确性要求很高，而且对于机器各个部件的耐久性提出了苛刻要求。整个穿经过程乍一看每一步都很容易，对于各步骤之间的配合，多加实验也能做到。但是很多厂商尤其是国内厂商都倒在了机器的耐久性和稳定性上面。刚开始各家产品都差不多，都能用，但是当一个星期，一个月，甚至一两年以后，机器之间的差距就完全显现出来了，很多厂商的机器出现了各种问题，几乎都是零部件的品质不过关，一个零部件随着时间推移出现了偏差，不断积累下来，整个过程的配合一定就会出现问题，到最后整个系统都无法工作。新采用这些产品的厂商就会出现刚把之前用手穿经的工人遣散，这边机器又不能用了，从而导致生产停摆。这也是很多厂商宁愿贵也要买国外产品的原因，而这一切的根源还在于部件原材料问题，部件原材料优秀可靠，才是一个国家制造业强大的根基。

7.5.3 操作方法

　　由于全自动穿经机为全自动化设备，很多织物组织设计甚至都已经编辑储存在电脑里面，所以就单纯操作来说比较容易，直接调用程序就行了，几乎不需要什么门槛。一台机器的操作基本上只需一个人即可生产。以藤堂制作所所生产的全自动穿经机为例，一天最多能穿四万到六万根纱线，极大地提高了生产效率。

操作方法，前期准备分两块。一块是纱线，停经片，综丝和钢箱，以及经纱架小车（图7.25）的准备工作。即把纱锭放在指定的储纱器上面，并把纱头从储纱器中引出来，然后把停经片、综丝放到指定的停经片杆和综丝杆上面，把经纱架小车放到指定位置并固定住，小车上面的综丝框和机体一一对应结合，经纱架小车下侧固定纱线的胶带也事先放好，再把钢箱的箱槽和引刀通过调整对齐。如此就完成了物理性质的准备工作。

图 7.25　藤堂经纱架小车

另一块是电脑的设置部分。首先是织物组织的设计编辑，然后储存在电脑中，也可以直接调用电脑中已经内置的或者之前已经储存在里面的织物组织。选好所需要的织物组织以后再行生产参数设置，如生产速度设定多少、纱线根数为多少，设定完成以后确认设置，开始生产。这个时候电脑会自动首先检查各部件是否工作良好，并且会以视频方式提示某些项准备工作是否完成，完成以后点击确认会进行下一项检查，检查全部后就会正式进入全自动穿经。

全自动穿经这时候是不需要人来操作的，基本上就是观察页面状态，或者来回走动检查机械的各项指标。只要不出故障，在这期间保证好随着时间消耗的纱线，经停片、综丝的数量充足即可，不足了要及时补充。穿经进行一段时间后，最好把综丝往后面拨一下，停经片积累一定数量也要往后面拨一下，放上支撑件，全部过程只需要一个人即可完成。穿经完成以后，需要把综丝杆支起，切断胶带，拿起钢箱把经纱架小车移走进行下一步操作，并把新的经纱架小车换上，重复之前的操作进行下一次穿经。

7.6 全自动穿经机展望

7.6.1 市场分析

说起全自动穿经机，甚至结经机，很多人可能会说，这些产品国内市场基本上被国外产品占据。但是各种国产品牌的全自动穿经机已呈星星之火可以燎原之势，大量装配在我国纺织厂中。可能很多大公司大品牌的纺织生产企业，由于机器稳定性要求高或者机器速度要求高的原因，对于国内的品牌因在机器的质量、生产的稳定性上还抱有一定怀疑，而不愿采用，甚至抱有偏见，但是正是由于国内的这些厂商的存在，很多卖往我国相同的机器，都比卖往印度、东南亚、美国的便宜，甚至是对于藤堂制造所这种日本厂商来说，它的产品在中国的价格要比在日本本土的价格便宜。在很多没有工业能力的国家，比如印度和东南亚，往往只能花费巨额购买这些机器。在发达国家，由于早已不进行这方面的机器生产，导致一家独大的情况，机器价格也被抬高。

中国对于外商来说既是巨大的市场，当然也是一个有竞争的市场。因为有本土生产商，虽然产品在速度、质量和稳定性方面还不如他们，但是本土产品也有其优势，首先就是价格有着巨大的优势。当一个产品在产品质量相差不是非常大的时候，当价格差到十几倍甚至几十倍的时候，往往厂家就不愿采用外国产品了，原因很简单，当可以用数量来弥补质量，且还能省下一大笔钱时，为什么还要去买价格奇高的外国产品。另一方面，当国内产品被大量采用的时候，国内产品就可以快速迭代，进而快速地追上外国产品的性能，甚至超越其性能。一个产品往往不是说技术有多先进就可以一劳永逸，还要看它的迭代速度，这才是产品进步的真正驱动力。正是由于这些原因，国外卖往中国的产品比卖往世界其他地方的便宜很多，一方面压缩国内相关全自动穿经机厂商的生存空间，另一方面极大地减缓了国内相关产品的迭代速度。

7.6.2 贸易趋势与市场展望

市场现状与国内品牌的崛起。当前，尽管国外品牌在全自动穿经机领域占据主要的市场份额，但国内品牌正以其成本优势迅速崛起。国外品牌虽然在技术成熟度和稳定性上领先，但高昂的价格使得其在价格敏感的市场中逐渐失去竞争力。国内品牌通过不断的技术创新和产品迭代，正逐步缩小与国际品牌的差距，展现出强劲的市场竞争力。

国际贸易环境的挑战与机遇。国际贸易环境的不稳定性给全自动穿经机市场带来了诸多挑战。贸易摩擦、政策变动、疫情影响等因素增加了跨国运营的复杂性和成本。然而，这些挑战也为国内企业提供了机遇，促使其加强自主创新，优化供应链管理，提高产品的市场适应性和竞争力。国内企业需要灵活应对国际市场的变化，同时积极开拓国外市场，实现国内外市场的双轮驱动。

未来市场发展预测与战略建议。展望未来，全自动穿经机市场预计将经历进一步的变革。国内企业有望通过技术突破和品牌建设，逐步提升市场份额。面对国际贸易的不确定性，企业应加强风险管理，优化成本结构，并加大对关键技术和核心部件的研发投入。同时，企业应加强国际合作，拓展多元化市场，提高品牌的全球影响力。通过这些战略举措，国内企业将能够在激烈的国际竞争中占据有利地位，推动中国纺织产业迈向新的发展阶段。

参考文献：

[1] 左小艳, 李冬冬, 张成俊, 等. 大行程磁悬浮织针驱动结构研究与仿真分析 [J]. 针织工业, 2021（1）：7-11.DOI:10.3969/j.issn.1000-4033.2021.01.002.

[2] 颜鹏, 周正元. 综丝自动分离系统设计 [J]. 毛纺科技, 2019（4）：71-73.DOI:10.19333/j.mfkj.2018100240404.

[3] 颜鹏, 刘光新, 刘进球. 穿经机自动分纱器控制系统设计 [J]. 毛纺科技, 2019（3）：57-60.DOI:10.19333/j.mfkj.2018080130304.

[4] 颜鹏, 王二化. 穿经机自动穿筘系统设计 [J]. 毛纺科技, 2019,47（10）：75-78. DOI:10.19333/j.mfkj.201902171004.

[5] 刘光新, 孙磊厚. 停经片分离穿纱系统设计 [J]. 毛纺科技, 2016（2）：62-65. DOI:10.3969/j.issn.1003-1456.2016.02.016.

[6] 赵关红, 杨旭东. 自动穿经机和手工穿经对比分析 [J]. 纺织导报, 2010（7）：84-85.

[7] 方虹天, 田媛, 朱俊伟, 等. 浅谈自动穿经机发展 [J]. 纺织科学研究, 2019（10）：76-77.

[8] 岳东海, 吴洪涛. 穿经机的综丝分离传送系统设计 [J]. 机械设计, 2018（10）：60-66.

第8章 有机棉花智能初加工控制系统

8.1 概述

棉花是关系国计民生的重要物资，推动棉花加工产业智能化研究，带动农民增收，是实施2023年中央一号文件，实施乡村振兴战略的重要举措。2023年我国棉花产量561.8万吨，进口棉花200万吨，棉花产值高达1300多亿元。2004年国家棉花质量检验体制改革以来，机采棉加工设备不断完善，我国的棉花加工工艺流程初步实现了全程机械化，但是距离国际加工效率还有差距，棉花加工成本高于国际市场，如何利用智能化技术提升棉花等级，降低棉花加工成本，用创新驱动棉花产业发展，是目前迫切需要解决的问题。

针对我国棉花国际竞争需求，围绕推动我国棉花加工智能装备技术进步、提升棉花加工质量、保障棉花产业安全的总体目标，重点突破棉花智能化提级加工关键技术，对棉加工重要的轧花工艺环节和数字化监测系统进行研究，开发成套设备智能控制系统，进行试验考核与示范应用，通过智能装备、精益制造、精细作业的产业链与基础研究、关键攻关、装备研制与示范应用创新链相结合的一体化科技创新设计，为提高我国棉花产业安全提供智能化技术和装备。

8.2 棉花加工生产线关键工艺及参数指标

8.2.1 研究目的

机采棉含杂较多，通过多级清花工序处理，能够有效清除杂质，但是棉纤维的强度、长度以及短纤含量指数等皮棉品质指标却会受到较大影响。机采棉后与加工后品质指标的变化与棉花加工过程密切相关，加工过程所采用的设备，设备参数均会对皮棉品质指标的变化产生影响。

为得出工艺及设备参数与加工质量的相关性，需要分析同批次籽棉机采后指标与加工后指标之间的对应变化关系。加工过程中，不同设备因素、设备转速因素等都会对皮棉品质指标产生影响。棉花加工设备主要分为籽清设备、轧花设备以及皮清设备，三种设备功能不同，在清理和轧花过程中，对皮棉综合品质指标的影响也有较大差别。

由轧花工艺可知，锯齿轧花机内部籽棉卷状态与其稳定运行和轧花质量密切相关，并且只要将籽棉卷状态控制在合适范围内，就能将皮棉质量、棉籽质量、衣分损失等保持在合适水平。籽棉卷位于锯齿轧花机工作箱内，其状态变化与其转动规律密切相关。籽棉卷转动规律较为复杂，受机械结构因素、工艺参数因素以及籽棉性状因素的影响。机械结构因素包括工作箱形状、肋条板弧度、压力角等，工艺参数主要包括锯齿辊筒线速度和片时产量，籽棉性状因素主要包括籽棉品种、回潮率等。

将影响籽棉卷运动规律的片时产量（喂花量）、锯齿辊筒线速度、片距等三个参数作为影响因素，重点分析其对纤维长度、长度整齐度、短纤维指数、断裂比强度、伸长度等五个皮棉品质指标的影响。通过实验设计、数据采集、数据分析、模型构建等，来揭示片时产量（喂花量）、锯齿辊筒线速度、片距对皮棉品质指标的影响规律。

由于片时产量（喂花量）、锯齿辊筒线速度、片距这三个变量，既有机械结构参数，又有可实时调节变量，因此无法对这三个变量同时进行实验设计。根据轧花机的特殊性，将这三个变量的实验分为两组，分别为片时产量和锯齿辊筒线速度对棉纤维的影响，以及片时产量和片距对棉纤维的影响。

回潮率是指棉花的干基含水率，它是影响棉花加工及安全存储的一个非常关键的因素。棉花加工过程中回潮率过高，会造成棉纤维表面的摩擦系数增大，难以从棉纤维表面剥离杂质，增大皮棉含杂率；回潮率过低，棉纤维比较脆弱，在经过轧花机和皮棉清理机时较容易断裂，增加皮棉短纤维含量，降低衣分。棉包存储过程中回潮率过高，会因为内部温湿度过高而变质，影响色泽及纤维性能。所以，在整个棉花加工及棉包存储过程中，回潮率控制不合适会造成皮棉等级的降低和棉花价值的损失。

目前国内的机采棉工艺配备了两级烘干程序，生产过程中人工不定时测量棉垛中的回潮率，来决定启用几级烘干设备，并调节烘干塔热空气的出口温度。除烘干温度影响回潮率外，环境温度和环境湿度也是影响回潮率的重要因素。如何准确地掌握棉花的回潮率情况，明确其受环境温度和环境湿度的影响规律，及时改变相应的烘干策略，成为我国现代棉花加工行业一个必须解决的问题。

清花工序主要包括籽棉清理和皮棉清理两个环节。按照棉流行进方向，采用的籽棉清理设备包括三丝机、一级倾斜式籽棉清理机、提净式籽棉清理机、二级倾斜式籽棉清理机、回收式籽棉清理机、轧花机上部提净，共计六个工序。皮棉清理采用的设备主要包括轧花机、一级锯齿式皮棉清理机以及二级锯齿式皮棉清理机，共计三个工序。

清花工序研究的目的有两个：一是获得不同清理设备对皮棉综合品质的影响规律；二是获得清理设备不同辊筒转速对皮棉综合品质的影响规律。在综合分析不同设备、不同辊筒转速的基础上，得出最佳的清理次数。为了获得较好的实验效果，并保证实验设备的安全稳定运行，采用变频器实现设备辊筒转速的调节。设备速度调节分为三级，根据实际运行需求，籽清设备、轧花设备以及皮清设备分别采用不同的转速级别。

8.2.2 籽棉清理工艺

目前我国棉花加工企业常用的籽棉清理设备主要有刺钉辊筒清理设备和锯齿辊筒清理设备两大类，这两类清理设备清理方式不同，侧重清理的杂质类型也不同。

8.2.2.1 倾斜式籽棉清理机

倾斜式籽棉清理机属于刺钉辊筒清理设备，利用辊筒上的刺钉插入籽棉带动其前进，并与除杂筛网摩擦从而清理杂质，如图 8.1 所示。

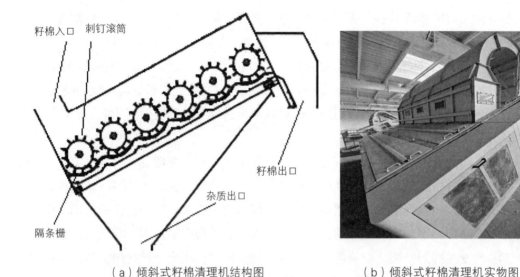

（a）倾斜式籽棉清理机结构图　　　　　　（b）倾斜式籽棉清理机实物图

图 8.1 倾斜式籽棉清理机

籽棉从图 8.1（a）中的籽棉入口进入倾斜式籽棉清理机，在刺钉辊筒的带动下前进，经过隔条栅时籽棉与其发生摩擦，籽棉中的杂质在摩擦力的作用下顺着隔条间的间隙与籽棉分离，由杂质出口排出机外，籽棉依次经过 6 个刺钉辊筒，最终通过籽棉出口排出机外。由于隔条之间的间隙较小，因此倾斜式籽清机适用于清除籽棉中较小的杂质，如叶屑、尘杂等。除了排杂，倾斜式籽棉清理机还有一个重要的作用就是开松籽棉，刺钉插入籽棉以及与隔条栅的摩擦都可以使籽棉变得蓬松，籽棉经过开松后在后续的清理过程中可以降低棉纤维的损伤。

影响倾斜式籽清机清杂效率的因素有很多，除了籽棉回潮率等外在因素外，机器自身的因素主要有刺钉辊筒转速、刺钉辊筒与隔条栅的间距、隔条栅的结构、刺钉辊筒之间的间距等，其中影响最大的是刺钉辊筒转速，因为刺钉辊筒转速直接决定了籽棉与隔条栅的摩擦力大小，这个摩擦力是排杂的主要动力。

8.2.2.2 提净式籽棉清理机

提净式籽棉清理机属于锯齿辊筒清理设备，利用锯齿勾住籽棉，在阻铃板和排杂棒的阻隔作用下清理杂质，如图 8.2 所示。

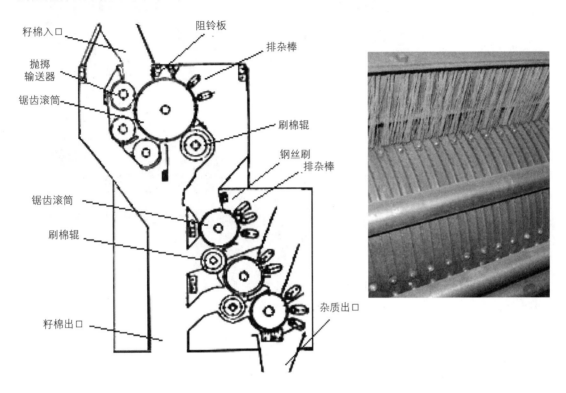

（a）提净式籽棉清理机结构图   （b）锯齿辊筒与毛刷和排杂棒

图 8.2 提净式籽棉清理机

籽棉从图 8.2（a）中的籽棉入口进入提净式籽棉清理机，在抛掷输送器的带动下喂给锯齿辊筒，籽棉被锯齿勾住后随锯齿辊筒转动，经过阻铃板和摩擦棒时铃壳、棉枝等较大杂质和部分籽棉被挡住，掉落到锯齿辊筒上，在钢丝刷的作用下籽棉被刷在锯齿辊筒上跟随其转动，转到排杂棒处时杂质被挡住并由杂质出口排出机外。籽棉则由刷棉辊刷落到下一个锯齿辊筒，如此重复 3 次，最终由籽棉出口排出机外。提净式籽棉清理机适用于清理铃壳、棉枝等体积、质量较大的杂质。

影响提净式籽清机清杂效率的因素也有很多，除了籽棉回潮率等外在因素外，机器自身的因素主要是锯齿辊筒转速，原因与倾斜式籽棉清理机相似。

8.2.2.3 回收式籽棉清理机

回收式籽棉清理机的结构、工作原理与倾斜式籽棉清理机基本相同，如图 8.3 所示。

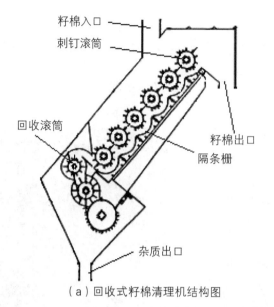

（a）回收式籽棉清理机结构图　　　　　（b）回收式籽棉清理机实物图

图8.3　回收式籽棉清理机

　　籽棉由图8.3（a）中的籽棉入口进入回收式籽棉清理机，籽棉在刺钉辊筒和隔条栅的摩擦下排除杂质。回收式籽棉清理机的倾斜角度和隔条栅之间的间隙比倾斜式籽清机更大，这种设计使得机器可以排出体积更大的杂质，提升了机器的排杂能力，但也会有部分籽棉被排出，被排出的杂质和部分籽棉由杂质出口排出机外之前会经过回收辊筒，回收辊筒可以将这部分被排出的籽棉重新送回刺钉辊筒，从而实现回收的目的，最终籽棉由籽棉出口排出机外。

　　影响回收式籽清机清杂效率的因素与倾斜式籽棉清理机的相同，最主要的也是刺钉辊筒的转速，此处不再赘述。

8.2.3　烘干工艺

　　目前国内棉花加工企业烘干籽棉时几乎都采用热风烘干，这种烘干方式属于气流烘干，热空气与籽棉直接接触进行干燥，烘干系统如图8.4所示。图8.4（a）、（b）、（c）分别是风机、热交换器和隔板式烘干塔实物图，图8.4（d）是烘干系统示意图，棉花加工企业一般采用燃煤炉加热空气形成热蒸汽，热蒸汽经电热管入口进入散热器，然后由电热管出口排出循环回燃煤炉。风机将空气吹入电热管，经过加热后离开电热管。待烘干籽棉由籽棉入口进入输棉管道并与加热后的空气混合进入隔板式烘干塔，烘干塔内籽棉悬浮在热空气中并在其带动下经过每一层隔板（常见隔板式烘干塔有24层隔板），最终由籽棉出口排出烘干塔，这就是一次完整的烘干过程。这种烘干系统一次烘干可使籽棉回潮率降低3%~5%。

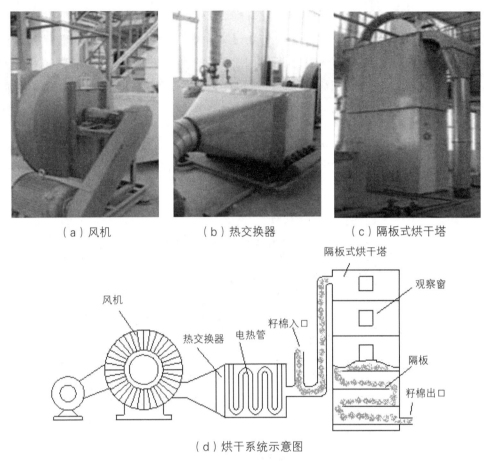

（a）风机　　　　　　　（b）热交换器　　　　　（c）隔板式烘干塔

（d）烘干系统示意图

图 8.4 棉花加工厂常见烘干系统

　　烘干时要根据籽棉烘干前的回潮率设置热空气温度，设置热空气温度时一般不调节热蒸汽温度，而是调节进入热交换器的热蒸汽量（由热蒸汽阀门的开合角度控制），若需升温则增大开合角度，即增加热蒸汽进入量，反之则减少热蒸汽进入量。

　　若籽棉烘干前的回潮率过大，经过一次烘干无法使籽棉回潮率降低到适合轧花的回潮率区间，就需要增加一次烘干。由于机采棉回潮率较高，新疆等主要产棉区的棉花加工企业一般都设置两级烘干工艺。

　　大多数加工厂加工时，操作工人不定时检测待清理籽棉的回潮率，根据检测结果控制热空气温度，检测和控制均是手工操作。

8.2.4 轧花工艺

　　锯齿轧花机由清花、轧花两部分组成。清花也就是锯齿轧花机上部提净，主要用来清除籽棉中的杂质，同时对籽棉进行开松；轧花部分则用来分离棉纤维和棉籽。轧花部结构较为复杂，是轧花机的核心部分，分为前、中、后三箱。前箱位于轧花机前下方，从淌棉板落下的籽棉直接进入前箱，其作用是清除籽棉中的铃壳、棉枝、僵瓣等重杂，保护锯齿辊筒上的锯齿不受损伤，最后通过拨棉翼辊将籽棉均匀喂入轧花机中箱。中箱是轧花机的工作箱，籽棉中棉纤维和棉籽的分离主要在工作箱中完成。后箱作用是刷棉，通过毛刷辊筒的高速旋转，将锯齿勾脱的棉纤维刷落并送入皮棉清理设备或者集棉设备，由于刷落的棉纤维具有较高的速度，通过排杂挡板可以清除棉纤维中的部分重杂，其作用与气流式皮棉清理类似。锯齿轧花工艺流程如图 8.5 所示。

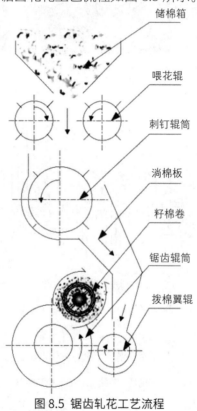

储棉箱

喂花辊

刺钉辊筒

淌棉板

籽棉卷

锯齿辊筒

拨棉翼辊

图 8.5 锯齿轧花工艺流程

由图 8.5 可以看出，经烘干、籽棉清理之后的籽棉，通过配棉绞龙被输送到锯齿轧花机储棉箱。储棉箱底部的两个喂花辊通过旋转不断将籽棉送入轧花机清花部。在清花部，通过刺钉辊筒的拨打、勾拉作用，清除杂质并进行开松，使其成为单粒状的籽棉颗粒。开松后的籽棉颗粒经由淌棉板进入轧花部前箱；在前箱，拨棉翼辊通过旋转将籽棉传送给锯齿辊筒，高速旋转的锯齿辊筒将籽棉勾拉进入轧花机工作箱，形成籽棉卷。籽棉卷在锯齿勾拉作用下不断在工作箱内旋转，同时在肋条板阻隔作用下，籽棉卷内的棉纤维和棉籽实现分离，棉纤维不断被锯齿勾脱下来，然后被后箱的毛刷辊筒刷落，而被勾拉干净的棉籽则会通过棉籽通道排出，籽棉卷在旋转过程中又不断有新的籽棉补充进来，从而形成轧花循环。

8.2.5 皮棉清理工艺

目前我国棉加工企业所采用的锯齿皮棉清理设备主要为锯齿式皮棉清理机，以山东天鹅棉业机械股份有限公司公司的 MQP 系列为代表。锯齿式皮棉清理机结构及排杂刀、锯齿辊筒部件如图 8.6 所示。

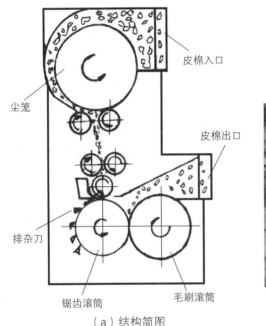

尘笼

皮棉入口

排杂刀

皮棉出口

锯齿滚筒　　毛刷滚筒

（a）结构简图

（b）排杂刀与锯齿辊筒

图 8.6 锯齿式皮棉清理机

从气流式皮棉清理机排出的棉纤维首先附着在锯齿式皮棉清理机集棉尘笼上，通过拨棉罗拉将尘笼上的棉纤维剥落，然后在牵引罗拉和给棉罗拉共同作用下，锯齿辊筒上的锯齿才能将棉纤维勾拉住，并带动其进行高速旋转。在转动过程中，被棉纤维勾拉缠绕的破子、不孕籽等杂质由于受到的惯性离心力较大，可能会被直接甩出从而进入排杂通道。被棉纤维勾拉紧密的棉叶等细小杂质，由于较轻，即使不能被直接甩出，也会暴露在棉层表面，当与多个排杂刀发生碰撞冲击后，大部分也能够被清理出去，从而达到清杂目的。

8.2.6 皮棉品质指标

将 HVI 检测的马克隆值、反射率、黄度、颜色级、杂质面积、杂质数量、叶等级、纤维长度、长度整齐度、短纤维含量、纤维强度、伸长度、成熟度等 13 个指标，以及含杂检测的百克皮棉含杂量、千克籽棉含铃壳量、千克籽棉含大杂量等三个指标，作为棉花加工过程中参数调节的影响指标。

部分皮棉品质指标如下：

①马克隆值：是棉纤维细密度和成熟度的综合指标。马克隆气流仪（Micron-aire）是一种用气流方法测定机械轴或孔的直径的仪器，中文译为马克隆。从物理上讲，气流仪读数反映了纤维的透气性，是纤维比表面积（纤维表面积／纤维体积）的函数。

②颜色级：颜色级由类型和级别组成，主要通过反射率和黄色深度两个指标体现。类型依据黄色深度确定，分为白棉、淡点污棉、淡黄染棉、黄染棉四种，根据反射率将白棉分 5 个级别，淡点污棉分 3 个级别，淡黄染棉分 3 个级别，黄染棉分 2 个级别，共 13 级，其中白棉 3 级为颜色标准级。

③纤维长度：在棉花加工中用品质长度表征，短纤维的界限为 16 mm。

④断裂比强度：棉纤维强力和细度的综合指标。

⑤长度整齐度指数：指棉纤维平均长度和上半部平均长度的比值。

⑥含杂率：指皮棉中含杂质的比例，国家标准规定，锯齿轧花加工出的皮棉含杂率应低于 2.5%。

在皮棉的品质指标中，马克隆值、长度整齐度、断裂比强度、黄度等由棉花的原生品质决定，而籽棉清理、轧花及皮棉清理环节产生影响的指标主要包括反射率、棉纤维长度以及含杂率。反射率作为颜色级的评价指标，在皮棉清理过程中，可通过改善皮棉外观品质得到提高。棉纤维长度在棉花加工过程中，对其影响最大的是锯齿式皮棉清理环节。危害性杂物主要在籽棉清理环节中清除，轧花及皮棉清理环节对其影响较小。回潮率一般通过籽棉预处理的烘干环节将其控制在适宜的付轧范围，但其波动对籽棉卷状态及锯齿式皮棉清理效率有着重要影响。含杂率不作为品质指标，但采用锯齿轧花工艺进行加工，则必须低于 2.5% 的国家标准。在加工机采棉时，由于含杂率、回潮率较高，杂质清理难度较大，必要时可增加机械清理环节以达到含杂率标准。

修订后的皮棉品质国家标准改变了过去重外观、轻内在的弊端，并且将皮棉综合品质与企业加工收益统一起来，这也迫使棉加工企业改变过去对皮棉的过度清理方式。在机采棉加工中，由于含杂率较高，回潮率波动较大，合理利用轧花及皮棉清理各个环节的特点，提高皮棉综合品质是迫切需要解决的问题。

8.3 生产工艺及关键装备智能调控技术

生产装备的自动化、智能化是智能制造的基础和先决条件，设备稳定性不足、可调可控的条件不具备，生产线整体智能化无从谈起。

本节介绍一系列工艺控制技术及智能化关键装备，如智能轧花机、智能清理机等。生产工艺参数实现在线调整，不同等级、含水、含杂的籽棉采用不同的工艺参数和设备状态进行加工，真正实现因花配车。

8.3.1 生产加工工艺智能调控技术

（1）可调控的工艺过程。

根据技术调研及基础实验数据研究，籽棉清理、皮棉清理、籽棉含水等均会对棉纤维加工质量产生显著影响。本节选择对加工工艺过程中清理设备的投切控制、籽棉自动烘干控制进行研究。

（2）生产工艺调控的实现。

①清理设备的投切控制。

在工艺管道上设置若干调节阀，由电动执行器对调节阀进行控制。在手动状态下用户可对各执行器进行手动操作，在自动状态下，系统依据当前检测到的质量状况由系统算法确定各调节阀的状态，并由电动执行器实时调控。系统控制框图如图 8.7 所示。

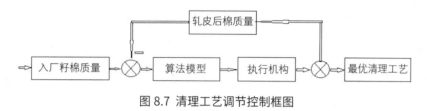

图 8.7 清理工艺调节控制框图

调节算法部署在车间上位机，控制由分布式 PLC 控制系统实现。

②籽棉自动烘干控制。

经试验研究，籽棉含水越少越有利于籽清机的清杂，但是过度烘干会使棉纤维变得干、脆，降低强度和韧性从而产生更大的长度损伤。将不同含水量的待加工籽棉烘干到适宜的含水水平是保证各项质量指标的必要条件。试验数据表明，8% 左右含水的籽棉最适宜加工。

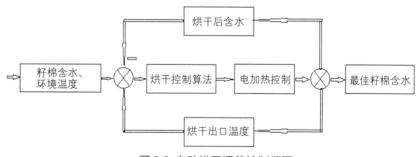

图 8.8 自动烘干调节控制框图

籽棉自动烘干控制系统：由籽棉质量在线检测站、电加热配电系统、分布式 PLC 控制系统、温度检测装置、车间上位机及配套软件共同组成。自动烘干调节框图如图 8.8 所示。进入车间物料传输管网的籽棉在烘干前后都要进行水分检测，从而确定烘干策略，系统将烘干炉自动调控到适宜的温度。除受籽棉含水的主要因素影响外，外部环境的温度、烘干塔出口温度也是重要的控制依据。烘干系统的总目标值由上位机经过运算后给出，而烘干系统的自动调控、保护等由相应的 PLC 控制系统自动完成。

③用户监控与设置。

用户可根据生产线工况修改模糊算法规则表等参数，并可进行自动 / 手动调控方式选。

8.3.2　轧花机智能调控技术

轧花机工作点、伸出量、压力角是轧花机的核心参数，传统轧花机上述参数只能通过人工调整，调整精度因人而异，存在调整不位、偏箱等问题，最重要的是无法根据棉花的性状实时调整设备参数做到真正的因花配车，影响轧花机性能的发挥，造成轧工质量差、纤维损伤大，给加工厂带来较大的损失。

智能轧花机针对上述问题设计了一种可在线调整轧花机工作点、伸出量、压力角的调整机构系统，机构系统使用线性导轨做运动导向，采用伺服电机驱动机构动作，此机构的优点是控制定位精度高、承载能力强、性能稳定、可控性强。智能轧花机参数调整界面如图 8.9，图 8.10 所示。

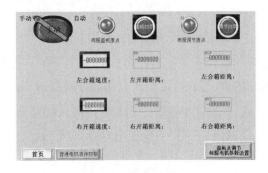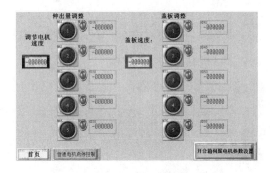

图 8.9　伺服电机参数调整　　　　　　　图 8.10　伸出量调整

8.3.3　清理机智能调控技术

（1）清理机智能调控技术研究。

在本研究中，对主要清理设备进行了变频改造，并对各台清理设备的最高线速度进行了 20% 的提升，通过现场取样分析了各清理设备调速对加工质量指标的影响。分析结果如下：

在籽清设备中，三丝机、一级倾斜式籽清机以及提净式籽清机对杂质清理效率较高，二级倾斜式籽清机、回收式籽清机以及轧花上提净三种设备清理效率较低，仅为前三种设备的 40% 左右，但这六种设备对棉纤维的反射率、纤维强度等皮棉指标影响相差不大。因此若将籽棉含杂分为高、中、低三档，籽棉含杂为高级时可采用 6 种设备同时加工，籽棉含杂为中级时采用三丝机、一级倾斜式籽清机以及提净式籽清机 3 种设备，籽棉含杂为低级时可采用一级倾斜式籽清机及提净式籽清机两种设备。

在皮清设备中，一级锯齿式皮清机清理效率较二级锯齿式皮清机和轧花机高很多，二级锯齿式皮清机和轧花机清理效率仅为一级锯齿式皮清机的 10% 左右，但在反射率、短纤含量以及纤维长度方面，三种设备的影响相差不大。因此若将籽棉含杂分为高、中、低三档，当籽棉含杂为高级时，采用三种设备同时加工，当籽棉含杂为中级和低级时，可仅采用轧花机和一级锯齿式皮清机两种设备。

（2）清理机智能调控装置研发。

①在本研究中，对所有籽棉清理设备、皮棉清理设备的皮带轮全部进行更换，加大了设备的调速范围，使设备的最高转速值提高了 20%。

②对所有清理设备的驱动控制系统进行了改造，将控制方式全部改为变频调速方式，可实现连续无极调速。

③调速系统实现 PLC 自动控制，可按照工艺顺序自动升速、降速，并将 PLC 控制系统接入车间上位机，在自动状态下，调速系统的目标值由上位机自动给定。该目标值是在质量在线检测系统检测数据及棉检数据的基础上，由智能算法运算得出。

8.3.4 产量智能调控技术（自动下花、物料均衡）

（1）产量智能调控技术研究。

在轧花机片时产量的单因素影响分析中，设置轧花机片距为 17.7 mm。图 8.11 为片时产量对纤维长度和伸长度的影响。

由图 8.11 可以看出，随着轧花机片时产量的增加，棉纤维黄度变化比例逐渐下降，且下降速度呈现增加趋势。表明片时产量提高，会使棉纤维黄度指标变差。黄度一般与反射率指标能呈负相关，片时产量增加，会导致轧花过程中的清杂效率降低，从而时反射率降低，这也就意味着黄度值会逐渐上升。

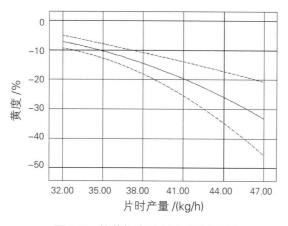

图 8.11 轧花机片时产量对目标影响

　　在轧花机锯轴转速的单因素影响分析中，设置轧花机锯轴转速为 44.5 Hz，图 8.12 为轧花机锯轴转速对黄度和纤维强度的影响。

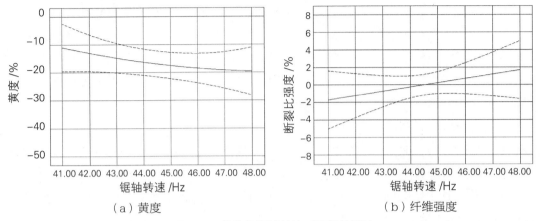

（a）黄度　　　　　　　　　　　　　　　　（b）纤维强度

图 8.12　轧花机锯轴转速对目标的影响

　　由图 8.12（a）可以看出，随着轧花机锯轴转速增加，棉纤维黄度变化比例逐渐下降，且下降速度逐渐趋缓。这表明提高轧花机锯轴转速，会使棉纤维的黄度值指标变差。

　　由图 8.12（b）可以看出，随着轧花机锯轴转速增加，棉纤维强度变化比例逐渐上升，在 45 Hz 时由负值变为正值。负值越大，棉纤维强度指标越优；正值越大，棉纤维强度指标越差。因此，提高轧花机锯轴转速，对棉纤维强度指标改善作用会逐渐减弱，45 Hz 处为拐点，然后随着提高锯轴转速，棉纤维强度指标逐渐变差，且变差的趋势随着速度的增加而加强。

　　综合以上分析可知，锯轴转速增加，会使锯片对籽棉卷的冲击作用力加强，而清杂作用减弱，会使棉纤维受到的损伤加剧，这也会导致纤维强度和黄度两个指标变差。

　　在耦合因素分析中，重点分析锯轴转速和片时产量耦合作用对棉纤维强度、棉纤维长度、整齐度以及黄度的影响，如图 8.13 所示。

　　由图 8.13（a）可以看出，在片时产量允许范围内，提高锯轴转速都会使棉纤维强度变化比例增加，这也表明提高锯轴转速会使棉纤维强度指标变差。在锯轴转速较高时，增加片时产量也会使棉纤维前度变化比例增加，但在锯轴转速较小时，增加片时产量，却会使棉纤维强度变化比例降低，表明在锯轴转速较小时，提高片时产量有利于棉纤维强度指标改善。

　　由图 8.13（b）可以看出，在锯轴转速较低时，增加片时产量，会导致棉纤维长度变化比例逐渐升高，在锯轴转速较高时，增加片时产量，会出现逐渐降低的趋势，这表明在锯轴转速较高时，增加片时产量有助于棉纤维长度指标改善。同样，在片时产量较小时，增加锯轴转速影响较弱，但在片时产量较大时，增加锯轴转速会使纤维长度变化比例逐渐下降，这表明在片时产量较大时，增加锯轴转速也有利于棉纤维长度指标改善。

由图 8.13（c）可以看出，在片时产量较高时，提高锯轴转速会使棉纤维整齐度指标变化比例先降后升，在片时产量较低时，也会出现先降后升的现象，但变化较为微弱。在锯轴转速允许范围内，提高片时产量会使整齐度变化比例升高，这表明提高片时产量会使整齐度指标变差。

由图 8.13（d）可以看出，片时产量和锯轴转速均较高时，黄度指标变化比例最低，表明同时提高片时产量和锯轴转速，有利于黄度指标改善。

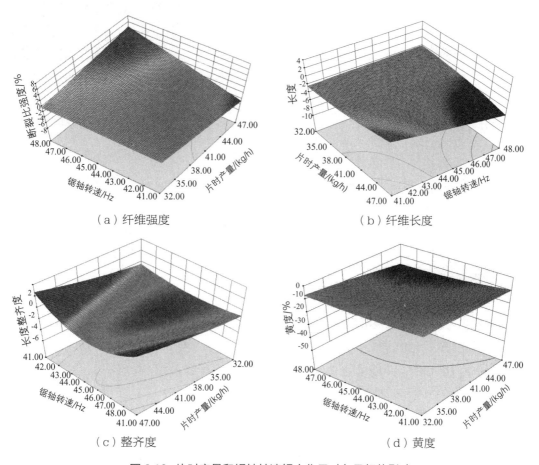

图 8.13　片时产量和锯轴转速耦合作用对各目标的影响

综合以上分析可知，片时产量和锯轴对纤维强度、纤维长度、整齐度和黄度的耦合作用显著。

根据实验数据建立了片时产量（喂花量）、锯轴转速与纤维强度以及黄度的关系模型，并分析了显著性较高的单因素和耦合因素影响，根据关系模型构建了参数优化模型，可根据模型确定最佳片时产量与片距等参数。

（2）产量智能调控装置研发。

在本书中，对轧花机的产量调控采用了专门的控制器（图8.14），实现产量（下花量）的自适应智能调整，并可接入成套设备智能控制系统中。

图 8.14 轧花机智能控制器

标准配置：

① 32 位微处理器，实时操作系统；

② 90 mm×70 mm 蓝白液晶显示，全汉字界面；

③ 10 路光隔离开关量输入，可接入按钮、继电器、料位信号等；

④ 9 路隔离继电器输出，可控制电机回路启停、声光报警灯等；

⑤ 4 路电流检测（交流互感器 0~5 A），专用计量芯片，0.2% 精度；

⑥ 1 路 12 位 DAC 输出，4~20 mA 信号，可控制变频器频率等；

⑦ 双路隔离开关电源模块；

⑧ CAN 现场总线通信，可与网关配合实现联网控制、数据上云；

⑨ 声光报警灯；

⑩ 料位检测传感器；

⑪ 高精度电流互感器，25A/30A/50A/75A/100A 可选；

⑫ 内置智能算法，双闭环自整定模糊控制策略；

⑬ 云服务支持；

⑭ 微信公众号信息推送实时数据、报警、汇总数据功能；

⑮ 性能参数：

⑯ 供电：85~250 V 交流供电；

⑰ 显示：5 英寸单色液晶，全中文菜单；

⑱ 按键：4 个物理按键；

⑲ 指示：电源指示、工作指示、报警指示、错误指示；

⑳ 开关量输入：10 路 24VDC 信号输入（高电平有效），光耦隔离；

㉑ 开关量输出：9 路继电器干接点输出，触点容量 5A（电压最高 380 V）；

㉒ 电流检测：4 路电流检测，可接入 0~5A 交流互感器，默认拨籽辊 25/5，锯筒 50/5，其他规格需在订货时声明；

㉓ 模拟量输出：1 路 4~20 mA 电流信号，12 位精度，可控制变频器；

㉔ 通信：CAN 总线通信，一条总线最多接入 40 台本控制器；

㉕ 后台软件：云端数据服务功能，可通过浏览器、手机进行访问。

外部接线端子定义如表 8.1 所示：

表 8.1 外部接线端子定义（按壳体所标序号）

端子序号	标记名称	端子名称	接线说明	信号类型
1	RLY1	第 1 路继电器常开点	轧花主机起动继电器线圈	干接点
2	RLY2	第 2 路继电器常开点	轧花提净起动继电器线圈	干接点
3	RLY3	第 3 路继电器常开点	开箱接触器线圈	干接点
4	RLY4	第 4 路继电器常开点	合箱接触器线圈	干接点
5	RLY5	第 5 路继电器常开点	备用	干接点
6	RLY6	第 6 路继电器常开点	备用	干接点
7	RLY7	第 7 路继电器常开点	备用	干接点
8	RLY8	第 8 路继电器常开点	备用	干接点
9	RLY9	第 9 路继电器常开点	报警蜂鸣器	干接点
10	COM	继电器 公共端	接"手 / 自动启动开关"	
11	L	供电电源 / 火线	外部电源供电	交流 ~ 220 V
12	N	供电电源 / 零线	接钥匙开关或急停按钮	
13	I1	第 1 路电流输入	轧花提净电流	交流 0~5 A
14	I1*			
15	I2	第 2 路电流输入	轧花主电机电流	交流 0~5 A
16	I2*			
17	I3	第 3 路电流输入	－ －	
18	I3*			
19	I4	第 4 路电流输入	－ －	
20	I4*			
21	AO+	模拟量输出 +	喂花变频器给定通道 +	4~20 mA
22	AO−	模拟量输出 −	喂花变频器给定通道 −	
23	CH	CAN 总线 +	现场总线正极	总线末端需并联终端电阻
24	CL	CAN 总线 −	现场总线负极	
25	+24V	DI 输入信号电源 +	对外供给接近开关、传感器、干接点的电源	直流 24 V
26	+24V			
27	0V	DI 输入信号电源 −		
28	0V			
29	DI1	开关量输入 1	接"手 / 自动调节开关"	高电平有效
30	DI2	开关量输入 2	合箱到位接近开关	高电平有效
31	DI3	开关量输入 3	备用	高电平有效
32	DI4	开关量输入 4	备用	高电平有效
33	DI5	开关量输入 5	备用	高电平有效
34	DI6	开关量输入 6	料仓料位上限红外开关	高电平有效
35	DI7	开关量输入 7	料仓料位下限红外开关	高电平有效
36	DI8	开关量输入 8	备用	高电平有效
37	DI9	开关量输入 9	备用	高电平有效
38	DI10	开关量输入 10	备用	高电平有效

8.3.5 总体方案设计

前期对影响规律的研究及规律模型的构建，为后续工作提供了较为扎实的基础，逐步形成了集实时数据采集、数据分析处理、数字化建模、生产工艺和关键装备智能调控、系统集成、自适应调节执行系统为一体的系统化的总体方案，如图 8.15 所示。

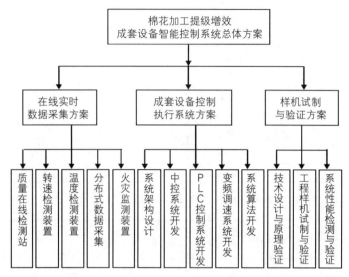

图 8.15 棉花加工成套设备智能控制系统总体方案示意图

总体方案包括在线实时数据采集方案、成套设备控制执行系统方案、样机试制与验证方案等三部分。

（1）在线实时数据采集方案：在数据分析和质量影响因素基础模型的基础上，形成在线实时数据采集方案，研制质量在线检测站，转速检测、电流检测、火灾检测装置，分布式数据采集系统。

（2）成套设备控制执行系统方案：将各子系统及关键设备的单机智能控制集成到生产线中，将各工艺环节的智能调控算法组合成系统级别闭环算法，形成成套设备智能控制系统，实现整条生产线的智能检测、智能分析、智能调控。

（3）样机试制与验证方案：对技术设计与原理进行验证，对工程样机进行试制并验证，对系统进行性能检测和验证。

8.3.6 成套设备智能控制系统研发

8.3.6.1 在线实时数据采集系统研发

数据采集的实时性、稳定性、准确度直接决定了整个控制系统的可靠性和智能化水平。传统的集中式数据采集在应用中的弊端日益凸显，分布式数据采集系统应用越来越广泛。当前，棉花加工行业正面临装备升级、工厂智能化改造的重要契机，开发出满足本行业需求的分布式数据采集系统将对整体智能化提供前端数据支撑。在研究中,积极应用最新现场总线技术、数据采集技术和嵌入式技术,借鉴智能化水平较高、对系统可靠性要求严格的高端行业的成功经验和解决方案,力求保证系统和单机产品都达到较高的先进性和可靠性。系统开发过程严格按照标准研发流程进行,对重要环节和关键节点进行严格的过程控制和项目管理。

(1)质量在线检测站研发。

棉花加工质量检测站如图 8.16 是一套安装在棉花加工生产线的在线式棉花质量检测系统,包括籽棉站、皮棉站和管理站。

图 8.16 棉花加工质量在线检测站

籽棉检测站及皮棉检测站对棉花的颜色级、含水、黄度、反射率、杂质面积等质量参数进行在线检测,将检测结果存到管理站的数据库如图 8.17 所示。

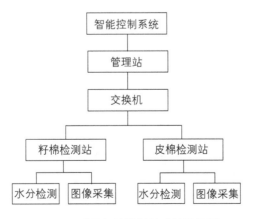

图 8.17 质量在线检测站系统结构图

①水分检测。

籽棉及皮棉含水采用电阻法进行检测，并在研制过程中用烘箱法进行校准。电极材料采用不锈钢材质，基板采用陶瓷材料。在线检测结果与实验室检验值误差小于5%。

②杂质面积、反射率、黄度、颜色级检测。

检测站配备专用光源及摄像系统，采用高分辨率、高速工业相机，对在线抓取的棉样进行快速拍照并将图片通过以太网传输到管理站进行图像分析，从而计算杂质面积、反射率、黄度、颜色级等质量参数如图8.18，图8.19所示。

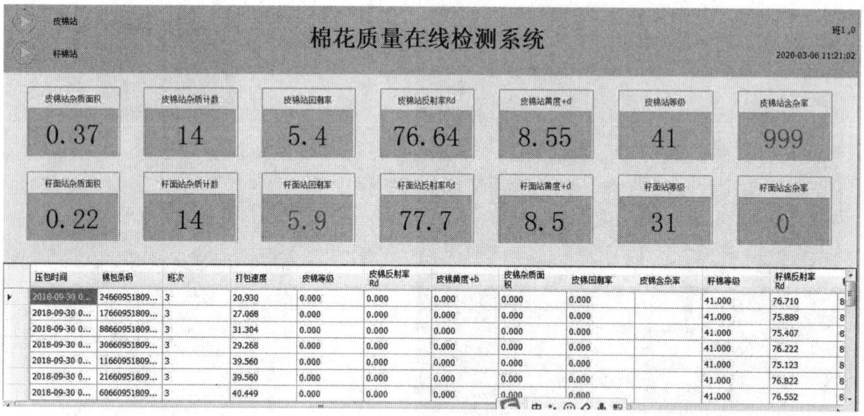

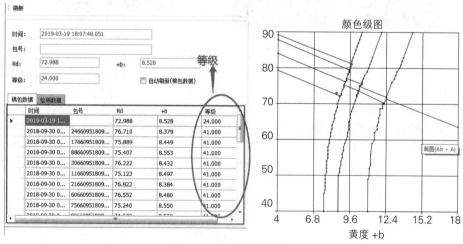

图 8.18 在线检测参数

图 8.19 颜色级在线检测

为方便安装，检测站整体采用模块式框架结构。取样装置采用伺服电机驱动网板的方式。网板可做180度旋转运动，以抓取、释放棉样。取到样品后，伺服电机保持一定输出扭矩将棉样紧密按压在取样窗口。取样频次不小于6次/min。

为保证检测结果的准确性，每班次使用标准色板对检测站进行校准。

（2）转速在线检测装置研发。

①设计方案。

转速采集终端用来采集设备转速，棉花加工行业的传动系统大多采用皮带传动，少量设备采用链条传动，现场条件比较恶劣，震动较大，粉尘、飞绒较多，因此宜采用外置非接触式传感器采集转速。目前非接触式转速检测主要有电感式传感器、霍尔传感器和光电传感器三种。

根据实验测试对比和现场应用场景，本设计中选用开关型霍尔传感器比较合适。开关型霍尔传感器由稳压器、霍尔元件、差分放大器，斯密特触发器和输出级组成，它输出数字量，其原理与特性如图 8.20 所示。

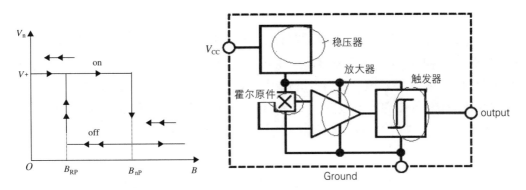

图 8.20 开关型霍尔传感器原理与特性

霍尔传感器检测转速原理如图 8.21 所示。

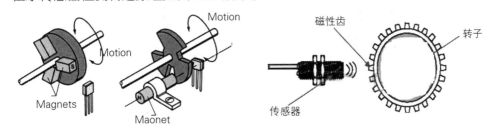

图 8.21 霍尔传感器测速原理

转速采集终端框图，如图 8.22 所示。

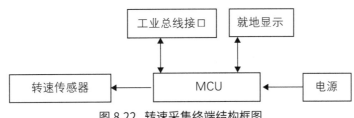

图 8.22 转速采集终端结构框图

转速采集终端设计指标如下：

（a）测量转速范围 0~9999 r/min。

（b）响应时间不超过 5 ms。

（c）测量误差不大于 2%。

②产品研发。

（a）速度传感器选型

在本设计中选用 ATS675LT 霍尔传感器作为速度检测敏感元件，该元件通常被用于汽车凸轮转速的检测，其具有比电感式速度传感器更高的响应频率和更完美的输出波形。此器件包含一个单元件霍尔 IC，其中带有经优化的定制磁路，可响应铁磁目标生成的磁性信号而进行开关操作。IC 包含一个先进的数字电路，该电路设计可减少磁铁不良影响和系统偏差。

高分辨率峰值侦测 DAC 用于设置器件的自适应开关阈值，即使在目标异常情况下仍可确保高精确度。阈值内部磁滞减少了与多种应用中使用的目标有关的磁信号异常（例如磁过冲）的不良影响。此设备的输出结果由铁磁体目标配置文件的数字化表示。ATS675 还带有一个低带宽滤波器，可提高对噪声干扰的容忍度和 IC 的信噪比。

ATS675LT 内部结构如 8.23 所示。安装示意图如图 8.24 所示。

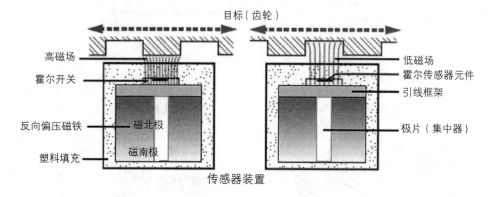

图 8.23 ATS675 内部结构

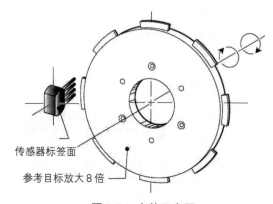

图 8.24 安装示意图

（b）转速检测电路设计

转速传感器及其外围元件焊接到单面板后，被用环氧树脂封装到直径 14 mm 的带外螺纹的圆柱形铜管中，引出线通过航空插头与转速检测终端相连；转速检测终端与转速传感器对接部分采用光耦进行信号隔离和电平转换。

转速检测电路原理图如图 8.25 所示。

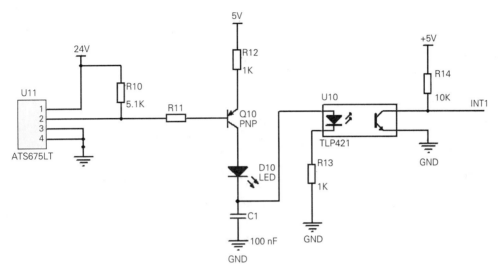

图 8.25 转速检测电路

（3）温度实时检测装置研发。

①方案设计。

温度采集终端用来采集烘干温度、环境温度、轴温，目前温度采集主要有热电偶、热电阻和数字测温芯片三种。

热电偶是温度测量中最常用的传感器。其主要优点是宽温度范围和适应各种大气环境，并且结实、价低，无需供电，尤其最便宜。热电偶由在一端连接的两条不同金属线（金属 A 和金属 B）构成。当热电偶一端受热时，热电偶电路中就有电势差，可用测量的电势差来计算温度。由于电压和温度呈非线性关系，因此需要对参考温度（Tref）作第二次测量，并利用测试设备软件和 / 或硬件在仪器内部处理电压—温度变换，以最终获得热偶温度。Agilent34970A 和 34980A 数据采集器均有内置的测量了运算能力。热偶是最简单和最通用的温度传感器，但热偶并不适合高精度的应用。

热敏电阻是用半导体材料，大多为负温度系数，即阻值随温度增加而降低。温度变化会造成大的阻值改变，因此它是最灵敏的温度传感器。热敏电阻在两条线上测量的是绝对温度，有较好的精度，但它比热偶贵，可测温度范围也小于热偶。它非常适合需要进行快速和灵敏温度测量的电流控制应用。尺寸小对于有空间要求的应用是有利的，但必须注意防止自热误差。

温度集成电路（IC）是一种数字温度传感器，它有非常线性的电压／电流—温度关系。有些 IC 传感器甚至有代表温度，并能被微处理器直接读出的数字输出形式。温度 IC 缺点是温度范围非常有限，也存在同样的自热、不坚固和需要外电源的问题。总之，温度 IC 提供产生正比于温度的易读读数方法。它很便宜，但也受到配置和速度限制。

根据实际情况，选用 PT100 热电阻比较合适，它的阻值跟温度的变化成正比。PT100 的阻值与温度变化关系：当 PT100 温度为 0 ℃时它的阻值为 100 Ω，在 100 ℃时它的阻值约为 138.5 Ω。工业原理：当 PT100 在 0 ℃的时候他的阻值为 100 欧姆，它的阻值会随着温度上升而成匀速增长。

温度采集终端框图，如图 8.26 所示：

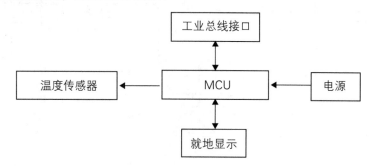

图 8.26 温度采集终端结构框图

②温度采样电路设计。

采用 3 线制 PT100 温度传感器作为温度检测传感器，采样电阻桥测温电路，其电路原理如图 8.27 所示。

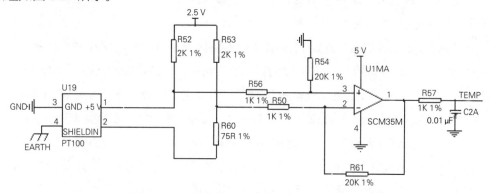

图 8.27 温度采样电路

（4）分布式数据采集系统。

本研究采用工业互联网平台的云、边、端架构，全面打通设备层、感知层、控制层、监管层、云服务、大数据应用之间的数据交互通道，实现了全面感知、精准控制、边缘计算、实时决策、数据建模、云服务、远程运维。

在感知层面,以智能设备和分布式智能传感为基础建立以 CAN 总线、NB-IOT 为主体的传感网络;在控制层面以智能设备和智能嵌入式自控器为基础建立了以工业以太网和无线局域网为主体的控制网络;工业视频监控通过视频监控专用以太网进行互联。在车间层面通过工业交换机、核心交换机、智能网关、数据存储等设备实现车间所有智能设备的互联互通,并通过 4G/5G 网络、宽带专线、路由器(防火墙)与云平台实现实时数据交互。

系统整体组网架构如图 8.28 所示,工业互联网络及工业安全防护体系贯穿于"云、边、端"各层,在保证信息安全、准确可靠的前提下实现数据的实时共享和垂直交互。

超高实时要求的控制数据在"端"测由智能设备及嵌入式智能传感器进行实时处理并将事件及结果上传,高实时需求的子系统间交互的数据在"边"侧进行计算、集成、处理,实时性要求较低的管理数据则进行云化部署及应用。

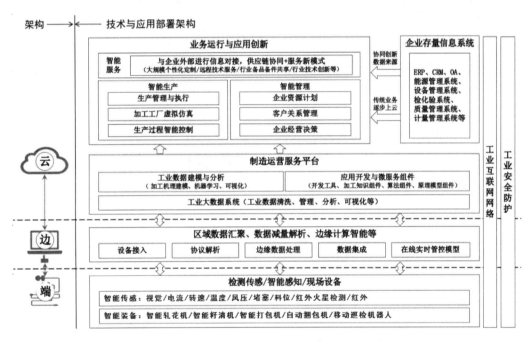

图 8.28 系统组网架构图

①端。

在"端"侧通过成套智能装备及分布式智能传感系统的应用,实现全面感知和精准控制,实现设备层面的高实时数据交互。系统已实现对图像视觉、电流、转速、温度、风压、堵塞、料位、火星、红外等过程数据的检测、报警、联动。智能轧花机、智能籽清机、智能打包机、自动捆包机等智能装备实现自感知、自调整。

②边。

在"边"侧汇聚控制系统、检测系统、监控系统等区域数据资源,实现边缘侧的数据分析和实时决策。主要功能包括设备接入、协议解析、边缘数据处理、数据集成、在线实时管控。部分云端应用所需要的数据源也由本层汇聚、处理后上传获取。

③云。

"云"侧集成了工业微服务、大数据服务、应用开发与部属等功能,实现海量异构数据汇聚与建模分析、工业经验知识软件化与模块化、各类创新应用开发与运行、远程运维服务。

(5)火灾监控报警系统研发。

① 总体方案。

棉花加工火灾报警联动系统是专门针对棉花加工生产线设计,集火灾探测、声光报警、设备联动、自动灭火、报警查询、云端报警管理等功能于一体的专用系统。本系统采用模块化设计理念,各功能模块相互独立,可根据不同生产线各自需求选择相应配置的系统。

② 系统构成。

本系统结构示意图如图 8.29 所示。系统涵盖的主要设备包括火灾报警主机、火星探测终端、联动灭火装置。支持本系统的应用软件包括上位机软件、微信公众号、棉花加工 APP 软件。

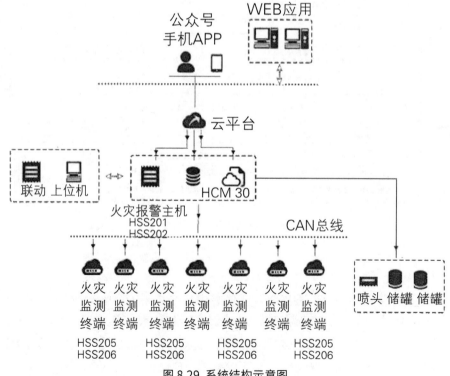

图 8.29 系统结构示意图

③ 系统功能。

（a）火星 / 火焰探测。安装在管道上的火灾监测终端可对高速通过的火星、火焰进行探测，发生报警时点亮报警 LED 灯，断开继电器动作，并通过 CAN 总线将报警信息上报给火灾报警主机。

（b）声光报警。报警主机接收到火灾监测终端上传的报警信息后，立即控制内部继电器动作，启动频闪报警灯和高音报警器进行声光报警，并在手动复位前持续报警。

（c）设备联动。报警主机接收到火灾监测终端上传的报警信息后，与生产线控制系统联动，自动实现轧花机退箱、设备停机等操作。

（d）自动灭火。发生火灾时，报警主机自动启动灭火装置，第一时间扑灭火源。

（e）报警事件存储。报警主机内置有 SD 卡，报警事件及设备异常信息可存储在 SD 卡中以备查看。

（f）报警查询。用户可通过报警主机的显示屏查看当前报警信息及历史报警信息，也可通过微信公众号查询报警信息、汇总报表与图等。

（g）设备自检。报警主机可通过总线对监测终端进行巡检，发现故障立即上报。

（h）公众号报警信息推送。配置了通信模块的用户，可关注微信公众号获取报警信息、历史查询信息。

（i）设备组态。用户增加新的监测终端后，可通过报警主机进行配置、组态，即接即用。

④ 系统特点。

（a）采用高灵敏光敏元件及 32 位高性能处理器，系统反应灵敏；

（b）光学滤光设计及电路可靠性设计，保证系统稳定可靠；

（c）内置温度补偿，环境适应性好；

（d）报警主机嵌入式设计，操作方便；

（e）主机与终端之间采用 CAN 总线连接，高效稳定，可扩展性好；

（f）连锁控制，发现火灾设备自动联动，灭火装置自动工作；

（g）本地报警及故障信息存储、查询功能，方便用户查询追溯；

（h）丰富的云平台功能，用户可关注公众号随时随地掌握报警情况；

（i）报警数据汇总分析功能，为用户检修设备提供有价值的建议。

8.3.6.2 成套设备智能控制系统

(1) 成套设备智能控制系统架构。

根据自动控制方案，对成套设备智能控制系统的基本结构进行设计，整个系统又可分为数据采集模块、信息传输模块、信息处理与显示模块和控制执行模块。其中，数据采集模块主要通过各 PLC 数据采集站对各种传感器所采集的回潮率、杂质面积、转速、轴温、火星、风压值等数据进行处理，并利用摄像头监视籽棉的流动和排杂出口状况；信息传输模块主要通过光纤或双绞线交由交换机传输到信息处理平台，实现数据的实时传输；信息处理与显示模块主要负责数据的接收、存储和分析，并将所采集的数据直观地显示出来；控制执行模块主要执行由信息处理与显示模块发送的指令，控制设备动作并实现系统联动。各模块间通过工业以太网进行互联，实现数据统一传接以及设备工况的监测、控制和联动。成套设备智能控制系统结构如图 8.30 所示。

①机采棉生产线成套设备智能控制系统按功能分为 9 层结构：设备层、驱动调节层、现场采集层、自动控制层、集中监控层、生产管理层、管理运营层、云应用层、大数据挖掘层。

②本系统硬件、软件深度融合，各层功能明确，数据共享，既满足控制要求，又满足管理需要。

③底层通信采用 CAN 总线及无线数传模块，上层通信采用工业以太网。

8.3.6.3 控制系统及算法

（1）车间集中控制室。

车间集中控制室是生产线集中监控、控制、调节的中心，本课题车间控制室配备操作台一套，将触摸屏、监控主机、控制主机进行集中布置，方便操作人员对生产线的整体操控。

车间集中控制室（图 8.31）也是调度与生产决策中心，所有检测数据、控制数据、视频监控、报警信息都汇聚于此。子系统级别的智能算法也运行在中控室的工控机上。车间调度人员、操作人员可方便、直观地掌控生产线各环节的运行情况，并作出正确决策。同时，车间中控室也是数据上云的重要数据打包、转发枢纽，与底层直接上云的数据一道上传到云平台。

（2）PLC 控制系统。

成套设备的起停控制选用支持现场总线的中大型 PLC 来组建控制系统（如图 8.32 所示），实现生产线设备的手动及自动起停控制，逻辑连锁以及报警预警。PLC 控制系统通过现场总线与各嵌入式自控器、自动烘干系统、工艺调节子站、数据采集系统交互数据，实现整条生产线的数据共享、集散控制和优化控制。

（3）变频调速系统。

采用变频器对籽清机、皮清机、轧花机进行无极调速，以满足系统调节要求。为保证系统稳定性，每个变频回路都配置了电抗器。变频调速柜如图 8.33 所示。

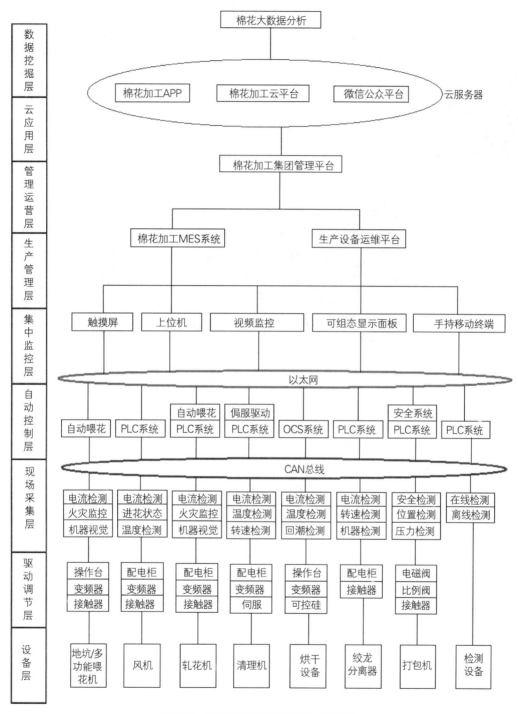

图 8.30 成套设备智能控制系统结构图

图 8.31 车间集中控制室

图 8.32 基于现场总线的 PLC 控制系统

图 8.33 变频调速系统控制柜

变频器调速命令由 PLC 控制系统模拟量通道给定，这可大大降低控制风险。变频器运行参数反馈通过 RS485 总线采集到车间上位机。

由于生产线上需要调速的设备众多，且存在工艺上的连锁，因此调速过程必须遵循一定的工艺顺序，这个连锁控制过程由 PLC 控制系统自动实现。

（4）系统算法。

在本课题的研究中，对算法体系进行了分布式部署，相对独立的控制环节的算法部署在嵌入式智能控制器或 PLC 子站中。成套生产线的系统算法部署在车间上位机，对底层分布式控制系统进行统一管理、调控和数据共享。

对系统算法设计了简洁易操作的前台界面（图 8.34 所示），使操作人员可方便地设置系统算法参数，并可实时掌握系统内部运行状况。

通过与云服务器的互联，系统算法支持云端同步或远程升级。云服务器在大量生产数据的基础上进行大数据挖掘和虚拟运行，不断优化系统算法，提升控制系统的智能化程度。

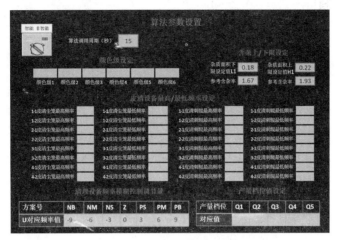

图 8.34 系统算法参数设置界面

8.3.6.4 样机试制与验证

（1）技术设计与原理的验证及原理样机试制。

在本课题研究的试制阶段初期，为保证技术路线的正确性、避免发生重大损失和技术偏离，对课题所涉及的关键技术方案以及创新性的工作原理专门设计了原理样机并进行了可行性验证。

① 环境因素对系统影响的试验验证。

随着棉花种植结构的变革，棉花加工产业逐步向新疆迁移，本课题研究成果未来主要服务的对象也是新疆大规模棉花加工生产线。新疆昼夜温差大，冬季极寒天气天数多，机采棉加工车间设备数量多、设备振动大，机采棉加工过程中粉尘、飞絮较多，这些环境因素会对采集、控制、执行设备产生较大影响，也会对加工过程产生较大影响，所以在试制系统样机前必须充分验证环境因素对以上关键环节的影响程度。

使用温湿度实验箱（图 8.35 所示）对各检测装置样机、控制器、PLC、变频器、执行器等在 -40~70 ℃做了高温试验、低温试验，以及高低温冲击试验。利用振动试验台对拟嵌入到生产设备的传感器、控制器进行了幅值 0.3~0.5 mm，频率 5~60 Hz 的振动试验。对传感器、变频器、执行器进行了灰尘及飞絮的适应性试验。

环境影响试验得出的主要结论如下：

（a）温度变化会对半导体模拟器件产生较大影

图 8.35 温湿度实验箱

响，所以测温装置、回潮率检测装置、火灾检测装置等需要考虑温度补偿；

（b）环境温湿度变化会对棉花回潮率产生较大影响，在自动烘干控制模型中必须考虑环境温湿度参数；

（c）极低温度下触摸屏、计算机、伺服装置会出现反应变慢，通信不畅等异常，在实际工程应用中须选择温度范围宽的设备并增加保温措施；

（d）剧烈振动会导致转速检测、温度检测等嵌入式传感器发生松动、脱落，在应用中应采取防松措施，如加装弹簧垫圈、涂敷螺纹胶等；

（e）灰尘会对电气元件造成不良影响，所有柜体、箱体均应做到防水防尘，安装在配电室的柜体防护等级不低于 IP40，安装在生产线现场的柜体、箱体的防护等级不低于 IP65；

（f）飞絮会对变频器、电缆等自身有散热要求的电气元件、材料的散热产生严重影响，变频器会因散热片散热不畅导致过热保护而异常停机，电缆线则会因为散热不良导致温度持续上升从而影响绝缘。在工程施工过程中需要对选型和安装方式进行慎重考虑。

② 检测子系统原理样机试制与验证。

（a）棉花质量在线检测原理样机。

在本课题研究的初期阶段对棉花质量在线检测装置进行了原理和技术的研究，并试制了相关的原理样机。图像采集及分析是本装置的核心也是研究的难点，运用小型工控机搭建了原理样机（图 8.36 所示），并对常用的图像处理算法进行了验证。

图 8.36 图像采集及图像分析算法原理样机

为保证在线检验的高频次、高准确度和可靠性，分别对"步进电机方案"和"伺服 + 减速机"方案进行了研究并试制了原理样机，最终确定"伺服 + 减速机"方案更适合于本应用场景。在此基础上，将取样机构、光学系统（光源 + 摄像）、测水机构进行整合，试制了一体化的在线检测样机，基本达到目标，如图 8.37 所示。

（b）数据采集系统原理样机试制与验证。

在方案论证阶段，初步选定三种备选数据采集方案：PLC 集中数据采集、基于现场总线的 PLC 分站数据采集、基于现场总线的完全分布式数据采集。经过对这三种架构的系统进行对比验证，发现 PLC 集中数据采集模式无法满足本课题需求，如速度检测信号无法远传，PLC 程序执行周期无法满足高实时性要求等。基于现场总线的 PLC 分站数据采集模式虽能满足系统要求，但其布线多、与设备融合度差、价格高。经过对比验证，最终选择基于现场总线的完全分布式数据采集模式作为本系统数据采集的整体架构。三者对比如表 8.2 所示。

图 8.37 在线检测装置
采样机构及光学机构样机

表 8.2 数据采集系统整体架构对比

结构方式	功能实现	准确度	施工量	成本
PLC 集中数据采集	部分实现	低	大	较低
基于现场总线的 PLC 分站数据采集	完全实现	较高	较小	高
基于现场总线的完全分布式数据采集	完全实现	高	小	低

在研究中，对转速检测没有找到合适的传感器，所以自研一套转速检测方案并制作了原理样机，如图 8.38。经测试转速检测样机误差不大于 2%。

图 8.38 转速检测原理样机

另外，对温度检测、火灾检测、电流检测、安全检测、位置检测等都制作了实验室原理样机，并对检测方案进行了严格的验证，相关样机如图 8.39 所示。

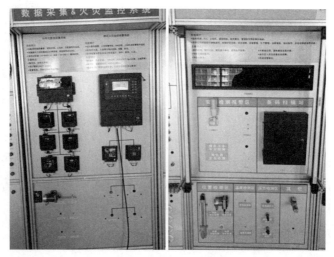

图 8.39 数据检测样机

③ 智能分析与控制子系统原理样机试制与验证。

在研究前期，搭建智能分析与控制子系统的样机实验台，在实验室环境下模拟生产工况，利用积累的往年生产数据对系统进行训练和验证。经过不断改进，系统实现了对模拟流程的控制和对独立子系统的智能调节。如图 8.40 所示，利用指示灯、变频器等模拟 PLC 控制系统、智能自控器的被控对象。

图 8.40　PLC 及嵌入式控制器样机实验台

利用触摸屏、工控机模拟车间上位机、服务器对生产线的集中管控、调度、信号集中监控、预警报警、参数设置、操作等功能进行模拟，与底层传感器、数据采集系统、控制系统、执行系统等进行实验室联调联试，打通数据流与控制流。

（2）工程样机试制和实验考核。

① 棉花质量在线检测子系统工程样机试制与验证。

在原理样机试制和图像分析、伺服控制、数据处理、水分检测等相关技术深入研究的基础上，试制成功了棉花质量在线检测装置及配套软件。经过在生产线安装、使用、升级改进，完全达到了预期设计目标。棉花质量在线检测站现场安装情况，如图 8.41 所示。在现场测试中，采样频率达到了 10 次 /min，单次最小采样周期小于 6 s，完全满足使用要求。

图 8.41 棉花质量在线检测站

系统图像采集、图像处理、水分检测功能稳定，数据传输及软件处理性能优越，在线实时采集、分析数据可在车间中控室的操作站实时显示，如图 8.42 所示。棉花的杂质面积、杂质计数、反射率、黄度、颜色级等参数可实时显示在操作界面上并可实时传输到智能分析执行系统作为生产线自动调控依据。实时数据定期存入数据库，并自动计算每包的平均值。可方便地从数据库查询历史数据。

图 8.42 棉花质量在线检测数据

经过对现场采集到的大量在线检验数据进行统计和取样分析、对比，生成了在线检测站与 Uster 检验数据对比图表（图 8.43）。经过分析，得出如下结论：本课题研制棉花在线检测系统在线检验数据与 Uster 检验数据一致性较好，误差较小，杂质面积（%）、反射率（Rd%）、黄度（+b）检测数据与实验室检测数据误差应不大于5%。回潮率（%）检测误差 −0.5%~0.5%。在线质量检验数据完全可用于指导生产，可作为生产线智能调节的依据。

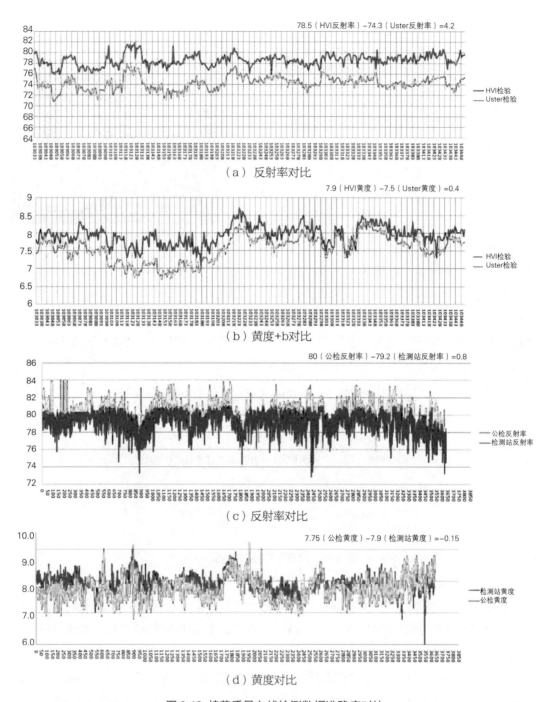

（a）反射率对比

（b）黄度+b对比

（c）反射率对比

（d）黄度对比

图8.43 棉花质量在线检测数据准确度对比

② 数据采集、监控及预警报警子系统工程样机试制与验证

（a）工业视频监控系统

工业视频监控系统集成了数字高清摄像机、视频服务器、交换机、显示器、网线及

操作台。如图 8.44 所示。

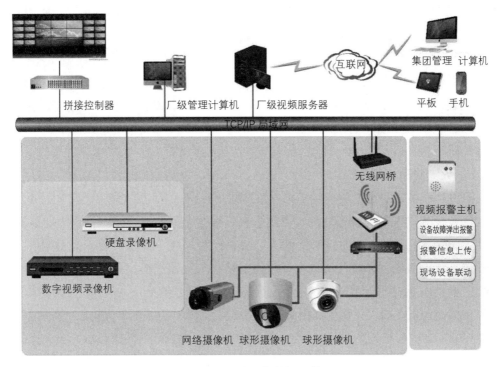

图 8.44 工业视频监控系统

工业视频监控系统主要实现车间重要设备、易出现事故、易堵易着火点的可视化管理，功能涵盖视频监控、弹屏报警、存储、回放查询等。摄像机均采用 200 万像素以上的数字高清摄像机，信号传输采用光纤网络。

视频监控系统可为调查设备故障原因及安全事故提供可靠证据。同时能起到预警报警作用，当有人员接近危险区域、火灾等事件发生时可弹屏报警。具备相应权限的人员，视频画面可以通过手机、电脑等进行远程观看。

在现场安装实施过程中，重点选取了籽棉进花口、配棉绞龙、出籽口、淌棉道、打包机、回收口、杂质口等重要或存在安全隐患的位置。

（b）转速检测装置。

在研究过程中，专门研制了基于 CAN 总线的嵌入式转速检测产品以满足系统对各关键设备轴转速的检测。检测范围：10~5000 r/min。可检测转速较慢的绞龙、分离器的转速，也可检测转速较高的刺辊轴、毛刷轴的转速。通过准确的转速检测可尽早发现皮带打滑、链条断裂、设备堵塞等异常状况并及时报警、联动，避免故障扩大化。经过现场安装、测试，转速检测准确，误差小于 1%。

（c）温度检测装置。

在研究过程中，研制的基于 CAN 总线的嵌入式温度检测产品，可用于多种应用场合的温度检测,如设备轴承温度,电动机外壳、变压器外壳温度,铜排、电缆温度,烘干热风温度等。温度值可本地显示,也可通过总线上传到中控室集中显示或通过网关上传到云平台。检测准确,可达 0.3 级测量精度,测量范围广(−200~500 ℃)。

(d)电流检测装置。

在研究过程中,研制的基于 CAN 总线的电流检测产品,可同时检测四路电流,标准导轨安装,带本地显示和 CAN 总线接口。可方便地安装于配电柜或配电箱中,用于配电回路、电动机回路的电流检测、过电流保护、报警及电流集中采集。检测准确,现场测量误差小于 0.5%。

(e)火灾检测报警系统。

在研究过程中,研制的棉花加工火灾报警联动系统,专门针对棉花加工生产线设计,集火灾探测、声光报警、设备联动、自动灭火、报警查询、云端报警管理等功能于一体的专用系统。本系统采用模块化设计理念,各功能模块相互独立,用户可根据各自需求选择相应配置的系统。系统涵盖的主要设备包括火灾报警主机、火星探测终端、联动灭火装置。支持本系统的应用软件包括上位机软件、微信公众号、棉花加工 APP 软件。火灾报警主机有独立安装式报警主机和面板安装式报警主机两种产品可选;火星探测终端有单探头终端和双探头终端两种;联动灭火装置有清洁气体式灭火装置和水雾式灭火装置。

火星探测终端与火灾报警主机之间采用 CAN 总线通信,火灾报警主机通过 RS485 接口与上位机之间通信,通过 RS232 接口与通信模块之间通信。通信模块通过移动运营商网络与云服务器连接。云服务器为公众号、WEB 端提供数据服务。另外,火灾报警主机配备 SD 卡,可在本地存储报警信息、异常信息,并可实现本地查询功能。

③ 智能分析与控制子系统工程样机试制与验证。

在研究过程中,采用 OMRON CJ-2M 系列中大型 PLC 作为系统控制器,用于实现开停车控制、连锁控制、报警联动、频率给定等功能。本系统配置一台 PLC 主控制柜如图 8.45 所示。PLC 控制系统通过工业交换机接入车间的控制网络,可与触摸屏、车间工控机实现通信连接,以实现数据交互、状态监控、参数设置等。主 PLC 还可通过以太网与烘干系统 PLC、智能轧花机嵌入式 PLC 进行数据交互。

在车间中控室多联操作台配置两台工业计算机,用于运行智能算法。在线质量检测数据、设备状态数据、报警数据、控制目标数据等通过车间以太网汇集到上位工控机,软件调用算法对这些数据进行综合实时分析,并输出控制命令给 PLC,由 PLC 实现各工艺参数及设备运行参数的在线调整。经现场验证,系统调节响应时间小于 1 min。

图 8.45 PLC 控制柜

④ 执行子系统工程样机试制与验证。

在研究过程中，主要的调控方式有三种：工艺调节、转速调节、产量调节。工艺调节是在工艺连接管道加装开关阀，通过电动执行器控制阀门状态来改变棉花流向，选择从工艺系统中切除或投入某一台特定设备。这个执行过程是由 PLC 控制继电器实现电动执行器的正反运行来完成的。清理设备的转速调节是通过变频调速实现的，风运系统的节能控制也是通过变频调速实现。本课题所制作变频调速柜如图 8.46 所示，在每个变频器回路都增加了电抗器。产量的调控是通过系统自动调节喂花电机的频率实现的，喂花变频器被安装在车间中控室的多联操作台中，如图 8.47 所示。在调试过程中，可选择手动调节模式对变频器进行调速。在正常生产过程中，喂花量由系统自动给定目标值并由轧花机自动控制器进行自适应调速控制。

图 8.46 工艺及产量调节执行系统

图 8.47 转速调节执行系统

（3）成套设备智能控制系统性能检测与在线验证。

棉花加工提级增效成套设备智能控制系统实现了生产线全面的智能生产与管理，通过对实时生产数据的全面感知、实时分析、科学决策和精准执行，实现面向"籽棉采购－入厂检验－垛场管理－生产计划－喂料－清理－烘干－加湿－加工－打包－搬运－入库－组批"全流程的、以"棉花流"为主线的生产过程优化。

利用智能化的带有总线组网功能的传感器对设备运转数据和生产工艺数据进行自动采集，自动数采率达到 95% 以上，准确度达到 99% 以上，生产数据可视化程度达到 95% 以上。检测数据通过现场总线传到一体化生产管控平台，实现实时报警、联动、预警。轧花机等关键生产装备都配备了嵌入式智能控制器，对设备运行参数实时监控、精准控制。打包机等复杂设备配备了智能网关，实现设备运行状态的实时分析、预警及远程故障诊断、远程升级维护。算法方面，在嵌入式控制器运行有模糊算法、PID 等实时控制算法，在车间上位机运行有物料均衡、质量在线调整、烘干加湿自动调整、设备故障预警、火灾报警等模块化智能控制模型，在云端部署有大数据分析、设备生命周期管理、设备运维数字化模型。所有实时生产数据均可实现安全上云，在云端实现数据价值的综合应用。

通过成套设备的智能化改造，大大提升了生产线的生产效率和质量水平，将生产周期从原来的 120 天缩短至 70 天，实现了因花配车、保证了质量的稳定性和一致性。智能化生产线实现了少人化和局部环节的无人化，由原来 15 人 / 班次缩减到 6 人 / 班次。

新型生产线大量使用成套智能装备，智能数控轧花机实现了运行参数全面检测、机械间隙自动调整、喂花量自调整自整定、故障智能诊断，加工效率提升 30%，质量一致性提高 20%。智能籽清机清杂效率提升 15%。智能化系统实现物料在工艺环节中的均衡流动，有效避免了堵塞、停机等故障，整体开车率达到 95% 以上。同时大大提升了安全性。风运节能系统将能耗降低 15% 以上。所有传动设备均安装有嵌入式智能传感器，实现全方位连锁联动。

基于工业互联网基础设施建设和改造，生产线上的所有智能装备均配置有总线接口，可通过现场总线实现设备之间的互连互通，实现与一体化智能管控平台的稳定连接，并可通过智能网关实时连接到云平台，向云平台源源不断的提供生产大数据，并为设备全生命周期管理、远程运维及故障智能诊断提供数据基础。

参考文献：

[1] BAO H,ZHAO Y.Research on the Intelligent Control System of Cotton Ginning[J],In 2018 International Conference on Intelligent Control,Measurement and Signal Processing（ICMSP 2018）.France: Atlantis Press,2018.

[2] CAI Y,ZHANG J,YU H.Research on Intelligent Control System of Cotton Ginning Process Based on Internet of Things Technology[J].In 2019 International Conference on Mechatronics,Control and Robotics（ICMCR 2019）.France: Atlantis Press,2029.

[3] LI J,LIU Y,WANG Y.Research on Intelligent Control System of Cotton Ginning Based on PLC Technology[J],In 2017 International Conference on Advanced Mechatronic Systems（ICAMechS）.United States :IEEE.2017

[4] LIU S,LI J.Design and Implementation of an Intelligent Control System for Cotton Ginning Process[J],In 2018 2nd International Conference on Intelligent Control and Computing（ICICC）.United States :IEEE,2018.

[5] SUN W,ZHANG J.Intelligent Control System Design of Cotton Ginning Process Based on Fuzzy Control Algorithm[J],In 2020 5th International Conference on Intelligent Control and Computing（ICICC）.United States :IEEE,2020.

[6] WANG H,CHEN Y,ZHANG S.Development of an Intelligent Control System for Cotton Ginning Process Based on Machine Vision Technology[J],In 2019 IEEE International Conference on Artificial Intelligence and Computer Applications（ICAICA）.United States :IEEE,2019.

[7] ZHANG L,LIU S,ZHAO H.Research on Intelligent Control System of Cotton Ginning Process Based on Internet of Things and Artificial Intelligence[J],In 2018 3rd International Conference on Robotics and Automation Sciences（ICRAS）.United States :IEEE,2018.

后 记

在完成本书之后，我深感荣幸并且充满感恩。这本书是对有机棉全产业链的综合性探讨，旨在为读者提供对有机棉生产和加工技术的全面了解。在全体编写专家写作过程中，我们深入研究了有机棉育种、种植和纺织染加工领域的最新进展和技术应用。通过收集和整理相关的研究成果和实践经验，努力确保书中所呈现的内容准确、全面且有实际应用价值。

本书的撰写旨在回应全球气候变化以及对可持续纺织品的需求，促进有机棉产业的发展。有机棉作为一种环境友好、健康可持续的棉花产品，其种植和加工过程具有一系列特殊的要求和挑战。通过本书的介绍，希望能够为有机棉生产者、研究机构和纺织企业提供指导和参考，推动可持续纺织行业的发展。

在写作过程中，我们得到了许多专家、研究人员和从业者的支持和帮助。中国农科院棉花研究所董合林研究员奉献第二章、袁有禄研究员撰写了第5章，全球有机纺织品标准（GOTS）亚太区代表人时怡女士修改提供了第三章，中纺院（浙江）技术研究院有限公司黄荣华、李俊玲和崔桂新共同撰写了第四章，陈宾宾撰写了第七章，山东天鹅棉机公司李怀坤提供了第八章，他们的经验分享和专业见解对于本书的完成起到了重要作用。我们衷心感谢他们的贡献和支持，尤其特别感谢中国农业科学院棉花研究所原所长、国际欧亚科学院院士李付广研究员为本书作序，十分感谢东华大学纺织学院一流纺织学科专项资金的出版资助，感谢新疆农业大学农学院陈琴副教授参加编委会工作以及塔里木大学现代纺织材料与技术兵团重点实验室的支持。

最后，我们希望本书能够成为有机棉生产与加工领域的重要参考资料，为行业的可持续发展做出一定的贡献。我们也希望读者能够从本书中获得有关有机棉的深入知识，激发创新思维，并在自己的实践中应用所学，推动有机棉产业朝着更加环保和可持续的方向发展。

再次感谢所有支持本书完成的专业人士和东华大学纺织学院的支持与鼓励，愿我们共同致力于推动可持续纺织行业的发展，为保护地球环境做出积极的贡献。

编者 敬上